T0224740

Differenzialgleichungen in elementarer Darstellung

Wolfgang Lay

Differenzialgleichungen in elementarer Darstellung

Eine Einführung für das gymnasiale Lehramt

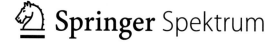

Wolfgang Lay
Stuttgart, Baden-Württemberg, Deutschland

ISBN 978-3-662-62557-6   ISBN 978-3-662-62558-3   (eBook)
https://doi.org/10.1007/978-3-662-62558-3

Die Deutsche Nationalbibliothek verzeichnet diese Publikation in der Deutschen Nationalbibliografie;
detaillierte bibliografische Daten sind im Internet über http://dnb.d-nb.de abrufbar.

Planung/Lektorat: Iris Ruhmann
Springer Spektrum ist ein Imprint der eingetragenen Gesellschaft Springer-Verlag GmbH, DE und ist
ein Teil von Springer Nature.
Die Anschrift der Gesellschaft ist: Heidelberger Platz 3, 14197 Berlin, Germany

Vorwort

Wenn man etwas lehren möchte, dann sollte man wissen, um was es sich dabei handelt. Dies scheint eine Selbstverständlichkeit zu sein, ist aber im konkreten Einzelfall alles andere als einfach. Das gilt im Besonderen für die Mathematik. Es mag vielleicht erstaunen, dass es jenseits unserer Möglichkeiten liegt, allgemein und verbindlich sagen zu können, was Mathematik ist. Da hilft auch ein Blick ins Lexikon nicht allzu sehr weiter. So liest man z. B. in Wikipedia [13]: „Mathematik ist eine Wissenschaft, welche aus der Untersuchung von geometrischen Figuren und dem Rechnen mit Zahlen entstand." Das ist natürlich nicht sehr hilfreich und erklärt insbesondere nicht, was Mathematik ist. Und einen Satz weiter kommt auch schon das Eingeständnis [13]: „Für Mathematik gibt es keine allgemein anerkannte Definition". Letzten Endes hilft hier also nur, sich selbst ein Bild zu machen und sich zu orientieren.

Ich möchte die Leserin und den Leser nicht im Regen stehen lassen und werde also im Folgenden schreiben, was ich unter Mathematik verstehe und in welchem Geist und aus welcher Motivation heraus dieses Buch geschrieben wurde. Bevor ich dies tue, möchte ich zuerst aber den Zweck des Buches darstellen, zu dem es geschrieben wurde.

Dem Buch liegt der didaktische Ansatz zugrunde, die klassische Analysis aus einer Perspektive zu betrachten, die einerseits ein einheitliches und konsistentes Bild vermittelt und andererseits eine Brücke baut zwischen dem mathematischen Denken an Gymnasien einerseits und an Hochschulen andererseits. Bekanntlich ist im Fach Mathematik dieser Unterschied zwischen der Schule und der Hochschule besonders groß, was im Kontrast dazu steht, dass hierfür den Studierenden wenig Unterstützung angeboten wird.

Diesem Desiderat nach einer sachgerechten Begleitung im Studium der Mathematik für das gymnasiale Lehramt möchte das Buch nachkommen und so einen Beitrag dazu leisten, die großen Frustrationen zu senken und die hohen Studienabbrecherquoten während der ersten Semester zu drücken.

Mathematik ist ein jahrtausendealtes Werkzeug, mit dessen Hilfe man sich einen Überblick über einen Sachverhalt verschaffen kann. Mathematik ist gleichermaßen die Gesamtheit aller Methoden, mit denen man sich – in Bezug auf welchen Sachverhalt auch immer – in systematischer Weise orientiert. Dies ist ein ungeheuer allgemeiner Anspruch. Insofern verzichtet die Mathematik zunächst einmal auf jeden empirischen Gehalt. Dieser wird immer, sozusagen im Nachhinein, durch die konkrete Situation, die man betrachtet, in die Mathematik, in die konkrete Rechnung hineingetragen. In diesem Sinne handelt Mathematik zunächst einmal von nichts. Vielleicht ist dies der Grund dafür, warum sie als schwer empfunden wird.

Es liegt eine Schwierigkeit darin, dass die Sprache keinen semantischen Unterschied macht zwischen der Aussage: „Das ist ein Tisch" und „Das ist eine Zahl". Es ist an der Sprache nun mal nicht zu erkennen, dass dies zwei vollkommen unterschiedliche Aussagen sind. Was ein Tisch ist, das wissen wir und das können wir auch erklären. Was eine Zahl ist, bedarf einer ganz anders gearteten Erklärung. Während man in der Antike noch weit unbedarfter war, tun wir uns heute mit einer solchen Erklärung schwer. Es gibt nicht wenige, die sich überhaupt weigern, eine Erklärung darüber abgeben zu wollen, was eine Zahl ist. Trotzdem, oder vielleicht gerade deswegen, funktioniert das Rechnen mit Zahlen einwandfrei und ist aus unserem Leben nicht mehr wegzudenken. Ein Umstand, über den man sich durchaus wundern darf.

Insoweit zählt in der Mathematik, dass eine Methode arbeitet und insoweit ist Mathematik viel mehr ein Tun als ein Denken, viel mehr ein Handwerk als eine Theorie. In der Mathematik ist das Handeln in Regeln gegossen, in Regeln mit Zahlen, in Rechenregeln. Dadurch wird sie kommunikationsfähig, sie wird zur (Fach-)Sprache. Weil wir alle dieselben Rechenregeln befolgen (und diese gelten ja nun wirklich universal, und zwar sowohl in der Zeit wie im Raum), können wir uns in der Mathematik verständigen. Dies weist auf die zweite Grundeigenschaft der Mathematik hin: Sich einen Überblick zu verschaffen mithilfe mathematischer Methoden bedeutet, den Sachverhalt zu quantifizieren. Rechenregeln sind der Ausdruck dafür, dass sich der mathematische Sachverhalt durch seine Quantifizierung erschließt. Dass sich Menschen über Zeiten hinweg und auf der ganzen Welt mithilfe der Mathematik verständigen können, ist kein Naturgesetz im eigentlichen Sinne, sondern eine Folge ein und derselben Lebenswirklichkeit, der wir als Menschen ausgesetzt Sich. Ein wahrhaft universaler, der Lebensform des Menschen innewohnender Charakterzug. In diesem Sinne könnte man auf die Frage, warum wir Mathematik betreiben, antworten: Weil wir es können.

Diese Rechenregeln sind die sichtbaren Begleiter von Bildern, die wir haben, von Vorstellungen, deren zentrale Eigenschaft es ist, assoziativ zu sein. In diesem Sinne steht das Bild im Zentrum der Mathematik, die in diesem Buch geboten wird: Eine gute mathematische Erklärung zielt auf ein Verstehen des Sachverhaltes, das darin besteht, Beziehungen zu erkennen und Bilder miteinander verknüpfen zu können. Wer dies kann, der kann mit der Mathematik kreativ arbeiten. Er ist im Vollbesitz ihrer Möglichkeiten.

Am Ende einer gymnasialen Laufbahn sollte man in der Mathematik deren grundlegende Muster erkennen können: Dazu gehören heute die Fundamentalsätze der Arithmetik, der Algebra und der Analysis; darüber hinaus hat man noch etwas über analytische Geometrie auf Basis der Vektorrechnung gehört und über die grundsätzliche Herangehensweise der Stochastik, deren Grundgedanken und deren Methoden. Wenn man sich von diesem Ansatz leiten lässt, so erkennt man, dass die Zeit gekommen ist, einige Korrekturen in der gymnasialen Lehre der Mathematik vorzunehmen, namentlich in der Analysis. Gemäß dessen, was oben zum Ansatz geschrieben steht, geht es nicht so sehr um die Regeln, sondern weit mehr um den Aspekt, unter dem man die Mathematik sieht: Die Mathematik selbst bleibt ganz und gar die alte; da wird kein Jota weggenommen und keines hinzugefügt. Diese Aspektverschiebung wirkt allerdings auf die Regel zurück: Sie besteht in diesem Buch darin, der Rechenregel eine Geltung zu verschaffen, wo momentan noch beim Symbol stehen geblieben wird. Das hat Konsequenzen, nicht unbedingt offensichtliche, aber mitunter weitreichende: So versteht dieses Buch eine Definition weniger formal, sondern vielmehr als Handlungsanweisung, also funktional. Beim mathematischen Beweis geht es weniger darum, eine Wahrheit zu entdecken als vielmehr darum, eine Einsicht zu vermitteln. Und das mathematische Zeichen erhebt keinen Absolutheitsanspruch, sondern möchte im Betrachter ein Bild erzeugen, ganz in dem Bewusstsein, dass der Sachverhalt an ihm selbst nicht erkennbar ist.

So möchte ich an dieser Stelle drei Punkte konkret ansprechen, um die es hier in einem grundsätzlichen Sinne geht: Da ist zum ersten die transzendente Funktion, zum zweiten das Bild, welches sie begleitet, und zum dritten die komplexe Zahl.

Um den Fundamentalsatz der Arithmetik zu verstehen, dass sich also jede natürliche Zahl in eindeutiger Weise als Produkt von Primzahlen darstellen lässt, muss man wissen, was eine Primzahl ist; dies wird in der Schule noch vermittelt. Um den Fundamentalsatz der Algebra verstehen zu können, also den Satz, dass die Anzahl der Nullstellen eines Polynoms immer genauso groß ist, wie seine höchste Potenz, muss man allerdings wissen, was eine komplexwertige Zahl ist. Das aber liegt bereits jenseits des gymnasialen Curriculums. Dieses Wissen ist aber von solch fundamentaler Bedeutung, dass es nachgerade ein Desiderat darstellt, es in der gymnasialen Kursstufe vermittelt zu bekommen. Dies sieht man auch daran, dass die Kenntnis der komplexen Zahl Voraussetzung dafür ist, zu verstehen, was eine transzendente Funktion ist. Nur so wiederum ist zu verstehen, dass allzu oft der Unterschied zwischen einer irrationalen und einer transzendenten Zahl nicht klar ist: Transzendente Zahlen sind die Nullstellen transzendenter Funktionen. Und transzendente Funktionen sind solche, deren Funktionswerte nicht durch endlich viele arithmetische oder algebraische Rechenoperationen ermittelt werden können. Dabei verstehe ich unter einer algebraischen Rechenoperation im Wesentlichen das Potenzieren mit natürlichen oder gebrochen rationalen Zahlen.

Wichtig ist hierbei, dass man keine Umkehrschlüsse ziehen kann. So gilt z. B., dass die Nullstellen eines Polynoms, die ja nach unserer Definition algebraische Zahlen sind, dass diese algebraischen Zahlen nicht unbedingt durch algebraische Rechenoperationen ermittelbar sind, sondern nur dann, wenn der Grad des Polynoms kleiner ist als fünf.

So tritt dieses Buch an, eine Weiterentwicklung in der Didaktik der Mathematik anzustoßen, aber gleichzeitig inhaltlich alles beim Alten zu belassen. Es möchte dazu ermuntern, vom mathematischen „Gesetzgeber" bestenfalls Handlungsanweisungen zu erwarten, aber keine absoluten Wahrheiten, es möchte dazu ermuntern, das Heft des Handelns selbst in die Hand zu nehmen und so die

Mathematik als eine Tätigkeit des menschlichen Daseins zu entdecken, welche Möglichkeiten bietet, die sonst nirgends zu sehen sind. Das Buch möchte dazu aufrufen, den Stift in die Hand zu nehmen und loszulegen, nicht so sehr besorgt darum, ob das, was man niederschreibt, richtig oder falsch ist (als ob hinter der Mathematik eine absolute Wahrheit steckte), sondern ob das, was man niederschreibt, einen Einblick vermittelt, eine Vorstellung formt, ein Bild erzeugt. Es möchte dazu aufrufen, ein feines Gefühl dafür zu entwickeln, ob eine Rechnung plausibel ist, und es möchte dazu aufrufen, frei zu sein, sich so zu positionieren, dass Mathematik zu einem Genuss wird. In diesem Sinne ist dieses Buch geschrieben worden, auch und gerade deswegen, weil alles belassen wurde, wie es in der Mathematik entwickelt wurde. Es ist an der Zeit, diese Entwicklungen, die mittlerweile mehr als hundert Jahre alt sind, ins breite Bewusstsein einer Generation zu holen, die ein unschätzbares Privilegium genießt, um das sie alle früheren Generationen von in der Mathematik Tätigen beneiden würden, nämlich das Privileg, elektronische Rechenmaschinen zur Verfügung zu haben.

> [Eine Differenzialgleichung ist eine] Gleichung für eine Funktion, in der außer der gesuchten Funktion mindestens eine ihrer Ableitungen vorkommt.

Dieser Definition, die wortgleich so im Duden steht (s. [7]), sieht man nicht an, welch mächtiges Werkzeug die Mathematik mit den Differenzialgleichungen zur Verfügung stellt. Differenzialgleichungen gehören zu den interessantesten und wichtigsten mathematischen Objekten überhaupt. Sie beschreiben Prozesse auf allen denkbaren Gebieten: den Natur- und Ingenieurwissenschaften, den Betriebswirtschaften, den Sozialwissenschaften, der Psychologie etc.

Im krassen Gegensatz dazu steht, dass sie nicht mehr Gegenstand schulischer Bildung sind und somit einem großen Teil der Menschen nicht mehr vermittelt werden. Diesem Umstand will das vorliegende Buch abhelfen. Es ist an Studierende der Mathematik im gymnasialen Lehramt gerichtet, weil sie diejenigen sind, die wie niemand sonst das Bild von dem prägen, was Mathematik sein kann und welche Rolle sie im Leben eines Menschen und in der Gesellschaft spielt.

Das Buch ist in klassischer Weise aufgebaut: Nach allgemeinen Bemerkungen und einem Beispiel aus der Theorie biologischer Wachstumsprozesse werden die Grundlagen der Analysis wiederholt, wie sie in der Klasse 10 und in den beiden Kursstufen erarbeitet werden. Danach wird eine Kategorisierung von Differenzialgleichungen vorgenommen, die in die Lage versetzen soll, beurteilen zu können, welchen Aufwand eine Lösung der Differenzialgleichung ggf. erfordert. Die beiden dann folgenden Kapitel behandeln lineare Differenzialgleichungen und stellen den Kern dieses Buches dar. Einige Bemerkungen zu nichtlinearen und zu partiellen Differenzialgleichungen runden die Betrachtungen ab.

Wolfgang Lay

Danksagungen

Ich bedanke mich bei Herrn Dipl.-Math. Hardy Wagner für so manchen Ratschlag und für die Begleitung durch die Zeit der Entstehung des Buches.

Mein Dank gilt meinen Töchtern Ann-Sophie Lay und Clara Ruth Emilia Lay für verschiedene Gespräche während des Entstehungsprozesses und für so manchen wertvollen Ratschlag, den ich im Zusammenhang mit der Abfassung des Buches von ihnen erhalten habe.

Herrn Studienrat Johannes Bendl, Mathematiklehrer am Eberhard-Ludwigs-Gymnasium in Stuttgart, danke ich für die Lektüre des Rohtyposkriptes und für verschiedene inhaltliche Anregungen.

Ich bedanke mich bei Frau Iris Ruhmann, Programmplanerin Mathematik & Statistik beim Springer Verlag und bei Frau Stella Schmoll, Projektmanagerin beim Springer Verlag für die geduldige und kompetente Führung bei der Erarbeitung eines publikationsfähigen Buches aus dem Status des Rohtyposkriptes heraus, sowie bei der Copyeditorin, Frau Christine Hoffmeister, für die Lektüre des Typoskriptes.

Frau Dipl.-Math. Claudia Lucas bin ich zu Dank verpflichtet für die Diskussion in der Frühphase des Projektes, welche schließlich zu dem Entschluss geführt hat, das Buch abzufassen.

Mein Dank gilt besonders meiner Frau, Dr. phil. Cornelia Charlotte Matz, für die Begleitung während der gesamten Zeit der Entstehung des Buches.

Inhaltsverzeichnis

Abbildungsverzeichnis

Differenzialgleichungen – wozu?

1

Ein *sine qua non* **unserer Welt**!

Unsere Welt ist geprägt durch Veränderung. Man könnte auch sagen: Unsere Welt ist Veränderung. Ebenso gehört es zu unserer Welt, dass die allerorten und überall wahrnehmbaren Veränderungen beschrieben, quantifiziert, berechnet und vorhergesagt werden. Deshalb ist es unabdingbar, dasjenige Werkzeug zumindest zu kennen oder sogar anwenden zu können, mit dessen Hilfe eine solche Beschreibung, Quantifizierung und Berechnung von Veränderungen vorgenommen werden kann und wird. Es reicht nicht aus, diese Kenntnis ein paar Experten zu überlassen.

Differenzialgleichungen kommen aus der Analysis und diese wiederum aus der Geometrie: Es war der Begriff der Tangente an eine Kurve, der den Durchbruch brachte. Die Erkenntnis der Notwendigkeit, solch ein Werkzeug zu besitzen und zu beherrschen, ist fast 2300 Jahre alt. Es waren die größten Köpfe der Antike, der geniale **Eudoxos von Knidos** (geboren zwischen 397 und 390 v. Chr., gestorben zwischen 345 und 338 v. Chr., angeblich Lehrer von Platon), und der größte Wissenschaftler überhaupt, **Archimedes von Syrakus** (um 287 v. Chr. – 212 v. Chr.), die im vorchristlichen Kleinasien bzw. Sizilien dem nahegekommen sind, was wir heute als Analysis bezeichnen. Allein, es hat die Formelsprache gefehlt, um den Ideen und Methoden zum Durchbruch verhelfen zu können. So hat es nochmals mehr als 1800 Jahre gedauert, bis die Menschheit in der Lage war, Prozesse beschreiben und quantifizieren zu können. Seit Mitte des 17. Jahrhunderts sind wir in der Lage, alle möglichen Arten von Prozessen beschreiben und berechnen zu können. Damit sind wir im Besitze eines universellen Werkzeuges, um das uns die Menschheit bis dato beneiden würde.

Wenn es um Differenzialgleichungen geht, dann geht es nicht nur um eine Methode. Vielmehr sagt die Art und Weise, wie wir heute mit Veränderungen umgehen, wie wir sie beschreiben und quantifizieren, einiges darüber aus, mit welcher

© Der/die Autor(en), exklusiv lizenziert durch Springer-Verlag GmbH, DE, ein Teil von Springer Nature 2021
W. Lay, *Differenzialgleichungen in elementarer Darstellung*,
https://doi.org/10.1007/978-3-662-62558-3_1

Grundhaltung wir eben dieser Welt der Veränderung gegenübertreten: Der Kalkül zählt und dass er funktioniert. Warum er funktioniert, ist Nebensache. Es gehört zweifelsohne zu den großen Leistungen des neuzeitlichen Menschen, dass er den Differenzialkalkül geschaffen hat. Die doch ziemlich sarkastische Äußerung des großen russischen Mathematikers **Vladimir Igorevitch Arnol'd** (1937–2010): „Höhere Mathematik ist besonders geeignet, mit ihr Analysis von Leuten lehren zu lassen, die sie nicht verstehen, für Leute, die sie nie verstehen werden", [9] kann auch so gelesen werden, dass sie eben funktioniert, unabhängig davon, ob man versteht, warum sie funktioniert. Dies unterstreicht die Notwendigkeit, den Kalkül der Analysis zu lernen und nicht, über ihn nachzudenken, will man damit etwas beschreiben, quantifizieren, berechnen oder vorhersagen.

Wenn wir an einem schönen, warmen Tag in der Sonne liegen und der Wetterbericht für den nächsten Tag kühles Regenwetter vorhersagt, wenn uns die Astronomen weit im Voraus minutengenau eine Sonnen- oder Mondfinsternis voraussagen, wenn die Abmessungen einer Autobahnbrücke so berechnet werden, dass sie jahrzehntelang den Belastungen von Millionen und Abermillionen von Autos und Lastwagen standhält, oder wenn wir künstliche Satelliten auf Erdumlaufbahnen schicken, damit wir via Smartphone miteinander kommunizieren können, so sind da überall Differenzialgleichungen im Spiel. Wenn wir auf all das verzichten müssten, was uns durch die Beherrschung von Differenzialgleichungen ermöglicht wird, dann wären wir auf einen Schlag in ein sehr einfaches, ja vorzivilisatorisches Leben zurückversetzt. Das allein schon rechtfertigte das Studium der Differenzialgleichung. Darüber hinaus aber beschert uns dieses Studium auch Einblicke in eines der faszinierendsten Kapitel der menschlichen Geistesgeschichte. Denn Mathematik ist nicht nur für Mathematiker da! Dies lehrt uns kein Geringerer als der Erfinder des Kalküls der Analysis selbst: **Gottfried Wilhelm Leibniz** (1646–1716). Er war kein Mathematiker, sondern Jurist. Trotzdem ist ihm gelungen, was vielen Mathematikern nur allzu gerne gelungen wäre: die Erfindung dessen, was wir heute den *Calculus* nennen und damit die wohl erstaunlichsten und zugleich nützlichsten Rechenregeln meinen, welche die Menschheit heute besitzt.

Ein Beispiel – Die Weltbevölkerung

Zur Zeitenwende, also zur Zeit des Übergangs vom Jahr 1 v. Chr. auf das Jahr 1 n. Chr.[1], lebten auf unserer Erde etwa 300 Mio. Menschen, 45 Mio. davon im römischen Reich, der damals bekannten Welt. Heute, im Jahr 2020, leben 26-mal so viele Menschen wie damals, nämlich mehr als 7800 Mio. Menschen, oder 7,8 Mrd.

Bevölkerungswachstum: In Abb. 1.1 ist die Anzahl der Menschen auf der Erde über der Zeit aufgetragen. Es fällt auf, dass sich über 1600 Jahre die Weltbevölkerung fast nicht erhöht hat und dann plötzlich extrem stark angestiegen ist. Dies ist nicht nur

---

[1]Die Zahl 0, und damit das Jahr 0, gab es noch nicht, als der Mönch **Dionysius Exiguus** im Jahr 525 n. Chr. die heute noch gebräuchliche Zeitrechnung eingeführt hat.

ungewöhnlich, sondern läuft auch der folgenden Überlegung zuwider: Lebewesen haben eine endliche Anzahl von Nachkommen. Dies bedeutet, dass die Änderung der Bevölkerung zu jedem Zeitpunkt t proportional zur aktuellen Größe (Anzahl) $y = y(t)$ der Bevölkerung ist. Mathematisch heißt dies, dass zu jedem Zeitpunkt t die erste Ableitung der Anzahl von Menschen auf der Erde (Weltbevölkerung) nach der Zeit t proportional zur Anzahl der Menschen y sein muss, die aktuell auf der Erde leben, denn nur die, welche auf der Erde leben, können durch Nachkommen diese Zahl erhöhen, sodass also

$$\frac{dy}{dt} \sim y(t)$$

gelten muss. Das Proportionalitätszeichen kann man durch ein Gleichheitszeichen ersetzen, wenn man eine Konstante c in der Zeit t einführt:

$$\frac{dy}{dt} = c\, y(t). \tag{1.1}$$

Dies ist eine Differenzialgleichung, von der wir wissen, dass sie durch die Exponentialfunktion gelöst wird, weil es ja gerade die Definition dieser Funktion ist, dass zu jedem Zeitpunkt t der Funktionswert $y = y(t)$ genauso groß ist, wie die erste Ableitung dieser Funktion nach der Zeit:

$$y(t) = \exp(c\,t), \tag{1.2}$$

denn es gilt

$$\frac{dy}{dt} = c \exp(c\,t) = c\, y(t).$$

Den Parameter c nennt man die **Wachstumsrate** der Weltbevölkerung.

Bevölkerungsexplosion: Die mathematische Erkenntnis, dass biologische Wesen höchstens exponentiell wachsen können, tritt nun aber in einen Widerspruch zu dem empirischen Befund über das tatsächliche Wachstum der Weltbevölkerung, wie es in Abb. 1.1 dargestellt wurde: Was man dort sieht, ist kein exponentielles, also biologisches Wachstum, sondern eine Explosion, eine Bevölkerungsexplosion.

Dies erkennt man durch folgende Interpretation: Es ist eine grundlegende Eigenschaft der Exponentialfunktion (1.2), dass sie in stets gleichen Zeiträumen

$$\Delta t = t_2 - t_1 \tag{1.3}$$

ihren Funktionswert stets verdoppelt, nämlich in dem Zeitraum

$$\Delta t = \frac{1}{c} \ln 2 \sim \frac{0{,}69}{c}. \tag{1.4}$$

Dies sieht man folgendermaßen ein: Wir betrachten einen Zeitpunkt t_2, zu dem doppelt so viele Menschen auf der Erde leben wie zum Zeitpunkt t_1. Dann gilt die Bedingungsgleichung

$$\exp(c\,t_2) = 2 \exp(c\,t_1)$$

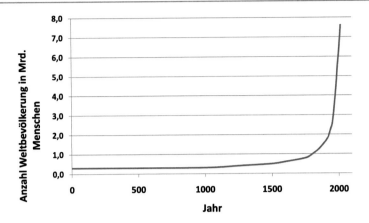

Abb. 1.1 Weltbevölkerung über der Zeit

oder, indem man beide Seiten dieser Gleichung logarithmiert,

$$\ln\left[\exp\left(c\,t_2\right)\right] = \underbrace{\ln\left[2\,\exp\left(c\,t_1\right)\right]}_{=\ln 2 + c\,t_1}$$

oder

$$c\,t_2 = \ln 2 + c\,t_1,$$

woraus mit $\Delta t = t_2 - t_1$ die Formel (1.4) folgt.

Dass aber die Verdoppelung der Weltbevölkerung nicht stets das gleiche Zeitintervall in Anspruch genommen hat, sondern dass sich dieser Zeitraum seit der Zeitenwende stets verringert hat, kann man an der folgenden Tabelle sehen:

Jahr	Weltbevölkerung in Mrd.
0	0,30
1000	0,31
1250	0,40
1500	0,50
1600	0,60
1750	0,79
1800	0,98
1804	**1,00**
1850	1,26
1900	1,65
1910	1,75
1920	1,86
1927	**2,00**
1930	2,07
1940	2,30
1950	2,52

Jahr	Weltbevölkerung in Mrd.
1960	**3,02**
1970	3,70
1974	**4,00**
1980	4,45
1987	**5,00**
1990	5,30
1994	5,63
1999	**6,00**
2001	6,14
2010	6,90
2011	**7,00**
2017	7,60
2020	7,80

Dieser Tabelle gemäß hat sich seit der Zeitenwende die erste Verdoppelung nach 1600 Jahren ergeben, die zweite bereits nach 250 Jahren, die dritte nach weiteren nur 100 Jahren, und diese Verdoppelung der Weltbevölkerung hat sich am Ende des 20. Jahrhunderts auf etwa 40 Jahre reduziert. Eine Verdoppelung alle 40 Jahre bedeutet, dass sich innerhalb eines 80 Jahre währenden Lebens die Weltbevölkerung vervierfacht! Dies ist auch bereits geschehen: Ein Mensch, der 1927 geboren wurde und im Alter von 90 Jahren 2017 verstarb, hat über die Zeitspanne seines Lebens fast eine Vervierfachung der Erdbevölkerung erlebt. Dies nimmt momentan in einigen Regionen noch extremere Formen an: Auf dem afrikanischen Kontinent leben heute etwa eine Milliarde Menschen. Diese Anzahl wird sich bereits in 30 Jahren auf zwei Milliarden verdoppelt haben. Innerhalb des Kontinents gibt es sogar Länder, in denen dieses Zeitintervall noch kleiner ist.

Ein solches Verhalten lässt sich also mit einer Exponentialfunktion nicht beschreiben. Tatsächlich sind die Senkung der Säuglingssterblichkeit, die bessere Ernährung und medizinische Versorgung und damit eine stetig steigende Lebenserwartung dafür verantwortlich. Es war **Thomas Robert Malthus,** (1766–1834), der im frühen 19. Jahrhundert vorgeschlagen hat, die Differenzialgleichung (1.1), welche das exponentielle Wachstumsgesetz für die Weltbevölkerung beschreibt, durch eine verfeinerte Differenzialgleichung zu ersetzen. Beachtet man die oben angeführten Wachstumsfaktoren und bedenkt man, dass die Kapazität $K(t)$ der Erde, also die Maximalzahl von Menschen, welche die Erde ernähren kann, z. B. durch technischen Fortschritt wachsen kann, dann kann man folgende Differenzialgleichung für das Bevölkerungswachstum anschreiben:

$$\frac{dy}{dt} = c\, y(t)\, K(t).$$

Nimmt man nun für das Wachstum von $K(t)$ in der Zeit das Gesetz

$$K(t) \sim y^{\epsilon}(t), \quad \varepsilon > 0$$

an, so erhält man durch

$$\frac{dy}{dt} \sim y(t)^{1+\varepsilon}$$

eine Differenzialgleichung

$$\frac{\mathrm{d}y}{\mathrm{d}t} = c \, y^{1+\varepsilon}(t),$$
(1.5)

die es jetzt zu lösen gilt. Schreibt man (1.5) in der Form

$$\frac{\mathrm{d}y}{y^{1+\varepsilon}} = c \, \mathrm{d}t,$$

so ergibt eine beidseitige Integration

$$\underbrace{\int \frac{\mathrm{d}y}{y^{1+\varepsilon}}}_{=-\frac{1}{\varepsilon} y^{-\varepsilon}} = c \underbrace{\int \mathrm{d}t}_{=t-t_0} \, .$$

Daraus folgt die Lösung

$$y(t) = -\frac{1}{C \, (t - t_0)^{\frac{1}{\varepsilon}}} = -\frac{1}{C} \, (t - t_0)^{-\frac{1}{\varepsilon}}$$

mit

$$C = (\varepsilon \, c)^{\frac{1}{\varepsilon}},$$

wobei $c > 0$ angenommen werden muss. Dieses funktionale Verhalten ist in Abb. 1.2 dargestellt. Es ist gekennzeichnet durch das Auftreten einer Singularität bei $t = t_0$; das bedeutet, dass in endlicher Zeit der Funktionswert über alle Grenzen ansteigt, je näher die Zeit t an t_0 heranrückt. Solch ein Anwachsen nennt man eine Explosion, eine Bevölkerungsexplosion.

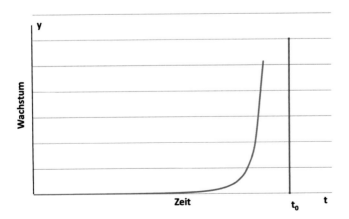

Abb. 1.2 Das funktionale Verhalten einer Explosion

Ein ernüchterndes Fazit: Dies ist – was unsere Betrachtungen über die Weltbevölkerung betrifft – ein bestürzendes Ergebnis: In endlicher Zeit wächst die Weltbevölkerung über alle Grenzen hinweg an. Ein wahrlich apokalyptisches Szenario. Gegen eine solch singuläre Dynamik haben alle menschlichen Bemühungen keine Chance.

Unsere Überlegungen im letzten Abschnitt legen eine wenig optimistische Schlussfolgerung nahe: Es ist nicht die schiere Anzahl von Menschen, die auf unserem Planeten Erde leben, was uns Sorgen bereiten sollte, sondern die Schnelligkeit, mit der deren Anzahl zunimmt. Wer hätte um die Zeitenwende gedacht, dass es möglich sein sollte, dass nochmals 26-mal so viele Menschen auf der Erde leben können, wie damals gelebt haben. Aber die Menschen hatten 2000 Jahre Zeit, sich darauf einzustellen. Das Entscheidende ist also, dass wir eine immer kürzere Zeit zur Verfügung haben, uns darauf einzustellen, dass die Weltbevölkerung zunimmt. Es ist also leider nicht nur so, dass umso mehr Menschen hinzukommen, je mehr Menschen auf der Erde leben, was einem exponentiellen Wachstum entsprechen würde. Vielmehr zeigen uns die Zahlen, dass die Zunahme von Menschen in einem endlichen Zeitraum über alle Maßen anwachsen kann, was dazu führt, dass auch die Anzahl der Menschen auf der Erde innerhalb eines endlichen Zeitraumes über alle Maßen anwächst, was natürlich nicht passieren kann, sondern vielmehr darauf hinweist, dass etwas geschehen wird, was von dramatischen, möglicherweise sogar katastrophalen Umständen begleitet wird.

Dies ist ein anschauliches Beispiel dafür, dass uns die Mathematik und insbesondere die Theorie der Differenzialgleichungen in die Lage versetzt, Entwicklungen absehen zu können, die noch nicht eingetreten sind, die aber katastrophale Auswirkungen haben können, wenn wir nicht steuernd eingreifen.

Grundlagen der Analysis

2

2.1 Funktionen aus Sicht der Algebra

Der zentrale Begriff der Analysis ist die Funktion. Eine Funktion ist ein äußerst allgemeines mathematisches Objekt. Um sich orientieren zu können, ist es notwendig, einen bestimmten Blickwinkel einzunehmen. Da liegt es natürlich nahe, den Blickwinkel der Analysis auf die Funktion zu wählen. Um diesen Aspekt aber mit Gewinn einnehmen zu können, ist es ratsam, vorher noch denjenigen der Algebra zu wählen. So beginnen wir mit diesem Blick auf die Funktion aus der Sicht der Algebra.

2.1.1 Potenzen und Polynome (ganzrationale Funktionen)

Die Funktion als Abbildung: Definitions- und Wertebereich
Die Analysis hantiert mit Funktionen. Eine **Funktion** ist eine eindeutige Zuordnung aller Elemente der **Definitionsmenge** $\mathcal{D}$ auf Elemente der **Wertemenge** $\mathcal{W}$:

$$\mathcal{D} \to \mathcal{W}.$$

Dabei soll hier die Definitionsmenge $\mathcal{D}$ die Menge aller reellwertigen Zahlen sein oder aber ein endliches Intervall der reellwertigen Zahlen; die Wertemenge $\mathcal{W}$ soll die Menge der reellwertigen Zahlen oder aber ein endliches Intervall der reellwertigen Zahlen sein. Deshalb nennen wir die Definitionsmenge auch **Definitionsbereich** und die Wertemenge den **Wertebereich.**
 Das Charakteristikum „**eindeutig**" heißt in diesem Zusammenhang, dass **jedem** Element der Definitionsmenge $\mathcal{D}$ (d. h. hier jeder reellen Zahl) **genau ein** Element der Wertemenge $\mathcal{W}$ (das ist hier ebenfalls eine reelle Zahl) zugeordnet wird. Es

können aber sehr wohl zwei unterschiedliche Elemente der Defintionsmenge auf ein
und dasselbe Element der Wertemenge abgebildet werden.

Man kann diese Definition noch etwas verfeinern:

- Eine Funktion heißt **injektiv,** wenn sie eineindeutig ist.
- Eine Funktion heißt **surjektiv,** wenn der Wertebereich die gesamte reelle Achse
  und nicht nur ein endliches Intervall ist und auf jede Zahl des Wertebereiches
  (hier also die Menge aller reellwertigen Zahlen) mindestens einmal abgebildet
  wird.
- Eine Funktion heißt **bijektiv,** wenn sie injektiv und surjektiv ist.

Die Abb. 2.1 zeigt den Unterschied zwischen einer eindeutigen und einer eineindeu-
tigen (injektiven) Abbildung von Elementen einer Definitionsmenge auf Elemente
einer Wertemenge.

Eineindeutig (injektiv) ist eine Abbildung also dann, wenn die Umkehrabbildung
eindeutig ist. Wenn die Zuordnung **eineindeutig** ist, handelt es sich um eine Funktion, (d. h., dass jedes Element der Definitionsmenge auf ein und nur ein Element
der Wertemenge abgebildet wird), aber es gilt dann außerdem, dass jedes Element
der Wertemenge Abbild von nur einem Element der Definitionsmenge ist. Die Ein-
eindeutigkeit ist keine Voraussetzung dafür, dass die Zuordnung eine Funktion ist.
Aber sie ist die Voraussetzung dafür, dass die Funktion eine Umkehrfunktion besitzt,
eben weil die Umkehrabbildung auch die Eigenschaft besitzen muss, eine Funktion
zu sein. Ein Beispiel für eine eineindeutige Funktion ist die Exponentialfunktion,
die injektiv ist und also eine Umkehrfunktion besitzt, nämlich den natürlichen Logarithmus. Im Übrigen erfolgt die geometrische Konstruktion einer Umkehrfunktion
durch die Spiegelung der Funktion an der ersten Winkelhalbierenden.

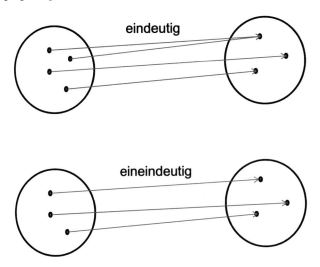

Abb. 2.1 Eindeutige und eineindeutige (injektive) Abbildungen

Noch ein Wort zur grafischen Darstellung von Funktionen in einem Koordinatensystem. Grafische Darstellungen von Funktionen werden in diesem Buch stets in einem rechtwinkeligen (orthogonalen) Koordinatensystem aufgetragen. Es wird auch nach dem latinisierten Namen Cartesius des französischen Mathematikers **René Descartes** (1596–1650) als kartesisches Koordinatensystem bezeichnet. Die horizontale Achse in einem rechtwinkeligen Koordinatensystem, die x-Achse, heißt **Abszissenachse** oder kurz Abszisse (von lat. „linea abscissa", wörtlich übersetzt: abgeschnittene Linie), die y-Achse heißt **Ordinatenachse** oder kurz Ordinate (von lat. „linea ordinata", wörtlich übersetzt: geordnete Linie). Kartesische Systeme sind die am häufigsten verwendeten Koordinaten, weil sich geometrische Sachverhalte in ihnen am besten darstellen lassen.

Beispiele von Funktionen

- Beispiel einer injektiven Funktion ist

$$y(x) = x^{\frac{1}{2}} = \sqrt{x}, \quad x, y \in \mathbf{R}_0^+.$$

Definitionsbereich und Wertebereich sind jeweils die positiven reellen Zahlen und die Null. Damit ist sie nicht surjektiv. Sie ist aber injektiv, weil jeder positiven reellen Zahl und der Null (also dem gesamten Definitionsbereich) genau eine reelle Zahl zugeordnet wird. Die Zuordnung ist also eineindeutig oder umkehrbar eindeutig.

- Beispiel einer surjektiven Funktion ist

$$y(x) = -10\,x^2 + x^3, \quad x \in \mathbf{R}.$$

Die Zuordnung ist nicht eineindeutig: Im Intervall

$$\left[-\frac{10}{3}; 10 \right]$$

wird außer den Zahlen $-\frac{10}{3}$, 0, $\frac{20}{3}$ und 10 jede Zahl des Definitionsbereiches dreimal ein und derselben Zahl zugeordnet; die oben genannten Zahlen $-\frac{10}{3}$, 0, $\frac{20}{3}$ und 10 werden in diesem Intervall zweimal ein und derselben Zahl zugeordnet. Die Funktion ist aber surjektiv, weil der Definitionsbereich die gesamte Menge der reellen Zahlen umfasst. Sie ist in Abb. 2.2 dargestellt.

- Beispiel einer bijektiven Funktion ist

$$y(x) = x, \quad x \in \mathbf{R}.$$

Diese Funktion ist sowohl surjektiv als auch injektiv: Jede reelle Zahl wird genau einmal auf sich selbst abgebildet. Also ist sie bijektiv.

Abb. 2.2 Eine surjektive, aber nicht injektive Funktion

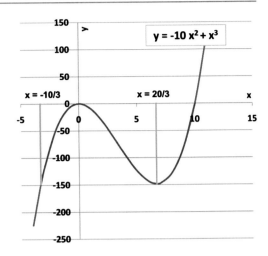

- Die Funktion

$$y(x) = x^2, \quad x \in \mathbf{R}$$

ist weder injektiv noch surjektiv: Mit Ausnahme der Null werden jeder Zahl des Wertebereichs (der die Null und die positiven reellen Zahlen umfasst) zwei Zahlen des Definitionsbereichs (der die gesamte Menge der reellen Zahlen umfasst) zugeordnet. Also ist die Funktion nicht injektiv. Weil der Wertebereich nur die Menge der positiven reellen Zahlen und die Null umfasst, ist die Funktion nicht surjektiv.

Anmerkung

Das Konzept der In- und der Surjektivität ist nicht alternativlos. Dies kann man gut an der Wurzelfunktion (2.1.1)

$$y(x) = \sqrt{x}$$

erläutern. Im obigen Beispiel wurde per Definition $y \in \mathbf{R}_0^+$ festgelegt. Man hätte auch $y \in \mathbf{R}_0^-$ festlegen können, denn das Quadrat einer negativen Zahl ist ebenfalls positiv. Man kann also den positiven oder den negativen Ast der Wurzel wählen, aber nicht beide zugleich, sonst hat man keine Funktion mehr.

In der Schule verfolgt man häufig ein anderes Konzept, dieser Zweideutigkeit aus dem Weg zu gehen: Man definiert zwei Funktionen, einmal eine mit dem Wertebereich der positiven und ein andermal eine zweite mit dem Wertebereich der negativen reellen Achse.

Die Definition von Eigenschaften bestimmter Funktionen durch Beschränkung ihres Definitions- oder Wertebereiches, wie wir dies hier gemacht haben, deutet auf ein Problem hin, welches man bei bestimmten Zuordnungen bekommt, wie z. B. bei den Wurzelfunktionen. Dies wurde bereits im 19. Jahrhundert sichtbar und hat Bernhard Riemann, einen Schüler von Carl Friedrich Gauß, zu einer Konzeption veranlasst, die heute als Riemann'sche Mannigfaltigkeit bekannt ist. Riemann geht beim

Definitionsbereich nicht von der reellen Achse aus, sondern betrachtet die komplexwertigen Zahlen. Man spricht von der Gauß'schen Ebene der komplexen Zahlen. Nun erweitert er diese Zahlenebene so, dass die in Rede stehende Funktion diese erweiterte Zahlenebene gerade auf die Gauß'sche Zahlenebene abbildet. Was er erhält, sind endlich oder unendlich viele sog. Riemann'sche Blätter, welche entlang gedanklich durchgeführter Schnitte miteinander verbunden sind.

Erst mit dieser Theorie ist die Frage nach dem Definitions- bzw. Wertebereich von Funktionen zufriedenstellend gelöst. So zeigen sich algebraische Funktionen dadurch gekennzeichnet, dass die Anzahl ihrer Riemann'schen Blätter stets endlich bleibt, während transzendente Funktionen eine unendliche Anzahl von Blättern aufweisen. Auf diese Art und Weise rettet Riemann die Eindeutigkeit bei Funktionen, bei denen man sonst Einschränkungen ihrer Definitionsbereiche auch dort vornehmen müsste, wo dies ansonsten nicht notwendig wäre. Beispielsweise erhält die Quadratwurzel so zwei Riemann'sche Blätter (vgl. Abb. 2.3). Die Riemann'sche Mannigfaltigkeit der kubischen Wurzelfunktion ist in den Abb. 2.4 und 2.5 dargestellt.

Das Konzept der Riemann'schen Mannigfaltigkeit geht über den Rahmen dieses Buches hinaus. Eine schöne Einführung dazu findet man in dem Buch von Behnke und Sommer [2] im sechsten Kapitel.

Will man einen übergeordneten Grund jenseits des Fundamentalsatzes der Algebra dafür haben, dass im folgenden Abschnitt die komplexen Zahlen behandelt werden, dann findet man ihn in diesem Umstand: Der natürliche Definitionsbereich einer Funktion ist die Riemann'sche Mannigfaltigkeit.

Potenzen und Polynome
Es gibt Funktionen, die – wie sich herausstellen wird – einer besonderen Erwähnung wert sind. Das sind die **natürlichen Potenzen**

$$y(x) = x^n, \quad x \in \mathbf{R}\,; \; n \in \mathbf{N}. \tag{2.1}$$

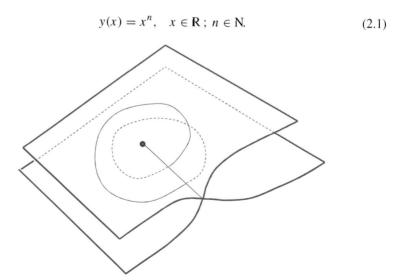

Abb. 2.3 Die Riemann'sche Mannigfaltigkeit der quadratischen Wurzelfunktion

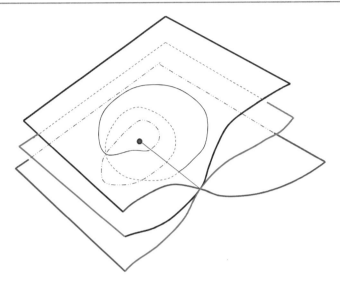

Abb. 2.4 Die Riemann'sche Mannigfaltigkeit der kubischen Wurzelfunktion

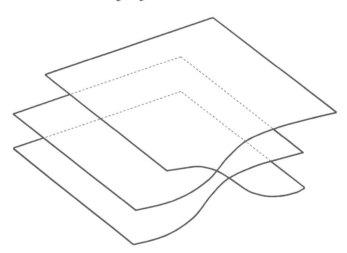

Abb. 2.5 Separierte Blätter der Riemann'schen Mannigfaltigkeit der kubischen Wurzelfunktion

Es sind Funktionen, die für alle n durch den Ursprung $O(0, 0)$ und für $n > 0$ durch den Punkt $P(1, 1)$ des Koordinatensystems gehen und sowohl für $x \to \infty$ als auch für $x \to -\infty$ über alle Grenzen anwachsen (vgl. Abb. 2.6).

Der Punkt im Unendlichen ist kein Punkt im mathematischen Sinne. Mit ihm kann man nicht rechnen. Will man den Punkt im Unendlichen rechnerisch betrachten, so behilft man sich mit einem einfachen Trick: Man „stürzt" den vorliegenden Ausdruck durch die Transformation

$$\xi = \frac{1}{x}.$$

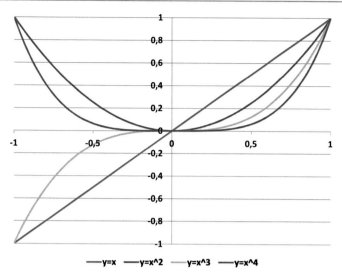

Abb. 2.6 Natürliche Potenzen

Dadurch geht der Punkt im Unendlichen in den Ursprung über:

$$x : \infty \quad 1 \quad 0.$$
$$\downarrow \quad \downarrow \quad \downarrow \quad \downarrow$$
$$\xi : 0 \quad 1 \quad \infty.$$

Mit diesem Punkt $\zeta = 0$ nun kann man sehr wohl rechnen. Man erhält aus den natürlichen Potenzen (2.1) die inversen natürlichen Potenzen

$$\frac{1}{\xi^n}, \tag{2.2}$$

deren Funktionswert für $\xi \to 0$ über alle Grenzen anwächst. Man sagt, die Funktion (2.2) habe am Ursprung $\xi = 0$ einen **Pol** n-ter Ordnung (vgl. Abb. 2.7).

Die natürlichen Potenzen sind deswegen wichtig, weil man mit ihrer Hilfe **Polynome** konstruieren kann. Ein Polynom $P_N(x)$ vom Grad N in x ist definiert durch

$$P_N(x) = a_0 + a_1 x + a_2 x^2 + \ldots + a_{N-1} x^{N-1} + a_N x^N, \quad x \in \mathbf{R}, \ N \in \mathbf{N}. \tag{2.3}$$

Dabei sind die Koeffizienten a_n, $n = 0, 1, 2, \ldots, N$ der Potenzen x^n beliebige reellwertige Zahlen.

Beispiel

$$y(x) = x - 10 x^2 + x^3.$$

Hier ist also $N = 3$, und es sind $a_0 = 0$; $a_1 = a_3 = 1$; $a_2 = -10$.

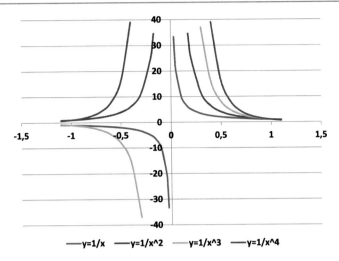

Abb. 2.7 Inverse natürliche Potenzen

Polynome sind sehr nützliche Funktionen. Es ist ihnen eigen, dass ihre Funktionsvorschrift insoweit explizit ist, als sie in der Angabe der Rechenvorschrift besteht, für
jeden Wert ihres Definitionsbereiches $\mathcal{D}$ den zugeordneten Wert aus dem Wertebereich $\mathcal{W}$ zu ermitteln. Dabei kommt die arithmetische Operation der Division nicht
vor, sondern nur die Addition, die Subtraktion, die Multiplikation und das Potenzieren mit natürlichen Potenzen, das ich als algebraische Rechenoperation bezeichnen
möchte. Man spricht deshalb bei den Potenzen und bei den Polynomen von **ganzra-
tionalen Funktionen.**

Daneben gibt es sog. **gebrochen rationale Funktionen.** Dies sind solche Funktionen, bei denen im Funktionsausdruck nur die vier Grundrechenarten und Potenzen
ganzer Zahlen vorkommen.

Darüber hinaus gibt es dann noch sog. **algebraische Funktionen.** Dies sind solche
Funktionen, bei denen im Funktionsausdruck nur die vier Grundrechenarten und
rationale Potenzen vorkommen.

Polynome haben für endliche Werte ihres Definitionsbereichs grundsätzlich nur
Funktionswerte, die ebenfalls endlich sind: Polynome wachsen für endliche Werte
nicht über alle Grenzen an. Man sagt auch: Polynome besitzen im Endlichen keine
Singularitäten. Dabei ist der Begriff „Singularität" ein Überbegriff des Begriffs
„Pol". Er sagt aus, dass eine Funktion an einem einzigen Punkt nicht „glatt" ist, dort
also entweder über alle Grenzen anwächst, einen Sprung macht oder einen Knick
hat.

Anmerkung

Es sollte an dieser Stelle noch erwähnt werden, dass definitionsgemäß

$$x^{-n} = \frac{1}{x^n}$$

gilt und dass es neben den natürlichen und den ganzen Potenzen auch rationale und irrationale gibt. Also kann man für die allgemeine Potenz schreiben:

$$x^a \text{ mit } a \in \mathbb{R} \, .$$

Beispiele

- Für $a = \frac{1}{2}$ erhält man

$$x^{\frac{1}{2}} = \sqrt{x}.$$

- Für $a = \frac{1}{3}$ erhält man

$$x^{\frac{1}{3}} = \sqrt[3]{x}.$$

- Für $a = -\frac{1}{2}$ erhält man

$$x^{-\frac{1}{2}} = \frac{1}{\sqrt{x}}.$$

- Für $a = \pi$ erhält man

$$x^{\pi}.$$

2.1.2 Der Fundamentalsatz der Algebra

Die Produktzerlegung des Polynoms
Neben der schönen Eigenschaft der Polynome, für endliche Werte ihres Definitionsbereiches keine Singularitäten zu haben, besitzen Polynome eine weitere, sehr angenehme Eigenschaft, die von **Carl Friedrich Gauß** (1777–1855) entdeckt wurde und so wichtig ist, dass sie als **Fundamentalsatz der Algebra** gilt:

Polynome vom Grad N haben N Nullstellen, Vielfachheit mitgezählt.

Nullstellen $x = x_n$ einer Funktion $y = y(x)$ sind jene Punkte auf der x-Achse (also des Definitionsbereichs), an denen der Graph der Funktion die x-Achse schneidet, der Funktionswert also null ist:

$$y(x_n) = 0.$$

Der Fundamentalsatz der Algebra besagt also, dass man die Polynome $P_N(x)$ als Produkte von Termen der Form

$$(x - x_i)^{m_i}$$

schreiben kann, wobei x_i, $i = 1, 2, 3, \ldots, N$ ihre Nullstellen sind und $m_i \in \mathbb{N}$ deren Vielfachheit zählt:

$$P_N(x) = (x - x_1)^{m_1} (x - x_2)^{m_2} \ldots (x - x_{N-1})^{m_{N-1}} (x - x_N)^{m_N}. \qquad (2.4)$$

Das Problem dabei ist nur, dass man diese Nullstellen erst einmal berechnen muss, bevor man das Polynom in der Form (2.4) schreiben kann.

Beispiele

• Das Polynom

$$P_2(x) = -2 + x + x^2 = (x - 1)^1 (x + 2)^1 = (x - 1)(x + 2)$$

zweiten Grades hat zwei einfache Nullstellen, nämlich bei $x = 1$ und bei $x = -2$; also sind $m_1 = 1$ und $m_{-2} = 1$.

• Das Polynom

$$P_2(x) = 1 - 2x + x^2 = (x - 1)^2$$

zweiten Grades hat eine zweifache Nullstelle bei $x = 1$, also ist $m_1 = 2$.

Die komplexe Zahlenebene
Nun kann man berechtigterweise einwenden, dass der Fundamentalsatz der Algebra nicht richtig sein kann. Nimmt man z. B. die quadratische Parabel

$$y(x) = x^2 + 1, \ x \in \mathbf{R}, \tag{2.5}$$

so ist offensichtlich, dass sie keine Nullstellen hat. Dies ist richtig, aber nur, wenn man den Zusatz macht, dass der Definitionsbereich (D) die reellen Zahlen sind. Aber: Es gibt eben auch noch andere als die reellen Zahlen, und genau die hat Gauß gemeint! Wenn man von der Menge der natürlichen Zahlen N

$$1, 2, 3, \ldots$$

ausgeht, so kommt man durch die arithmetische Rechenoperation der Subtraktion aus dieser Menge heraus, z. B. durch die Operation

$$1 - 2 = -1;$$

auf diese Art und Weise gelangt man zu den ganzen Zahlen $\mathbb{Z}$. Durch die arithmetische Rechenoperation der Division kommt man aber auch aus dieser Menge der ganzen Zahlen heraus, z. B. durch die Operation

$$1 : 2 = \frac{1}{2} = 0{,}5.$$

So gelangt man zu den echten, also teilerfremden Brüchen und damit zu den rationalen Zahlen. Durch die analytische Operation der unbegrenzt fortgesetzten Intervallschachtelung kommt man schließlich zu den irrationalen Zahlen, also z. B. zu $\sqrt{2}$, und – als Gesamtheit von ganzen, rationalen und irrationalen Zahlen – schließlich zu den reellen Zahlen R. Nun könnte man denken, dass man mit den reellen Zahlen alle arithmetischen und algebraischen Operationen machen kann, ohne aus ihnen rauszufallen. Aber das ist leider nicht der Fall. Es gibt noch *eine* Erweiterung, bis man das sagen kann. Denn man kann aus den negativen reellen Zahlen keine Wurzeln ziehen; will man das tun, dann kommt man über die reellen Zahlen hinaus. Man gelangt so zu den sog. **komplexen Zahlen**. Um diese einzuführen, definiert man die sog. **imaginäre Einheit** als

$$\iota = \sqrt{-1},$$

das ist eine Zahl, die mit sich selbst multipliziert minus eins ergibt:

$$\iota\,\iota = \iota^2 = -1;$$

diese Zahl ι gibt es in der Menge der reellen Zahlen nicht. Definiert man noch das Vielfache der imaginären Einheit

$$c\,\iota = c\,\sqrt{-1},$$

wobei c alle reellen Zahlen annehmen kann, dann hat man zwei Zahlengeraden, die reellen Zahlen und die imaginären Zahlen.

▶ **Definition** Setzt man diese beiden Zahlen additiv zusammen, also gemäß

$$z = x + \iota\,y,$$

so hat man die **komplexen Zahlen** $z \in \mathbb{C}$. Den Teil x von z nennt man **Realteil** $\Re(z)$ von z, und den Teil y von z nennt man **Imaginärteil** $\Im(z)$ von z.

Anmerkungen

- Komplexe Zahlen kann man aufgrund ihrer Konstruktion grafisch darstellen. Dazu zeichnet man senkrecht zur reellen Achse durch den Nullpunkt die Achse der imaginären Zahlen. Dieses System aus zwei Achsen spannt eine Zahlenebene auf, die sog. **Gauß'sche Zahlenebene** (vgl. Abb. 2.8). Jeder Punkt auf dieser Ebene stellt eine komplexe Zahl dar.
- Es sei noch erwähnt, dass sich die Rechenregeln für komplexe Zahlen gegenüber den reellen Zahlen nicht ändern. Man kann also mit den komplexen Zahlen genauso rechnen wie mit den reellen. Man muss lediglich darauf achten, dass man Real- und Imaginärteil auseinanderhält, was man immer tun kann:

$$(1 + 2\iota) + (3 + 4\iota) = 4 + 6\iota,$$
$$(1 - 2\iota) - (3 - 4\iota) = -2 + 2\iota,$$
$$(1 + 2\iota) \cdot (3 + 4\iota) = 1 \cdot 3 + 2 \cdot 3\iota + 1 \cdot 4\iota + 2 \cdot 4 \overbrace{\iota\,\iota}^{=-1} = -5 + 10\iota,$$
$$(1 + 2\iota) : (3 + 4\iota) = \frac{1 + 2\iota}{3 + 4\iota} = \frac{1 + 2\iota}{3 + 4\iota} \cdot \frac{3 - 4\iota}{3 - 4\iota} = \frac{11 + 2\iota}{25} = \frac{11}{25} + \frac{2}{25}\iota.$$

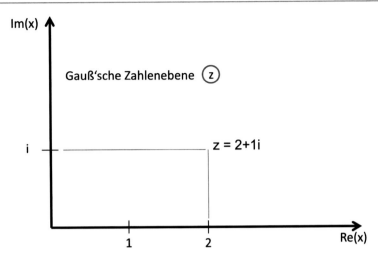

Abb. 2.8 Die Gauß'sche Zahlenebene

Mit dieser Definition der komplexen Zahlen kann man nun den Fundamentalsatz der
Algebra verstehen, denn er meint, dass der Definitionsbereich der Polynome $P_N(x)$
stets die komplexe Zahlenebene ist, d. h., dass die Nullstellen auch komplexe Werte
annehmen können.

Anmerkung
Nun gibt es noch eine signifikante Vereinfachung für diejenigen Polynome, die nur reellwertige
Koeffizienten haben, was – wie in diesem Buch – gewöhnlich der Fall ist. Sind nämlich deren Null-
stellen nicht reellwertig, dann liegen sie paarweise symmetrisch zur reellen Achse der komplexen
Zahlenebene. Man sagt, ihre Lage sei **konjugiert komplex**.

Kommen wir zu unserem Beispiel (2.5) der quadratischen Parabel zurück: Nach dem
Fundamentalsatz der Algebra hat sie zwei Nullstellen, die wir mit unserem Wissen
über die komplexen Zahlen nun ausrechnen können. Weil wir zum Ausdruck bringen
wollen, dass wir das Polynom (2.5) in der komplexen Zahlenebene betrachten wollen,
schreiben wir die unabhängige Veränderliche nun nicht mehr mit x, sondern mit z
und kürzen die Menge aller komplexwertigen Zahlen mit $\mathbb{C}$ ab:

$$y(z) = z^2 + 1, \ z \in \mathbb{C} \ . \tag{2.6}$$

Dann ist die Bedingung für eine Nullstelle gegeben durch

$$z^2 + 1 = 0$$

oder

$$z^2 = -1,$$

woraus

$$z_1 = +1\iota = \iota; \quad z_2 = -1\iota = -\iota$$

folgt. Erwartungsgemäß sind sie konjugiert komplex, d.h., dass die Summe der Imaginärteile null ergibt:

$$\Im(z_1) + \Im(z_2) = \imath - \imath = 0.$$

Also ist die Faktorzerlegung des Polynoms (2.6) gegeben durch

$$y(z) = z^2 + 1 = (z - z_1)\,(z - z_2) = (z - \imath)\,(z + \imath).$$

Dies ist aber nun

$$y(z) = (z - \imath)\,(z + \imath) = z^2 \underbrace{-z\,\imath + z\,\imath}_{=0} -\imath^2 = z^2 + 1$$

(wegen $-\imath^2 = -(-1) = +1$), also wieder das Ausgangspolynom (2.6).

Anmerkung
Diese Rechnung kann man auch für zwei beliebige konjugiert komplexe Nullstellen

$$z_1 = x_0 + \imath\,y_0, \; z_2 = x_0 - \imath\,y_0$$

machen. Man erhält für die Faktorzerlegung eines Polynoms zweiten Grades, dessen Nullstellen konjugiert komplex sind, das Ergebnis

$$a_0 + a_1\,x + a_2\,x^2 = (x - z_1)\,(x - z_2) = x^2 - 2\,x\,x_0 + (x_0 + y_0)^2.$$

Dies ist ein reeller Ausdruck, denn es gilt allgemein, dass das Produkt zweier konjugiert komplexer Zahlen eine reelle Zahl ist.

Fazit
Als Fazit können wir sagen, dass die Aussage des Fundamentalsatzes der Algebra richtig ist; allerdings muss man als Definitionsbereich der betrachteten Polynome die Gauß'sche Zahlenebene wählen.

Die Nullstellen und ihre algebraische Darstellung
Die Berechnung der Nullstellen $x_{n;i}$, $i = 1, 2, 3, \ldots, n - 1, N$ von Polynomen $P_N(x)$ war in der Mathematik lange Zeit eine wichtige Frage. Heute ist sie gelöst:

- Polynome nullten Grades $P_0(x) = a_0$ haben keine Nullstellen, es sei denn, es handelt sich um das Polynom $P_0(x) = a_0 \equiv 0$, das für alle x null ist.
- Polynome ersten Grades $P_1(x) = a_0 + a_1\,x$ haben eine Nullstelle. Diese Nullstelle des Polynoms $P_1(x) = a_0 + a_1\,x$ ersten Grades kann man direkt anschreiben:

$$P_1(x_n) = a_0 + a_1\,x_n = 0 \rightsquigarrow x_n = -\frac{a_1}{a_0}.$$

- Die beiden Nullstellen $x_{n;1}$ und $x_{n;2}$ der Polynome $P_2(x)$ zweiten Grades berechnet man mithilfe der als „**Mitternachtsformel**" bekannten Darstellung:

$$P_2(x_n) = a_0 + a_1\,x_n + a_2\,x_n^2 = 0 \rightsquigarrow x_{n;1,2} = \frac{-a_1 \pm \sqrt{a_1^2 - 4\,a_2\,a_0}}{2\,a_2}. \quad (2.7)$$

Man sieht dieser Formel an, unter welchen Bedingungen das Polynom $P_2(x)$ auch dann komplexe Nullstellen hat, wenn sämtliche Koeffizienten a_i, $i = 0, 1, 2$ reell sind, nämlich wenn der Ausdruck unter der Wurzel negativ wird. Den Ausdruck unter der Wurzel

$$a_1^2 - 4\,a_2\,a_0$$

nennt man auch **Diskriminante**.

- Die drei Nullstellen $x_{n;1}$, $x_{n;2}$ und $x_{n;3}$ der Polynome $P_3(x)$ dritten Grades berechnet man mithilfe der sog. **Formel von Cardano**. Sie wird in der Schule nicht gelehrt, ist aber dennoch ein algebraischer Ausdruck: Die Nullstellen $x_{n;1}$, $n_{n;2}$ und $x_{n;3}$ des Polynoms dritten Grades

$$P_3(x) = a_0 + a_1\,x + a_2\,x^2 + a_3\,x^3$$

sind gegeben durch die Bedingung

$$P_3(x_{n;i}) = a_0 + a_1\,x_n + a_2\,x_n^2 + a_3\,x_n^3 = 0, \ i = 1, 2, 3$$

und werden berechnet durch die Formel

$$x_{n;i} = y_i - \frac{a_1}{3\,a_0}, \ i = 1, 2, 3$$

mit[1]

$$y_i = \sqrt[3]{-q + \sqrt{q^2 + p^3}} + \sqrt[3]{-q - \sqrt{q^2 + p^3}}, \ i = 1, 2, 3,$$

---

[1]Der Ausdruck $\sqrt{1} = \sqrt[2]{1}$ bezeichnet all jene Zahlen, die mit sich selbst multipliziert eins ergeben; es sind zwei Zahlen, nämlich $+1$ und -1, weil sowohl $+1$ als auch -1 mit sich selbst multipliziert wieder 1 ergibt. Ganz analog werden mit dem Ausdruck $\sqrt[3]{1}$ drei Zahlen bezeichnet, nämlich $+1$ und $-\frac{1}{2} + \frac{1}{2}\,\iota$ und $-\frac{1}{2} - \frac{1}{2}\,\iota$, wie man sich durch Ausmultiplizieren überzeugt:

$$1^3 = \left(-\frac{1}{2} + \frac{1}{2}\,\iota\right)^3 = \left(-\frac{1}{2} - \frac{1}{2}\,\iota\right)^3 = 1.$$

Entsprechend stellt der Ausdruck $\sqrt[n]{1}$ also n Zahlen dar, die in der komplexen Zahlenebene als regelmäßiges n-Eck um den Ursprung der komplexen Zahlenebene angeordnet sind.

wobei q und p von den Koeffizienten a_i, $i = 0, 1, 2, 3$ des Polynoms $P_3(x)$ abhängen:

$$q = \frac{1}{2} \left(\frac{2\,a_1^3}{27\,a_0^3} - \frac{a_1\,a_2}{3\,a_0^2} + \frac{a_3}{a_0} \right),$$

$$p = \frac{3\,a_0\,a_3 - a_1^2}{9\,a_0^2}.$$

- Die Nullstellen $x_{n;1}$, $x_{n;2}$, $x_{n;3}$ und $x_{n;4}$ von Polynomen $P_4(x)$ vierten Grades berechnet man, indem man eine der drei Nullstellen eines eindeutig zugeordneten Polynomes dritten Grades berechnet. Die Berechnung kann also auf die Formel von Cardano zurückgeführt werden. Dies wird in der Schule ebenfalls nicht gelehrt, soll aber hier dargelegt werden.
Die Nullstellen eines normierten[2] Polynoms $P_4(x)$ vierten Grades

$$P_4(x) = 1 + a_1\,x + a_2\,x^2 + a_3\,x^3 + a_4\,x^4 \tag{2.8}$$

ergeben sich aus der Bedingung

$$P_4(x_{n;i}) = 1 + a_1\,x_n + a_2\,x_n^2 + a_3\,x_n^3 + a_4\,x_n^4 = 0, \quad i = 1, 2, 3, 4$$

und stimmen mit den Nullstellen der quadratischen Gleichungen

$$x_n^2 + \frac{a_1 + A_1}{2}\,x_n + \left(y + \frac{a_1\,y - a_3}{A_1} \right) = 0$$

und

$$x_n^2 + \frac{a_1 + A_2}{2}\,x_n + \left(y + \frac{a_1\,y - a_3}{A_2} \right) = 0$$

mit

$$A_1 = +\sqrt{8\,y + a_1^2 - 4\,a_2}$$

und

$$A_2 = -\sqrt{8\,y + a_1^2 - 4\,a_2} = -A_1$$

---

[2]Ein solches normiertes Polynom kann man stets aus einem allgemeinen Polynom

$$P_4(x) = a_0 + \tilde{a}_1\,x + \tilde{a}_2\,x^2 + \tilde{a}_3\,x^3 + \tilde{a}_4\,x^4$$

herstellen, indem man durch a_0 teilt und die Koeffizienten umbenennt:

$$a_1 = \frac{\tilde{a}_1}{a_0}, \quad a_2 = \frac{\tilde{a}_2}{a_0}, \quad a_3 = \frac{\tilde{a}_3}{a_0}, \quad a_4 = \frac{\tilde{a}_4}{a_0}.$$

überein. D. h., die vier Werte der Lösungen der quartischen Gl. (2.8) sind gegeben durch

$$
x_{n;1} = \frac{-\left(\frac{a_1 + A_1}{2}\right) + \sqrt{\left(\frac{a_1 + A_1}{2}\right)^2 - 4\left(y + \frac{a_1 y - a_3}{A_1}\right)}}{2},
$$

$$
x_{n;2} = \frac{-\left(\frac{a_1 + A_1}{2}\right) - \sqrt{\left(\frac{a_1 + A_1}{2}\right)^2 - 4\left(y + \frac{a_1 y - a_3}{A_1}\right)}}{2},
$$

$$
x_{n;3} = \frac{-\left(\frac{a_1 + A_2}{2}\right) + \sqrt{\left(\frac{a_1 + A_2}{2}\right)^2 - 4\left(y + \frac{a_1 y - a_3}{A_2}\right)}}{2},
$$

$$
x_{n;4} = \frac{-\left(\frac{a_1 + A_2}{2}\right) - \sqrt{\left(\frac{a_1 + A_2}{2}\right)^2 - 4\left(y + \frac{a_1 y - a_3}{A_2}\right)}}{2}.
$$

(2.9)

Dabei ist y eine der drei Wurzeln der zugeordneten Gleichung dritten Grades

$$
8 y^3 - 4 a_2 y^2 + (2 a_1 a_3 - 8 a_4)\, y + a_1 \left(4 a_2 - a_1^2\right) - a_4^2 = 0,
$$

ist also gegeben durch eine der drei Wurzeln

$$
y = \sqrt[3]{-q + \sqrt{q^2 + p^3}} + \sqrt[3]{-q - \sqrt{q^2 + p^3}}; \tag{2.10}
$$

dabei gelten die folgenden Beziehungen:

$$
q = \frac{1}{2} \left(\frac{2 b_1^3}{27 b_0^3} - \frac{b_1 b_2}{3 b_0^2} + \frac{b_3}{b_0} \right),
$$

$$
p = \frac{3 b_0 b_3 - b_1^2}{9 b_0^2}
$$

mit

$$
b_0 = a_1 \left(4 a_2 - a_1^2\right) - a_4^2,
$$
$$
b_1 = 2 a_1 a_3 - 8 a_4,
$$
$$
b_2 = -4 a_2,
$$
$$
b_3 = 8.
$$

Dabei – und das ist das Überraschende – ist es gleichgültig, welche der drei Lösungen von (2.10) in (2.9) verwendet wird. Naheliegenderweise nimmt man die – stets vorhandene – reellwertige.

- Der norwegische Mathematiker **Niels Henrik Abel** (1802–1829) und der französische Mathematiker **Évariste Galois** (1811–1832) haben gezeigt, dass man die Nullstellen von Polynomen fünften und höheren Grades im Allgemeinen nicht mehr durch algebraische Ausdrücke, also durch Wurzelausdrücke darstellen kann. In all diesen Fällen muss man iterative Verfahren anwenden, wie z. B. das Heronoder das Newton-Verfahren, mit denen man übrigens auch Wurzeln ziehen kann (s. Anhänge D.1 und D.2).

Man kann also folgende allgemeine Aussagen für Polynome mit reellwertigen Koeffizienten machen (vgl. Abb. 2.9)

- Quadratische Parabeln haben entweder zwei reelle (Zweifachheit mitgezählt) oder zwei konjugiert komplexe Nullstellen. Das Letztere ist genau dann der Fall, wenn die Diskriminante in der Mitternachtsformel (2.7) negativ ist (vgl. Abb. 2.9).
- Kubische Parabeln haben entweder drei reelle (Vielfachheit mitgezählt) oder eine reelle und zwei konjugiert komplexe Nullstellen.
- Quartische Parabeln haben entweder vier reelle (Vielfachheit mitgezählt) oder zwei reelle (Zweifachheit mitgezählt) und zwei konjugiert komplexe Nullstellen oder aber zwei Paare konjugiert komplexer Nullstellen.

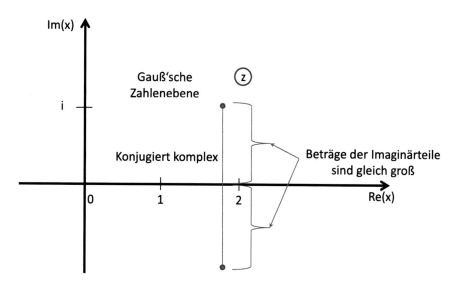

Abb. 2.9 Mögliche Lagen von Nullstellen von Polynomen

2.1.3   Quotienten zweier Polynome (gebrochen rationale Funktionen)

Negative Potenzen und Pole

Es wurde bereits im Abschn. 2.1 erwähnt, dass man die natürlichen Potenzen

$$x^n, \ n \in N, \ x \in R$$

ohne Weiteres auf die reellen Potenzen erweitern kann. Dementsprechend sind damit auch die negativen natürlichen Potenzen darin enthalten.

▶   **Definition**

$$x^{-n} = \frac{1}{x^n}, \ n \in N, \ x \in \mathbf{R} \,. \tag{2.11}$$

Diese Funktionen lassen sich überall problemlos arithmetisch berechnen, nicht aber am Ursprung $x = 0$. Dort wächst der Funktionswert über alle Grenzen an, entweder in die positive oder in die negative Richtung. Den Verlauf dieser Funktionen entnehme man der Abb. 2.10.

Wenn eine Funktion mit einer natürlichen Potenz über alle Grenzen anwächst, wie dies in (2.11) angegeben ist, dann nennt man die Stelle, an welcher dies passiert, also hier $x = 0$, eine **Singularität** in der Form eines **Pols** (s. Abschn. 2.1). Die Zahl n nennt man die **Ordnung** des Pols, manchmal auch seinen **Grad**. Dabei unterscheidet man Pole mit und ohne Zeichenwechsel beim Übergang von einer Seite des Pols auf

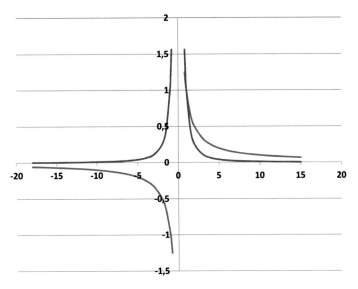

Abb. 2.10 Pole negativer natürlicher Potenzen

die andere Seite. Pole mit gerader Ordnung haben also keinen Zeichenwechsel, Pole mit ungerader Ordnung haben einen Zeichenwechsel.

Wenn ein Pol nicht am Ursprung $x = 0$ liegt, sondern an irgendeiner Stelle $x = x_0$, dann hat er die funktionale Form

$$(x - x_0)^{-n} = \frac{1}{(x - x_0)^n}, \ n \in \mathrm{N}, \ x \in \mathrm{R} \,.$$

Pole zeigen – in einem gewissen Sinne – das Verhalten von natürlichen Potenzen im Unendlichen, also am uneigentlichen Punkt $x = \infty$.

Pole rationaler Funktionen
Mit den Polynomen hat man auch die rationalen Funktionen $R(x)$ zu erwähnen. Dies sind Brüche von Polynomen:

$$R(x) = \frac{P_N(x)}{P_M(x)}, \quad N, M \in \mathrm{N}. \tag{2.12}$$

Das Besondere an rationalen Funktionen ist, dass sie gewöhnlich an den Nullstellen $x_{n;i}$, $i = 1, 2, 3, \ldots, M$ ihres Nennerpolynoms, also dort, wo

$$P_M(x_{n;i}) = 0$$

gilt, Pole aufweisen, dass also dort ihr Funktionswert über alle Grenzen anwächst. Dabei ist die Ordnung dieser Pole so groß wie die Vielfachheit der Nullstellen des Polynoms $P_M(x)$, das den Pol hervorruft.

Die Nullstellen $x_{n;i}$ der Funktion $R(x)$ sind die Nullstellen $x_{n;i}$, $i = 1, 2, 3, \ldots, N$ des Zählerpolynoms $P_N(x)$.

Beispiele
•

$$R(x) = \frac{1}{b_0 + b_1 x}. \tag{2.13}$$

Diese Funktion hat an der Stelle

$$x = x_0 = -\frac{b_0}{b_1}$$

eine Singularität, nämlich einen Pol erster Ordnung, aber keine Nullstellen.

•

$$R(x) = \frac{x}{b_0 + b_1 x} = \frac{1}{\frac{b_0}{x} + b_1}. \tag{2.14}$$

Diese Funktion hat wiederum an der Stelle

$$x = x_0 = -\frac{b_0}{b_1}$$

eine Singularität in Form eines Pols erster Ordnung; darüber hinaus hat sie aber bei $x = 0$ eine Nullstelle.

Man kann eine gebrochen rationale Funktion (2.12) stets in Partialbrüche zerlegen. Ist z.B. $M = 2$, und hat ihr Nennerpolynom nur einfache Nullstellen, so ist diese Partialbruchzerlegung gegeben durch

$$\frac{1}{(x - x_1)(x - x_2)} = \frac{A}{x - x_1} - \frac{A}{x - x_2}$$

mit

$$A = \frac{1}{x_1 - x_2},$$

wie man durch Ausmultiplizieren leicht nachrechnen kann.

Ist $M = 3$ und hat ihr Nennerpolynom eine einfache und eine doppelte Nullstelle, so ist diese Partialbruchzerlegung gegeben durch

$$\frac{1}{(x - x_1)(x - x_2)^2} = \frac{A}{x - x_1} - \frac{A}{x - x_2} + \frac{C}{(x - x_2)^2}$$

mit

$$A = \frac{1}{(x_1 - x_2)^2},$$

$$C = \frac{1}{x_2 - x_1}.$$

Als letztes Beispiel soll $M = 4$ sein und das Nennerpolynom zwei doppelte Nullstellen haben; die Partialbruchzerlegung ist dann gegeben durch

$$\frac{1}{(x - x_1)^2(x - x_2)^2} = \frac{A}{x - x_1} + \frac{A}{x - x_2} - \frac{C}{(x - x_1)^2} + \frac{C}{(x - x_2)^2}$$

mit

$$A = \frac{1}{(x_1 - x_2)^2},$$

$$C = \frac{2}{(x_1 - x_2)^3}.$$

Eine solche Zerlegung kann man immer finden. Im Anhang A sind diese und weitere Partialbruchzerlegungen angegeben. Wir werden im Kap. 5 sehen, dass für das Rechnen mit Differenzialgleichungen Partialbruchzerlegungen sehr nützlich sind.

Wir betrachten nun noch einen Spezialfall von (2.12), nämlich

$$
\begin{aligned}
y(x) &= \frac{1}{x^M} \left(a_0 + a_1\, x + a_2\, x^2 + \ldots + a_N\, x^N \right) \\
&= \frac{a_0}{x^M} + \frac{a_1}{x^{M-1}} + \frac{a_2}{x^{M-2}} + \ldots + \frac{a_N}{x^{M-N}}.
\end{aligned} \tag{2.15}
$$

Diese Funktion hat am Ursprung $x = 0$ einen Pol M-ter Ordnung

$$
\sim \frac{a_0}{x^M},
$$

denn alle anderen Potenzen der Funktion bei $x = 0$ sind schwächer als $\frac{1}{x^M}$.

Um das Verhalten der Funktion im Unendlichen $x = \infty$ zu untersuchen, muss man diese Gleichung mittels der Transformation

$$
\xi = \frac{1}{x}
$$

invertieren und dann das Verhalten der Funktion für Werte in der Nähe des Ursprunges $\zeta = 0$ untersuchen; man erhält aus (2.15)

$$
\begin{aligned}
y(\xi) &= \xi^M \left(a_0 + a_1 \frac{1}{\xi} + a_2 \frac{1}{\xi^2} + \ldots + a_N \frac{1}{\xi^N} \right) \\
&= a_0\, \xi^M + a_1\, \xi^{M-1} + a_2\, \xi^{M-2} + \ldots + a_N\, \xi^{M-N};
\end{aligned} \tag{2.16}
$$

betrachtet man nun das Verhalten der Funktion (2.16) für Werte in der Nähe des Ursprunges $\xi = 0$, so sieht man, dass zwei Funktionsverläufe möglich sind:

- Für $N > M$ hat die Funktion (2.15) im Unendlichen $x = \infty$, d. h. für $\xi = 0$, einen Pol

$$
\sim \frac{a_N}{x^{N-M}}.
$$

- Für $N \leq M$ geht die Funktion (2.15) im Unendlichen $x = \infty$ wie

$$
\sim a_0\, x^M
$$

gegen null.

Asymptoten

Die Funktion (2.13) aus dem obigen Beispiel

$$R(x) = \frac{1}{b_0 + b_1 x} \qquad (2.17)$$

geht sowohl für $x \to \infty$ als auch für $x \to -\infty$ gegen null. Man sagt deshalb, dass die Funktion $R(x) = 0$ eine **Asymptote** der Funktion (2.17) für $x \to \infty$ und für $x \to -\infty$ ist.

▶   **Definition** Asymptoten sind Geraden, an die sich Funktionen anschmiegen, wenn ihre unabhängigen Veränderlichen über alle Grenzen anwachsen.

Ebenso hat die Funktion (2.14)

$$R(x) = \frac{x}{b_0 + b_1 x} = \frac{1}{\frac{b_0}{x} + b_1}$$

für $x \to \infty$ als auch für $x \to -\infty$ die zur x-Achse parallele Gerade

$$R(x) = \frac{1}{b_1}$$

als eine Asymptote.

Was Asymptoten betrifft, so kann es in dem Funktionsausdruck (2.12) unterschiedliche Situationen geben, nämlich

$$N < M, \; N = M, \; N > M.$$

Im ersten Fall wächst die Funktion für $x \to +\infty$ und für $x \to -\infty$ über alle Grenzen an; im zweiten Fall geht die Funktion gegen einen von null verschiedenen konstanten Wert; im dritten Fall geht die Funktion für $x \to +\infty$ und für $x \to -\infty$ gegen null.

Nach obiger Definition sind im zweiten und dritten Fall die Geraden, an die sich die Funktion (2.12) für die angegebenen Grenzwerte anschmiegen, die **Asymptoten** der Funktion (2.12).

Eine etwas andere Situation erhält man für Funktionen vom Typ

$$y(x) = a \, (x - x_1)^N + \frac{b}{(x - x_2)^M}.$$

Hier gibt es auch Asymptoten, aber diese haben eine von null verschiedene Steigung. Hierzu ein Beispiel:

$$y(x) = x + \frac{1}{x}.$$

Diese Funktion geht sowohl für $x \to +\infty$ als auch für $x \to -\infty$ gegen eine Asymptote, welche die Steigung eins hat und sie hat am Ursprung $x = 0$ einen Pol erster Ordnung. Vergleiche hierzu die Abb. 2.11.

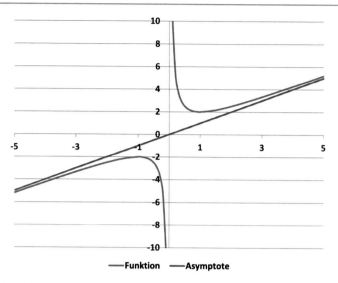

Abb. 2.11 Funktion und ihre Asymptote

2.2 Ableitungen

Man kann die Rolle der Funktion in der Analysis mit einem Vehikel vergleichen. Dann ist der Begriff der Ableitung der Motor. Geometrisch stellt die Ableitung die Steigung einer Tangente an einen Graphen einer Funktion an einer bestimmten Stelle dar. Insofern ist der Begriff der Ableitung das Fundament der Analysis. Er deutet an, unter welchem Blickwinkel die Analysis eine Funktion sieht. Diese Aspektverschiebung ist fundamental gewesen und neu und hat die Mathematik im Kern geprägt. Das Neue daran ist der Begriff des Grenzwertes bzw. des Grenzprozesses. Bevor wir uns also mit Funktionen aus Sicht der Analysis beschäftigen, betrachten wir zuvor noch den Begriff der Ableitung.

2.2.1 Definition und ihre geometrische Interpretation

Differenzen- und Differenzialquotienten
Das Fundament der Analysis ist die Berechnung der Steigung einer Tangente an eine Kurve aus der Steigung einer Sekanten. Diese Situation ist in den Abb. 2.12 und 2.13 dargestellt.

Wenn die Kurve gegeben ist durch eine Funktion $y = y(x)$, dann ist die Steigung einer Sekante gegeben durch

$$\frac{y(x + \Delta x) - y(x)}{\Delta x} = \frac{\Delta y}{\Delta x}. \tag{2.18}$$

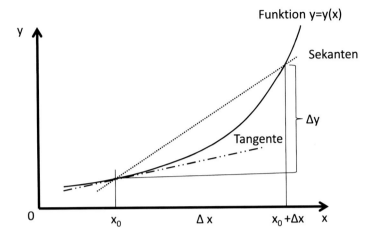

Abb. 2.12 Sekante einer Kurve

Der Grundgedanke der Analysis ist nun der Grenzübergang[3]

$$\lim_{\Delta x \to 0} \frac{y(x + \Delta x) - y(x)}{\Delta x}. \tag{2.19}$$

Man schreibt für den Ausdruck (2.19) nach Durchführung des Grenzüberganges dieses Ausdrucks für $\Delta x \to 0$

$$\frac{dy}{dx},$$

also

$$\boxed{\frac{dy}{dx} = \lim_{\Delta x \to 0} \frac{y(x + \Delta x) - y(x)}{\Delta x}.} \tag{2.20}$$

Anmerkung
Es handelt sich beim mathematischen Grenzübergang um einen gedachten Prozess, bei dem eine Variable (in diesem Fall Δx) in einem mathematischen Ausdruck (in diesem Fall $\frac{y(x+\Delta x)-y(x)}{\Delta x}$) einem Grenzwert zugeführt wird, wobei zunächst einmal nicht näher beschrieben wird, in welcher Weise dieser Grenzübergang durchgeführt werden soll. Mathematischen Sinn erhält der Grenzübergang, wenn der Ausdruck existiert, sobald die Variable den Grenzwert eingenommen hat. Es ist nicht selbstverständlich, dass dieser Grenzwert tatsächlich existiert, aber wenn er existiert, dann gibt er die Steigung der Tangente des Graphen der Funktion $y = y(x)$ an der Stelle x an.

---

[3]Dabei ist „lim" die Abkürzung für Limes (lateinisch für „Grenzwert"); unter dieser Abkürzung steht, welche Größe zu einem Grenzwert geführt werden soll, und dahinter steht, in welchem Ausdruck dies geschehen soll.

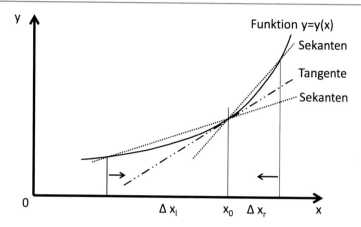

Abb. 2.13 Differenzierbarkeit

Man kann sagen, ob der Grenzwert existiert, nämlich, wenn die Kurve von $y = y(x)$ an der Stelle, an der man den Grenzübergang durchführen will, weder einen Knick hat noch einen Sprung macht. Man sagt dann, die Kurve sei stetig und differenzierbar. Differenzierbarkeit liegt dann vor, wenn der Grenzübergang von der Sekante zur Tangente zum gleichen Ergebnis führt, wenn man einmal die Sekante von links in die Tangente überführt und das andere Mal von rechts (s. Abb. 2.13).

▶ **Definition** Den Quotienten (2.18) nennt man **Differenzenquotient**, den Quotienten (2.20) nennt man **Differenzialquotient**.

Anmerkung
Grenzübergänge sind das Charakteristikum der Analysis schlechthin und das Werkzeug, mit dem Veränderungen mathematisch beschrieben und damit quantitativ erfasst werden.

Beispiele

• Nehmen wir zuerst das Beispiel

$$y = x^2;$$

der Differenzenquotient ist dann

$$
\begin{aligned}
\frac{y(x + \Delta x) - y(x)}{\Delta x} &= \frac{(x + \Delta x)^2 - x^2}{\Delta x} = \frac{x^2 + 2\,x\,\Delta x + (\Delta x)^2 - x^2}{\Delta x} \\
&= \frac{2\,x\,\Delta x + (\Delta x)^2}{\Delta x} = \frac{(2\,x + \Delta x)\,\Delta x}{\Delta x} \\
&= 2\,x + \Delta x.
\end{aligned}
\tag{2.21}
$$

Führt man nun den Grenzübergang $\Delta x \to 0$ durch, so erhält man das Ergebnis

$$\frac{dy}{dx} = \lim_{\Delta x \to 0} (2x + \Delta x) = 2x + \underbrace{\lim_{\Delta x \to 0} \Delta x}_{\to 0} = 2x.$$

Das Schöne an diesem Ergebnis ist seine Allgemeingültigkeit. Auf Basis des Binomialkoeffizienten kann man die obige Rechnung für beliebige natürliche Zahlen n zeigen: Für

$$y = x^n, \; n \in \mathbb{N}$$

wird der Differenzenquotient (2.2.3)

$$\begin{aligned}
\frac{y(x + \Delta x) - y(x)}{\Delta x} &= \frac{(x + \Delta x)^n - x^n}{\Delta x} \\
&= \frac{x^n + \binom{n}{1} x^{n-1} (\Delta x)^1 + \binom{n}{2} x^{n-2} (\Delta x)^2 + \ldots + \binom{n}{n-2} x^2 (\Delta x)^{n-2}}{\Delta x} \\
&\quad + \frac{\binom{n}{n-1} x^1 (\Delta x)^{n-1} + \binom{n}{n} x^0 (\Delta x)^n - x^n}{\Delta x} \\
&= \frac{x^n}{\Delta x} + \frac{\binom{n}{1} x^{n-1} (\Delta x)^1}{\Delta x} + \frac{\binom{n}{2} x^{n-2} (\Delta x)^2}{\Delta x} + \ldots + \frac{\binom{n}{n-2} x^2 (\Delta x)^{n-2}}{\Delta x} \\
&\quad + \frac{\binom{n}{n-1} x^1 (\Delta x)^{n-1}}{\Delta x} + \frac{\binom{n}{n} x^0 (\Delta x)^n}{\Delta x} - \frac{x^n}{\Delta x} \\
&= \binom{n}{1} x^{n-1} + \binom{n}{2} x^{n-2} \Delta x + \ldots + \binom{n}{n-2} x^2 (\Delta x)^{n-3} \\
&\quad + \binom{n}{n-1} x^1 (\Delta x)^{n-2} + \binom{n}{n} (\Delta x)^{n-1}
\end{aligned}$$

mit

$$\binom{n}{k} = \frac{n!}{k!\,(n-k)!}. \tag{2.22}$$

Führt man nun den Grenzübergang $\Delta x \to 0$ durch, so werden alle Terme zu null außer dem ersten, und man erhält wegen

$$\binom{n}{1} = n \tag{2.23}$$

das Ergebnis

$$\frac{dy}{dx} = n\,x^{n-1}.$$

Mit etwas größerem technischen Einsatz kann man dieses Ergebnis auch für negative Potenzen und damit für rationale Potenzen, ja, sogar für beliebige reellwertige Potenzen $a \in \mathbb{R}$ zeigen. So ist also die Ableitung der Funktion

$$y = x^a, \quad a \in \mathbb{R} \tag{2.24}$$

gegeben durch

$$\frac{dy}{dx} = a\,x^{a-1}. \tag{2.25}$$

So gilt also zum Beispiel für die Funktion

$$y = x^\pi \tag{2.26}$$

die Ableitung

$$\frac{dy}{dx} = \pi\,x^{\pi-1},$$

und das ist ja nun schon bemerkenswert. Man kann also z. B. sofort sagen, dass die Steigung der Tangente an die Kurve (2.26) an der Stelle $x = 1$ den gleichen Wert hat wie das Verhältnis von Umfang zu Durchmesser eines Kreises, nämlich π.

Weil wir dies später benötigen, geben wir noch die Ableitung der Quadratwurzelfunktion an. Sei also

$$y(x) = \sqrt{x} = x^{\frac{1}{2}}. \tag{2.27}$$

Dann ist nach (2.24) deren Ableitungsfunktion gegeben durch

$$y(x) = \frac{1}{2}\,x^{-\frac{1}{2}} = \frac{1}{2\sqrt{x}}.$$

- Neben der Ableitung der allgemeinen Potenz gibt es noch eine weitere wichtige Funktion, deren Ableitung von besonderer Bedeutung ist, nämlich die allgemeine Exponentialfunktion

$$y(x) = a^x, \; x,\, a \in \mathbb{R}.$$

Wichtig ist, dass hier die obige Regel (2.25) **nicht** gilt. Dies sieht man, wenn man die Definition der Sekantensteigung betrachtet:

$$\frac{y(x + \Delta x) - y(x)}{\Delta x} = \frac{a^{(x+\Delta x)} - a^x}{\Delta x} = \frac{a^x\,a^{\Delta x} - a^x}{\Delta x}$$

$$= a^x\,\frac{a^{\Delta x} - 1}{\Delta x} = \tilde{c}\,a^x$$

mit

$$\tilde{c} = \frac{a^{\Delta x} - 1}{\Delta x}.$$

Führt man nun den Grenzübergang

$$\lim_{\Delta x \to 0} \left(\frac{a^{\Delta x} - 1}{\Delta x} \right) = c$$

durch, so erhält man die Ableitung

$$\frac{\mathrm{d}y}{\mathrm{d}x} = c\,a^x.$$

Dabei nehmen wir an, dass dieser Grenzwert existiert.
Wir betrachten nun denjenigen Wert a, für den c zu eins wird:

$$\lim_{\Delta x \to 0} \left(\frac{a^{\Delta x} - 1}{\Delta x} \right) = c = 1.$$

Führt man nun in diesem funktionalen Ausdruck den Grenzwert tatsächlich durch, indem man zum Beispiel

$$\Delta x = \frac{1}{n}$$

setzt und n über alle Grenzen anwachsen lässt, dann erhält man

$$\lim_{\Delta n \to \infty} \left(\frac{a^{\frac{1}{n}} - 1}{\frac{1}{n}} \right).$$

Löst man diese Formel nach a auf, dann erhält man

$$a = \lim_{n \to \infty} \left(1 + \frac{1}{n} \right)^n. \tag{2.28}$$

Diese Zahl a heißt **Euler'sche Zahl** und wird mit „e" bezeichnet. Es handelt sich um eine irrationale Zahl mit dem Wert

$$e = \lim_{n \to \infty} \left(1 + \frac{1}{n} \right)^n = 2{,}71\ldots$$

Anmerkung

Man erhält übrigens die Euler'sche Zahl auch, wenn man anstatt (2.28) den Grenzübergang mit einer anderen Potenz durchführt, also zum Beispiel mit

$$\Delta x = \frac{1}{n^2},$$

denn es gilt auch

$$e = \lim_{n \to \infty} \left(1 + \frac{1}{n^2} \right)^{n^2} = 2{,}71\ldots$$

Dies gilt in gleicher Weise auch für beliebige Potenzen

$$\Delta x = \frac{1}{n^m}, \ m = 1, 2, 3, \ldots,$$

denn es gilt gleichfalls

$$e = \lim_{n \to \infty} \left(1 + \frac{1}{n^m}\right)^{n^m} = 2{,}71 \ldots$$

Also ist die Exponentialfunktion

$$y(x) = e^x,$$

die man zuweilen auch in der Form

$$y(x) = \exp(x)$$

schreibt, die einzige Funktion, deren Funktionswert an jeder Stelle x so groß ist wie deren Ableitung an eben dieser Stelle x:

$$y(x) = \frac{dy}{dx} = \exp(x).$$

Anmerkung

Für das Folgende ist wichtig, dass die Umkehrfunktion der Exponentialfunktion zur Basis e die Logarithmusfunktion

$$x = \log_e y$$

zur Basis e ist. Weil die Basis e in der Analysis so wichtig ist, führt man die Schreibweise

$$\log_e = \ln$$

ein und bezeichnet den Logarithmus zur Basis e als **logarithmus naturalis**. Also gilt

$$a = e^{\ln a}. \tag{2.29}$$

2.2.2 Differenziale: Die Schreibweise von Leibniz

Wir haben die Differenziale dx und dy über einen Grenzübergang endlicher Größen Δx und Δy eingeführt:

$$\frac{dy}{dx} = \lim_{\Delta x \to 0} \frac{\Delta y}{\Delta x}. \tag{2.30}$$

Grenzübergänge und Differenziale sind typische analytische Prozesse bzw. Größen. Man hat sich oft Gedanken gemacht und auch darüber gestritten, ob Differenziale wirklich existierende Größen sind. Streng genommen beziehen sie nur aus der Existenz des Quotienten (2.30) ihre Berechtigung. So ist das Differenzial an sich eine infinitesimal kleine Größe. Aber kann man mit diesen infinitesimal kleinen Größen rechnen?

Es gehört zu den unbestreitbar größten mathematischen Leistungen des Universalgelehrten Gottfried Wilhelm Leibniz (1646–1716), die Differenziale eingeführt zu haben, denn in der Tat kann man mit diesen Größen bei aller begrifflichen Schwierigkeit im Allgemeinen formal so rechnen, wie wir dies von algebraischen Größen in der Mathematik gewöhnt sind: Man kann eine Gleichung mit einem Differenzial multiplizieren oder dividieren, man kann Differenziale, die in gleicher Weise im Zähler und im Nenner eines Bruches vorkommen, kürzen und man kann ihren Kehrwert bilden.

Hat man also den Ausdruck

$$\frac{\mathrm{d}y}{\mathrm{d}x} = x, \tag{2.31}$$

so kann man dafür auch

$$\mathrm{d}y = x \, \mathrm{d}x$$

schreiben, was de facto einer Multiplikation der Gl. (2.31) mit dem Differenzial $\mathrm{d}x$ und der Idendität

$$\frac{\mathrm{d}x}{\mathrm{d}x} \equiv 1$$

gleichkommt.

Ebenso gilt

$$\frac{\mathrm{d}y}{\mathrm{d}x} = \frac{1}{\dfrac{\mathrm{d}x}{\mathrm{d}y}}.$$

Wer mit analytischen Größen rechnet, der weiß diesen praktischen Umgang mit Differenzialen sehr schnell zu schätzen. Dies wird insbesondere dann eine Rolle spielen, wenn wir uns an die analytische Lösung von Differenzialgleichungen wagen.

Abschließend noch eine Vereinbarung zur Schreibweise: Die Ableitung

$$\frac{\mathrm{d}}{\mathrm{d}x}$$

der Ableitung

$$\frac{\mathrm{d}y}{\mathrm{d}x}$$

einer Funktion $y = y(x)$ nach x nennt man zweite Ableitung der Funktion $y(x)$ nach x und schreibt

$$\frac{\mathrm{d}}{\mathrm{d}x}\left(\frac{\mathrm{d}y}{\mathrm{d}x}\right) = \frac{\mathrm{d}^2 y}{\mathrm{d}x^2}.$$

Das Analoge gilt für dritte, vierte, n-te Ableitungen:

$$\frac{\mathrm{d}^3 y}{\mathrm{d}x^3}, \quad \frac{\mathrm{d}^4 y}{\mathrm{d}x^4}, \quad \frac{\mathrm{d}^n y}{\mathrm{d}x^n}.$$

2.2.3 Die Technik der Ableitung (Differenziation)

Rechenregeln für Grenzübergänge und Ableitungen
Die zentrale rechnerische Operation der Analysis ist der Grenzübergang. Die technische Ausführung dieser Rechenoperation wird durch einige Regeln erleichtert:

- Der Grenzübergang einer Summe ist die Summe der Grenzübergänge der einzelnen Summanden:

$$\lim (a_1 + a_2) = \lim a_1 + \lim a_2.$$

- Ist ein Summand einer Summe nicht von der Variablen abhängig, die zu einem Grenzübergang geführt wird, dann kann man schreiben:

$$\lim_x [a + f(x)] = a + \lim_x f(x).$$

- Nicht vom Grenzübergang betroffene Koeffizienten können vor das Grenzübergangszeichen gezogen werden:

$$\lim_x [a\, f(x)] = a \lim_x f(x).$$

Beispiele

-
$$\lim_{x \to 0} (1 + x^2 + 2 + x) = 1 + \lim_{x \to 0} x^2 + 2 + \lim_{x \to 0} x = 1 + 2 = 3.$$

-
$$\lim_{x \to 0} (1 + x^2 + 2x) = 1 + \lim_{x \to 0} x^2 + 2 \lim_{x \to 0} x = 1.$$

-
$$\lim_{x \to 1} \left(2x^2 + 3\frac{1}{x} \right) = 2 \lim_{x \to 1} x^2 + 3 \lim_{x \to 1} \left(\frac{1}{x} \right) = 2 \cdot 1 + 3 \cdot 1 = 5.$$

Die folgende Liste beinhaltet die Ableitung einiger Funktionen:

Funktion	Ableitung
x^a	$a\,x^{a-1}$, $a \in \mathbf{R}$
$\sin x$	$\cos x$
$\exp x$	$\exp x$
$\ln x$	$\dfrac{1}{x}$

Es ist eine schöne Eigenschaft der Analysis, dass jede algebraische Funktion dieser Funktionen wiederum eine algebraische Funktion ihrer Ableitungsfunktion ist. Darüber hinaus kann man diese Funktion in jedem denkbaren Fall mit nur drei Regeln explizit berechnen: der **Produktregel**, der **Quotientenregel** und der **Kettenregel**:

- Die Produktregel gibt die Ableitungsfunktion eines Produktes $u\,v$ zweier Funktionen $u = u(x)$ und $v = v(x)$ an:

$$\frac{\mathrm{d}(u\,v)}{\mathrm{d}x} = \frac{\mathrm{d}u}{\mathrm{d}x}\,v + u\,\frac{\mathrm{d}v}{\mathrm{d}x}.$$

- Die Quotientenregel gibt die Ableitungsfunktion eines Quotienten u/v zweier Funktionen $u = u(x)$ und $v = v(x)$ an:

$$\frac{\mathrm{d}\left(\dfrac{u}{v}\right)}{\mathrm{d}x} = \frac{\dfrac{\mathrm{d}u}{\mathrm{d}x}\,v - u\,\dfrac{\mathrm{d}v}{\mathrm{d}x}}{v^2}.$$

- Die Kettenregel gibt die Ableitungsfunktion einer geschachtelten Funktion $f(u(x))$ an:

$$\frac{\mathrm{d}f(u(x))}{\mathrm{d}x} = \frac{\mathrm{d}f}{\mathrm{d}u}\,\frac{\mathrm{d}u}{\mathrm{d}x}.$$

Beispiele

- Produktregel: Es sei

$$y(x) = x^2\,\sin x.$$

und man suche die Ableitung

$$\frac{\mathrm{d}y}{\mathrm{d}x}.$$

Dann ist

$$u(x) = x^2, \quad v(x) = \sin x$$

und damit

$$\frac{\mathrm{d}u}{\mathrm{d}x} = 2\,x,$$
$$\frac{\mathrm{d}v}{\mathrm{d}x} = \cos x.$$

Mit diesen Angaben kann man mithilfe der Produktregel die Funktion $y(x)$ nach x ableiten:

$$\frac{\mathrm{d}y}{\mathrm{d}x} = 2\,x\,\sin x + x^2\,\cos x.$$

- Quotientenregel: Es sei

$$y(x) = \frac{x^2}{\sin x}$$

und man suche die Ableitung

$$\frac{dy}{dx}.$$

Dann ist wiederum

$$u(x) = x^2, \quad v(x) = \sin x$$

und damit

$$\frac{du}{dx} = 2x,$$
$$\frac{dv}{dx} = \cos x.$$

Mit diesen Angaben kann man mithilfe der Quotientenregel die Funktion $y(x)$ nach x ableiten:

$$\frac{dy}{dx} = \frac{2x \sin x - x^2 \cos x}{(\sin x)^2} = \frac{2x}{\sin x} - x^2 \cot x.$$

Dabei schreibt man gewöhnlich

$$(\sin x)^2 = \sin^2 x.$$

- Kettenregel: Es sei

$$y(x) = \sin\left(x^2\right)$$

und man suche die Ableitung

$$\frac{dy}{dx}.$$

Dann ist

$$f(u) = \sin u; \quad u(x) = x^2$$

und damit

$$\frac{df}{du} = \cos u,$$
$$\frac{du}{dx} = 2x.$$

Mit diesen Angaben kann man mithilfe der Kettenregel die Funktion $y(x)$ nach x ableiten:

$$\frac{dy}{dx} = 2x \cos u = 2x \cos\left(x^2\right).$$

Die Kettenregel ragt in ihrer Bedeutung für die konkrete Berechnung von Ableitungen heraus. Mit ihr können erstaunliche Ergebnisse erzielt werden, auch und
besonders allgemeiner Art. Als ein Beispiel sei die Ableitung der Umkehrfunktion
angeführt. Sei also eine Funktion

$$x = f(y)$$

gegeben. Dann bezeichnen wir die Umkehrfunktion mit[4]

$$y = f^{-1}(x). \tag{2.32}$$

Dann bewirkt die Anwendung der Funktionsvorschrift auf die Umkehrfunktion deren
Neutralisierung:

$$f[f^{-1}(x)] = x.$$

Die formale Anwendung der Kettenregel auf die Funktion auf der linken Seite des
Gleichheitszeichens ergibt dann für die Ableitung nach x

$$\frac{df}{dx} = f'[f^{-1}(x)] \cdot (f^{-1})'(x) = 1,$$

wobei

$$f' = \frac{df}{dx}$$

gilt und mit (2.32) damit schließlich

$$\frac{df^{-1}}{dx} = (f^{-1})'(x) = \frac{1}{f'(y)}. \tag{2.33}$$

Mit diesem Ergebnis wiederum kann man die Ableitung des Logarithmus berechnen. Wir nehmen den Logarithmus zur Basis e, also den logarithmus naturalis

$$x = \exp y.$$

Dann ist die Umkehrfunktion

$$y = \ln x$$

und deren Ableitung mit (2.33)

$$y' = \frac{dy}{dx} = \frac{d \ln x}{dx} = \frac{1}{\exp(y)} = \frac{1}{\exp(\ln x)} = \frac{1}{x}. \tag{2.34}$$

---

[4]Dies ist nicht zu verwechseln mit der ersten negativen Potenz, sondern es handelt sich hier um
eine Bezeichnungsweise!

Welch mächtiges Werkzeug die Kettenregel ist, kann man auch an folgendem Beispiel erkennen: Wie über jede Exponentialfunktion, so kann man auch über jene mit der Basis e jede andere Exponentialfunktion zum Ausdruck bringen (vgl. (2.29)):

$$a^x = e^{x \ln a}. \tag{2.35}$$

Dies ist deswegen von Interesse, weil nur für die Ableitung der Exponentialfunktion

$$e^x$$

gilt

$$\frac{de^x}{dx} = e^x.$$

Damit ist nämlich über die Kettenregel auch schon die Ableitung der allgemeinen Exponentialfunktion

$$a^x = e^{(x \ln a)}$$

über jene mit der Basis e geleistet:

$$\frac{da^x}{dx} = \ln a \cdot e^{(x \ln a)}.$$

Nun noch eine letzte Demonstration für die Mächtigkeit der Kettenregel. Man berechne die Ableitung der Funktion

$$y(x) = x^x.$$

Dies ist nun ganz einfach: Schreibt man diese Funktion nämlich in der Form (vgl. (2.35))

$$y(x) = e^{x \ln x},$$

so ergibt die Ableitung dieser Funktion als Exponentialfunktion, zusammen mit der Kettenregel, wegen (vgl. (2.34))

$$\frac{d \ln x}{dx} = \frac{1}{x}$$

sofort die Ableitung

$$\frac{dy}{dx} = (\ln x + 1) \, e^{x \ln x}.$$

Dies ist nun wahrlich weit einfacher als über die Definitionsgleichung

$$\frac{dy}{dx} = \lim_{\Delta x \to 0} \frac{f(x + \Delta x) - f(x)}{\Delta x} = \lim_{\Delta x \to 0} \frac{(x + \Delta x)^{(x + \Delta x)} - x^x}{\Delta x}$$

der Ableitung.

2.3   Funktionen aus Sicht der Analysis

Die Einführung der Ableitung einer Funktion an einer bestimmten Stelle ändert den Blick auf sie vollkommen: Während (reellwertige) Funktionen aus Sicht der Algebra punktweise Zuordnungen reeller Zahlen auf reelle Zahlen mittels einer Rechenvorschrift sind, erkennt die Analysis, dass diese Zuordnung an einem Punkt Auswirkungen auf den Verlauf der Funktion in der Umgebung dieses Punktes hat. Dies ist in der Tat eine vollkommen andere Sichtweise, die erhebliche Auswirkungen hat.

Allerdings fordert die Analysis dafür eine Bedingung: Sie setzt voraus, dass die Funktion weder einen Sprung macht, noch einen Knick hat. Sie soll glatt sein. Diese Einschränkung, die zunächst ziemlich harmlos klingt, hat dramatische Folgen, und zwar im positiven Sinne.

Stellen wir uns also eine Funktion vor, die an einer Stelle der reellen Achse[5] glatt sei. D. h., dass alle ihre Ableitungen existieren sollen und die Funktion dort keinen Sprung macht. Dann – und dies ist eine erstaunliche Tatsache – ist damit der Verlauf dieser Funktion in der Umgebung dieses Punktes vollkommen bestimmt. Dies ist in etwa so, wie wenn man sagen würde, dass eine Funktion durch zwei Punkte hindurchgehen und eine Gerade sein soll. Dann reichen diese wenigen Angaben bereits aus, um die Funktion auf der gesamten reellen Achse vollkommen zu bestimmen.

Eine Funktion, die auf der reellen Achse oder auch nur auf einem Intervall der reellen Achse in dem Sinne glatt ist, dass an einem bestimmten Punkt sämtliche ihrer Ableitungen existieren und die Funktion dort keinen Sprung macht, hat eine Eigenschaft, die man mit dem altgriechischen Begriff **holomorph** bezeichnet, was so viel heißt, dass diese Funktion an diesem Punkt „von ganzer Gestalt" ist. Man möchte damit ausdrücken, dass sie im Sinne der Analysis an diesem Punkte unversehrt ist. Man beachte dabei, dass die Holomorphie eine lokale Eigenschaft einer Funktion ist, d. h., sie gilt punktweise. Holomorphe Funktionen haben eine enorme Bedeutung und sollen deswegen im Folgenden näher betrachtet werden. Es soll also im Folgenden der umgangssprachliche Begriff „glatt" durch den mathematischen Begriff „holomorph" ersetzt werden.

Wenn es um die explizite Darstellung holomorpher Funktionen geht, dann stehen die Polynome an erster Stelle: Polynome sind auf der gesamten reellen Achse, also überall, holomorph. Das ist aber noch nicht alles: Das Beste an den Polynomen ist, dass man mit ihnen sämtliche holomorphe Funktionen konstruieren kann, die es gibt. Diese beiden Eigenschaften machen Polynome unschlagbar, weshalb sie die fundamentalen Bausteine bei der Konstruktion holomorpher Funktionen bilden. Dazu kommt noch die Tatsache, dass man Polynome ganz einfach ableiten und immer integrieren kann. Dass man sie ableiten kann, ist keine Überraschung, das kann man

---

[5]Dies ist im Übrigen keine echte Einschränkung, denn alles, was in der Analysis für die reelle Achse geschrieben steht, gilt mutatis mutandis auch für die komplexe Zahlenebene. Die Erweiterung von der reellen Achse auf die komplexe Zahlenebene ist in der Analysis vollkommen problemlos. Insbesondere ändert sich bei diesem Übergang von den reellen auf die komplexen Zahlen die Rechentechnik überhaupt nicht.

schließlich mit allen Funktionen machen, die durch algebraische[6] Rechenvorschriften berechnet werden. Dass man sie aber auch immer integrieren kann, liegt daran, dass sie nur aus Termen der Form

$$a_n x^n, \quad n \in \mathbb{N}^0$$

bestehen (die man ja stets integrieren kann) und dass man sie termweise integrieren kann.

All dies sind Gründe genug, sich Polynome aus dem Blickwinkel der Analysis genau anzuschauen, was im Folgenden geschehen soll.

2.3.1 Verallgemeinerung der Polynome: Potenzreihen

Wir betrachten die Polynome (2.3) von der Ordnung N auf der gesamten reellen Achse. Sie haben die allgemeine Form

$$P_N(x) = a_0 + a_1 x + a_2 x^2 + \ldots + a_{N-1} x^{N-1} + a_N x^N, \quad x \in \mathbb{R}, \, N \in \mathbb{N}. \quad (2.36)$$

Dabei sind die Koeffizienten a_n, $n = 0, 1, \ldots, N$ der einzelnen Terme

$$a_n x^n, \quad n = 0, 1, 2, 3, \ldots \quad (2.37)$$

irgendwelche Zahlen, und x sei die reellwertige unabhängige Veränderliche.

Wie man durch Einsetzen von $x = 0$ in den Ausdruck (2.36) erkennt, ist a_0 der Funktionswert des Polynoms am Koordinatenursprung $x = 0$

$$P_N(0) = a_0. \quad (2.38)$$

Um die Bedeutung der Koeffizienten der höheren Potenzen einsehen zu können, bilden wir die Ableitungsfunktionen dieser Polynome (2.36), die insofern einfach zu berechnen sind, weil man gliedweise ableiten kann:

$$\frac{dP_N}{dx} = a_1 + 2 a_2 x + 3 a_3 x^2 + \ldots + (N-1) a_{N-1} x^{N-2} + N a_N x^{N-1}, \quad x \in \mathbb{R}, \, N \in \mathbb{N}.$$

Betrachtet man diese Ableitung an der Stelle $x = 0$, dann stellt man fest, dass sie durch den Koeffizienten a_1 dargestellt wird:

$$\left. \frac{dP_N}{dx} \right|_{x=0} = 1! \, a_1,$$

---

[6]Damit ist neben den vier arithmetischen Rechenregeln (Grundrechenarten) noch das Potenzieren mit ganzzahligen Brüchen, also $x^{\frac{m}{n}}$, $m, n \in \mathbb{N}$ gemeint.

wobei $1! = 1$ gilt. Die zweite Ableitung bei $x = 0$ wird allein durch den Koeffizienten a_2 bestimmt. Dies erkennt man, indem man die zweite Ableitung von $P_N(x)$ nach x

$$\frac{d^2 P_N}{dx^2} = 2\,a_2 + 6\,a_3\,x \ldots + (N-1)\,(N-2)\,a_{N-1}\,x^{N-3} + N\,(N-1)\,a_N\,x^{N-2}, \quad x \in \mathbb{R}, \; N \in \mathbb{N}.$$

an der Stelle $x = 0$ betrachtet

$$\left.\frac{d^2 P_N}{dx^2}\right|_{x=0} = 2!\,a_2,$$

wobei $2! = 1 \cdot 2$ gilt. Eine weitere Ableitung an der Stelle $x = 0$ bringt

$$\left.\frac{d^3 P_N}{dx^3}\right|_{x=0} = 3!\,a_3,$$

wobei $3! = 1 \cdot 2 \cdot 3$ gilt, und allgemein ergibt sich

$$\left.\frac{d^n P_N}{dx^n}\right|_{x=0} = n!\,a_n, \quad n = 1, 2, 3, \ldots, n, \ldots, N-1, \, N$$

mit $n! = 1 \cdot 2 \cdot \ldots (n-1) \cdot n$. Also sind sämtliche Koeffizienten des Polynoms (2.36) durch Ableitungen des Polynoms an der Stelle $x = 0$ bestimmt:

$$a_n = \frac{1}{n!} \left.\frac{d^n P_N}{dx^n}\right|_{x=0}.$$

Schreibt man noch

$$P_N(0) = \left.\frac{d^0 P_N}{dx^0}\right|_{x=0} = 0!\,a_0$$

und vereinbart man die Schreibweise $0! = 1$, dann könnte man also anstatt (2.36) auch

$$P_N(x) = \frac{P_N^{(0)}(0)}{0!} + \frac{P_N^{(1)}(0)}{1!}\,x + \frac{P_N^{(2)}(0)}{2!}\,x^2 + \ldots + \frac{P_N^{(N-1)}(0)}{(N-1)!}\,x^{N-1} + \frac{P_N^{(N)}(0)}{(N)!}\,x^N \tag{2.39}$$

schreiben mit

$$P_N^{(n)}(0) = \left.\frac{d^n P_N(x)}{dx^n}\right|_{x=0}, \quad n \in \mathbb{N}^0$$

als der n-ten Ableitung des Polynoms $P_N(x)$ nach x bei $x = 0$.

Die Darstellung (2.39) eines Polynoms Nten Grades ist deswegen von so großer Bedeutung, weil sie eine sehr wichtige Verallgemeinerung ermöglicht, die nun besprochen werden soll.

Bei der oben angestellten Betrachtung ist die Ordnung[7] N des Polynoms beliebig wählbar, weil der Wert von N nicht festgelegt werden muss; also kann die Ordnung N des Polynoms auch beliebig groß sein. Das legt es nahe, dass man versuchen kann, den Grenzübergang

$$N \to \infty \qquad (2.40)$$

zu vollziehen. Man gelangt so von den **algebraischen** zu den sog. **transzendenten Funktionen**. Transzendente Funktionen sind – grob gesprochen – solche, deren Berechnung ihrer Funktionswerte nicht mehr durch endlich viele algebraische Rechenoperationen bewerkstelligt werden kann, während dies bei den algebraischen Funktionen der Fall ist. Man sagt zuweilen auch, transzendente Funktionen ließen sich nicht mehr geschlossen darstellen. Dies hat zur Folge, dass ihre Nullstellen (deren Anzahl nach dem Fundamentalsatz der Algebra in der komplexen Zahlenebene über alle Grenzen anwächst) nicht mehr durch algebraische Ausdrücke darstellbar sind. Dementsprechend ist die Funktionsvorschrift einer transzendenten Funktion nicht mehr explizit; d. h., dass die Berechnung eines Funktionswertes nur noch näherungsweise erfolgen kann, weil die exakte Berechnung nur durch unendliche viele arithmetische oder algebraische[8] Operationen ausgeführt werden könnte, was halt nicht möglich ist.

Das Entscheidende ist nun aber, dass die Erweiterung der Polynome durch den Grenzübergang (2.40) in die Lage versetzt, sämtliche holomorphe Funktionen darstellen zu können, die es gibt. Dies bedeutet, dass man dazu lediglich die drei Grundrechenarten Addition, Subtraktion und Multiplikation sowie das Potenzieren mit natürlichen Zahlen benötigt. Dieser bemerkenswerte Umstand soll Gegenstand der nun folgenden Diskussion sein.

Wir verallgemeinern also Polynome Nter Ordnung (2.36) dadurch, dass wir N über alle Grenzen anwachsen lassen und erhalten Funktionen von der Art

$$f(x) = a_0 + a_1 x + a_2 x^2 + \ldots + a_{n-1} x^{n-1} + a_n x^n + \ldots; \qquad (2.41)$$

im Sinne von (2.39) ergibt dies eine Reihe der Form

$$f(x) = \frac{f^{(0)}(0)}{0!} x^0 + \frac{f^{(1)}(0)}{1!} x^1 + \frac{f^{(2)}(0)}{2!} x^2 + \ldots + \frac{f^{(n-1)}(0)}{(n-1)!} x^{n-1} + \frac{f^{(n)}(0)}{n!} x^n + \ldots \quad (2.42)$$

mit

$$f^{(n)}(0) = \left. \frac{\mathrm{d}^n f(x)}{\mathrm{d}x^n} \right|_{x=0}$$

als der n-ten Ableitung der transzendenten Funktion $f(x)$ nach x am Koordinatenursprung $x = 0$ und mit der Vereinbarung

$$0! = 1.$$

---

[7]Zuweilen spricht man auch vom Grad des Polynoms.
[8]Damit ist vor allem das Potenzieren gemeint.

Anmerkung

Diese Darstellung (2.42) einer Funktion ist deswegen von zentraler Bedeutung, weil sie es durch die Wahl ihrer Koeffizienten und allein dadurch gestattet, sämtliche Funktionen darzustellen, die in der Umgebung von $x = 0$ der Bedingung genügen, holomorph zu sein, d. h., dass sie dort keinen Sprung macht und alle ihre unendlich vielen Ableitungen existieren. Dass die Potenzen

$$x^n, \quad n = 0, 1, 2, 3, \ldots$$

in ihrer Gesamtheit die Eigenschaft haben, in diesem Sinne vollständig zu sein, wird im sog. **Vollständigkeitstheorem** zum Ausdruck gebracht. Dieses stammt von **Karl Weierstraß** (1815–1897) und wird im Anhang B noch näher diskutiert.

▶ **Definitionen**

1. Man nennt die Reihe (2.41) eine **Potenzreihe**, weil Potenzen der unabhängigen Veränderlichen x ihre konstitutive Rechenoperation sind.
2. Die Reihe (2.42) wird nach dem britischen Mathematiker **Brook Taylor** (1685–1731) als **Taylor-Reihe** bezeichnet.
3. Will man eine Funktion $f(x)$, welche am Ursprung holomorph ist, durch eine Reihe (2.41) – oder, was gleichbedeutend ist, durch eine Taylor-Reihe (2.42) – darstellen, so sagt man, die Funktion werde in eine **Potenzreihe** um den Ursprung $x = 0$ entwickelt. Man entnimmt (2.41) und (2.42) sofort, dass für $x \to 0$ sämtliche Terme außer dem ersten klein werden und schließlich verschwinden.
4. Der Punkt $x = 0$ heißt deshalb **Entwicklungspunkt der Potenzreihe** von $f(x)$ in x bzw. **Entwicklungspunkt der Taylor-Reihe** von $f(x)$ in x.

Verallgemeinerung Eine Funktion kann um jeden Punkt $x = x_0$ in eine Potenzreihe oder in eine Taylor-Reihe entwickelt werden, an dem die Funktion holomorph ist, d. h., dass sie am Entwicklungspunkt weder einen Sprung macht, noch einen Knick hat, also beliebig oft differenzierbar ist. Dazu muss man die Ausdrücke (2.41) bzw. (2.42) etwas erweitern:

$$f(x) = a_0 + a_1 (x - x_0) + a_2 (x - x_0)^2 + \ldots + a_{n-1} (x - x_0)^{n-1} + a_n (x - x_0)^n + \ldots \tag{2.43}$$

bzw.

$$f(x) = \frac{f^{(0)}(x_0)}{0!} (x - x_0)^0 + \frac{f^{(1)}(x_0)}{1!} (x - x_0)^1 + \frac{f^{(2)}(x_0)}{2!} (x - x_0)^2$$

$$+ \frac{f^{(3)}(x_0)}{3!} (x - x_0)^3 + \ldots + \frac{f^{(n-1)}(x_0)}{(n-1)!} x^{n-1} + \frac{f^{(n)}(x_0)}{n!} x^n + \ldots; \quad n \in \mathbb{N}$$

mit

$$f^{(n)}(x_0) = \left.\frac{d^n f(x)}{dx^n}\right|_{x=x_0} \quad , \quad n = 0, 1, 2, 3, \ldots$$

als der n-ten Ableitung der transzendenten Funktion $f(x)$ nach x.

Anmerkung

Diesen Darstellungen einer Funktion entnimmt man, dass an ihrem Entwicklungspunkt $x = x_0$ alle ihre unendlich vielen Ableitungen existieren müssen, will man sie an diesem Punkt in eine Potenz- bzw. Taylor-Reihe entwickeln, denn der Koeffizient des n-ten Termes ist – wie der eingangs angestellten Betrachtung entnommen werden kann – nichts anderes als die n-te Ableitung der zu entwickelnden Funktion am Entwicklungspunkt x_0. Nichts anderes bedeutet es mathematisch, wenn wir von holomorph sprechen. Insbesondere ist die Potenzreihe (2.41) lediglich ein Spezialfall einer allgemeineren Darstellung von Funktionen der Form (2.42) durch eine Taylor-Reihe.

Fazit

Der Wechsel des Blickes auf Funktionen vom algebraischen auf den analytischen Standpunkt ermöglicht die Zerlegung der Funktion in ihren Funktionswert und in sämtliche ihrer Ableitungen an einem einzigen Punkt. Damit gelingt die explizite Darstellung einer jeden holomorphen Funktion durch Potenzreihen.

Beispiele

- Es wird das Polynom

$$P_2(x) = 1 + x + \frac{1}{2}x^2$$

betrachtet, ein Polynom zweiten Grades also. Seine Ableitungen nach x sind gegeben durch

$$\frac{dP_2(x)}{dx} = 1 + x,$$

$$\frac{d^2 P_2(x)}{dx^2} = 1,$$

$$\frac{d^n P_2(x)}{dx^n} \equiv 0 \text{ für } n = 3, 4, 5, \ldots$$

Damit sind die Koeffizienten seiner (abbrechenden) Potenz- resp. Taylor-Reihe um den Entwicklungspunkt $x_0 = 0$ gegeben durch

$$\frac{P_2(x)|_{x=0}}{0!} = a_0 = 1,$$

$$\frac{\left.\frac{dP_2(x)}{dx}\right|_{x=0}}{1!} = a_1 = 1,$$

$$\frac{\left.\frac{d^2 P_2(x)}{dx^2}\right|_{x=0}}{2!} = a_2 = \frac{1}{2}.$$

• Nun wird der Entwicklungspunkt des obigen Polynoms vom Ursprung $x_0 = 0$ auf den Wert $x_0 = 1$ verschoben:

$$P_2(x) = \tilde{a}_0 + \tilde{a}_1 (x - 1) + \tilde{a}_2 (x - 1)^2.$$

Aus den Ableitungen an diesem Punkt ergeben sich die Koeffizienten seiner (abbrechenden) Potenz- resp. Taylor-Reihe um den Entwicklungspunkt $x_0 = 1$ zu

$$\frac{P_2(x)|_{x=1}}{0!} = \tilde{a}_0 = \frac{5}{2},$$

$$\frac{\left.\frac{dP_2(x)}{dx}\right|_{x=1}}{1!} = \tilde{a}_1 = 2,$$

$$\frac{\left.\frac{d^2 P_2(x)}{dx^2}\right|_{x=1}}{2!} = \tilde{a}_2 = 1,$$

$$\frac{\left.\frac{d^2 P_2(x)}{dx^2}\right|_{x=1}}{n!} = \tilde{a}_n = 0 \text{ für } n = 3, 4, 5, \ldots$$

Wie man sieht, unterscheiden sich diese Koeffizienten von den Koeffizienten der obigen Reihenentwicklung.

Anmerkungen

1. Wie man sieht, ändern sich die Koeffizienten einer Potenz- oder Taylor-Entwicklung von ein und derselben Funktion, wenn man den Entwicklungspunkt verschiebt, was sofort einleuchtet, da sich ja die Ableitungen beim Übergang von einem zum anderen Entwicklungspunkt ändern.

2. Es ist deshalb wichtig, festzuhalten, dass Entwicklungskoeffizienten die Funktionen nicht festlegen, die damit in Potenz- bzw. Taylor-Reihen entwickelt werden. Vielmehr sind Potenz- bzw. Taylor-Reihen stets lokale Darstellungen von Funktionen, welche sie nur in der Umgebung ihrer Entwicklungspunkte beschreiben. Wie groß allerdings diese Umgebungen sind, ist damit noch nicht gesagt. Dies wird im weiteren Verlauf dieses Buches noch eine große Rolle spielen und Anlass geben für so manche Diskussion bzw. Anmerkung.

- Nun wird das Polynom des obigen Beispiels zu einer unendlichen Taylor-Reihe erweitert:

$$f(x) = 1 + x + \frac{x^2}{2} + \frac{x^3}{6} + \frac{x^3}{24} + \ldots = \frac{x^0}{0!} + \frac{x^1}{1!} + \frac{x^2}{2!} + \frac{x^3}{3!} + \ldots = \sum_{n=0}^{\infty} \frac{x^n}{n!}. \quad (2.44)$$

Wie man direkt erkennt, sind die Ableitungen dieser Potenzreihe am Entwicklungspunkt $x_0 = 0$ gegeben durch

$$\left. \frac{\mathrm{d}^n f(x)}{\mathrm{d}x^n} \right|_{x=0} = 1,$$

woraus sich

$$\frac{\left. \frac{\mathrm{d}^n f(x)}{\mathrm{d}x^n} \right|_{x=0}}{n!} = a_n = \frac{1}{n!}$$

ergibt. Die Koeffizienten der Potenzreihe (2.44) sind also dieselben wie diejenigen ihrer Ableitung!
- Verschiebt man in dieser Taylor-Reihe den Entwicklungspunkt vom Ursprung nach $x_0 = 1$, dann ergibt sich folgende Taylor-Reihe:

$$f(x) = \tilde{a}_0 + \tilde{a}_1 (x-1) + \tilde{a}_2 (x-1)^2 + \tilde{a}_3 (x-1)^3 + \tilde{a}_4 (x-1)^3 + \ldots$$

$$= \sum_{n=0}^{\infty} \tilde{a}_n (x-1)^n \quad (2.45)$$

mit

$$\tilde{a}_n = \frac{e}{n!}. \quad (2.46)$$

Hierbei ist e die sog. **Euler'sche Zahl**

$$e = \lim_{n \to \infty} \left(1 + \frac{1}{n} \right)^n \approx 2{,}718$$

eine irrationale Zahl, welche in der Analysis eine bedeutende Rolle spielt.

- Bezeichnet man mit $f_N^{(x_0)}(x)$ eine Näherung der Funktion $f(x)$ durch Abbrechen ihrer Potenz- oder Taylor-Reihe nach N Gliedern, dann ist $f_N^{(x_0)}(x)$ ein Polynom $P_N(x)$ der Ordnung N, das bei $x = x_0$ die Funktion $f(x)$ tangiert. Ist also z. B. $N = 3$, dann gilt für $x_0 = 0$

$$f_3^{(0)}(x) = 1 + x + \frac{x^2}{2} + \frac{x^3}{6}$$

und für $x_0 = 1$

$$f_3^{(1)}(x) = e + e\,(x - 1) + \frac{e}{2}\,(x - 1)^2 + \frac{e}{6}\,(x - 1)^3.$$

Anmerkungen

1. Bricht man die Entwicklung einer Funktion durch eine (unendliche) Potenz- oder Taylor-Reihe nach endlich vielen Gliedern ab, so approximiert man sie damit lokal an ihrem Entwicklungspunkt. Daraus folgt aber, dass sich die approximierenden Funktionen von Entwicklungspunkt zu Entwicklungspunkt unterscheiden, obwohl die nicht abgebrochene, also unendliche Potenz- oder Taylor-Reihe an allen Entwicklungspunkten (des Intervalls, auf dem die Funktion an jedem Punkt holomorph ist) ein und dieselbe Funktion darstellt.
2. Es handelt sich bei der Potenzreihendarstellung (2.44) um die bereits im Kap. 1 diskutierte Exponentialfunktion

$$y(x) = \exp(x), \quad x \in \mathbb{R},$$

   was man leicht daran erkennen kann, dass sämtliche Ableitungen wiederum die Funktion selbst ergeben oder, was das Gleiche ist, sämtliche Ableitungen am Ursprung eins ergeben. Mit dieser Kenntnis kann man auf einfache Art und Weise die Koeffizienten (2.46) der Potenzreihen (2.45) um den Entwicklungspunkt $x = 1$ berechnen.
3. Dieser Sachverhalt wird in Abb. 2.14 gezeigt. Man sieht dort, dass sowohl $P_2(x)$ wie auch $f_3^{(0)}(x)$ die Funktion $f(x) = \exp(x)$ an der Stelle $x_0 = 0$ approximieren, dass $f_3^{(0)}(x)$ dies aber besser tut als $P_2(x)$, und außerdem kann man erkennen, dass $f_3^{(1)}(x)$ die Funktion $f(x) = \exp(x)$ an der Stelle $x_0 = 1$ approximiert.

Fazit

- Die Entwicklung ein und derselben transzendenten Funktion in eine (unendliche) Potenz- oder Taylor-Reihe um unterschiedliche Entwicklungspunkte ergibt unterschiedliche Entwicklungskoeffizienten dieser Reihen.
- Die Näherung einer transzendenten Funktion durch Polynome mittels Potenz- oder Taylor-Reihen an unterschiedlichen Entwicklungspunkten wird durch unterschiedliche Polynome geleistet.

2.3.2 Der Begriff der Konvergenz

Der Übergang vom Polynom zur Potenzreihe, also von der algebraischen zur transzendenten Funktion, ist mathematisch betrachtet ziemlich problematisch, weil die

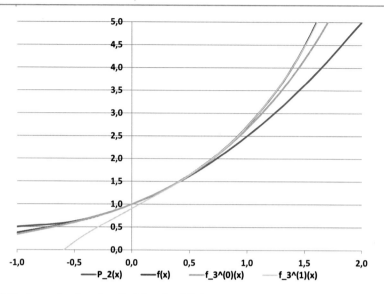

Abb. 2.14 Approximation einer Funktion durch Polynome

transzendente Funktion nicht mehr explizit berechnet werden kann. Um auch mit unendlich vielen Gliedern rechnerisch umgehen zu können, macht es Sinn, von der Potenzreihe als Darstellung einer Funktion eine Stufe zurückzutreten und einige grundlegende Definitionen nicht gleich an Funktionen, sondern der Einfachheit halber zunächst an unendlichen Folgen und Reihen von Zahlen festzulegen, was im Folgenden geschehen soll.

▶   **Definitionen**

1. Unter einer **unendlichen Folge** von Zahlen versteht man eine geordnete Menge von abzählbar unendlich vielen Zahlen:

$$a_0, \, a_1, \, a_2, \, a_3, \, \ldots$$

2. Unter einer **unendlichen Reihe** versteht man die Summe einer unendlichen Folge von Zahlen:

$$a_0 + a_1 + a_2 + a_3 + \ldots$$

3. Anstatt die ersten Glieder einer unendlichen Reihe und dann Punkte zu schreiben, kann man auch das allgemein übliche Summenzeichen verwenden:

$$a_0 + a_1 + a_2 + a_3 + \ldots = \sum_{n=0}^{\infty} a_n. \tag{2.47}$$

Anmerkungen

1. Das Zeichen $\sum$ ist die Majuskel des griechischen Alphabets, welche mit „S" transkribiert wird, was für „Summe" stehen soll. Unterhalb des Zeichens steht der Index, mit dem die Summe beginnt, oberhalb derjenige, mit dem die Summe endet. Da ∞ keine Zahl ist, man mit ∞ also auch nicht rechnen kann, ist die rechte Seite von (2.47) eigentlich eine (ungenaue) Verkürzung. Mathematisch korrekt müsste eigentlich folgendermaßen geschrieben werden:

$$\lim_{N \to \infty} \sum_{n=0}^{N} a_n.$$

   Aus Bequemlichkeitsgründen verwendet man für Summen mit unendlich vielen Gliedern aber oft die Schreibweise auf der rechten Seite von (2.47).
2. Eine unendliche Reihe wird zuweilen auch als unendliche Folge ihrer Partialsummen aufgefasst:

$$a_0,\ a_0 + a_1,\ a_0 + a_1 + a_2, \ldots$$

Folgen und Reihen von Zahlen

Der Schritt vom Polynom $P_N(x)$ in (2.36) zur Potenzreihe (2.41) ist formal gesehen nur ein kleiner (dies sind nämlich bei der Potenzreihe nur die drei Punkte am Ende), mathematisch aber ist es ein großer. Zunächst einmal ist festzustellen, dass der Wert einer Potenzreihe schlichtweg nicht berechnet werden kann, weil kein Mensch und keine Maschine unendlich viele Rechenoperationen durchführen kann. An die sinnvolle Berechnung eines Funktionswertes einer Potenzreihe muss also die Bedingung geknüpft werden, dass die Terme so geartet und so geordnet sind, dass sie mit zunehmendem Index n immer kleiner werden; dann kann man eine Genauigkeit an das Ergebnis vorgeben, die zur Folge hat, dass man die Berechnung an einer Stelle abbrechen kann, weil der vernachlässigte Rest kleiner ist als die geforderte Genauigkeit an das Ergebnis und diese Näherung also nicht mehr ändert.

Es ist an dieser Stelle von zentraler Bedeutung, dass die Summation von unendlich vielen Zahlen über alle Grenzen anwachsen kann. Man denke an die Summe unendlich vieler Einsen:

$$1 + 1 + 1 + 1 + \ldots$$

Diese Summe hat keinen endlichen Wert.

▶   **Definition** Ergibt die Summe unendlich vieler Zahlen einen endlichen Wert, so sagt man, die Reihe **konvergiere**. Ergibt sie keinen endlichen Wert, so sagt man, die Reihe **divergiere**.

Anmerkung
Generell gilt, dass die einzelnen Summanden einer unendlichen Reihe schneller als

$$\frac{1}{n}$$

gegen null gehen müssen, wenn die unendliche Reihe konvergieren soll.

Beispiele

- Die unendliche Reihe

$$\frac{1}{1} + \frac{1}{4} + \frac{1}{16} + \frac{1}{25} + \ldots = \sum_{n=1}^{\infty} \frac{1}{n^2}$$

konvergiert und hat den Wert $\pi^2/6$:

$$\sum_{n=1}^{\infty} \frac{1}{n^2} = \frac{\pi^2}{6}.$$

- Die unendliche Reihe

$$\frac{1}{2} + \frac{1}{4} + \frac{1}{8} + \frac{1}{16} + \ldots = \sum_{n=1}^{\infty} \frac{1}{2^n}$$

konvergiert und hat den Wert 1:

$$\sum_{n=1}^{\infty} \frac{1}{2^n} = \frac{1}{2} + \frac{1}{4} + \frac{1}{8} + \ldots = 1.$$

Dies kann man sich folgendermaßen klarmachen: Man nehme ein Blatt Papier, halbiere es, lege eine Hälfte auf den Tisch, halbiere die andere Hälfte und lege eine dieser Hälften zu der bereits auf dem Tisch liegenden Hälfte und fahre so ad infinitum fort. Am Ende all dieser unendlich vielen Halbierungen wird die nach der ersten Teilung in der Hand verbliebene Hälfte vollständig auf dem Tisch liegen, sodass dort schließlich das ganze Blatt Papier liegen wird.

- Die unendliche Reihe

$$\sum_{n=1}^{\infty} \frac{1}{n}$$

divergiert und hat keinen endlichen Wert.

Folgen und Reihen von Funktionen

Gehen wir nun zu unendlichen Reihen von Funktionen

$$f_0(x) + f_1(x) + f_3(x) + f_4(x) + \ldots = \sum_{n=0}^{\infty} f_n(x) \qquad (2.48)$$

über. Nimmt man als Funktionen $f_n(x)$ hier die Potenzen $a_n\, x^n$, sodass aus (2.48) die Potenzreihe

$$a_0 + a_1\, x + a_3\, x^3 + a_4\, x^4 + \ldots = \sum_{n=0}^{\infty} a_n\, x^n \qquad (2.49)$$

wird, so erhält man auf dem Konvergenzintervall[9] der Reihe die Darstellung einer transzendenten Funktion.

Die Darstellung von Funktionen mittels Potenzreihen hat sehr schöne Konvergenzeigenschaften: Entweder sie konvergieren auf der gesamten reellen Achse, oder aber sie konvergieren in einem Intervall, in dessen Mitte der Entwicklungspunkt der Reihe[10] liegt.

▶   **Definitionen**

1. Dieses Intervall heißt – wie bereits gesagt — **Konvergenzintervall** I.
2. Der Abstand vom Entwicklungspunkt zum Rand des Konvergenzintervalls heißt **Konvergenzradius** r (vgl. Abb. 2.15).

Auf mindestens einem der Randpunkte des Konvergenzintervalls hat die Funktion einen Punkt, für den mindestens eine Ableitung nicht existiert. Dies bedeutet, dass die Funktion an dieser Stelle nicht holomorph sein kann (d. h. also, es existieren nicht alle unendlich vielen Ableitungen). Ist es die nullte Ableitung (also der Funktionswert), die nicht existiert, so macht die Funktion an dieser Stelle einen Sprung. Ist es die erste Ableitung, so hat die Funktion an dieser Stelle einen Knick. Eine Potenzreihe ist nicht in der Lage, eine Funktion darzustellen, die einen Sprung oder einen Knick hat. Sie kann nur Funktionen darstellen, die eben „glatt", also holomorph, sind.

Umgekehrt heißt dies: Innerhalb des Konvergenzintervalls ihrer Potenzreihendarstellungen sind die dargestellten Funktionen alle holomorph, d. h., es existieren

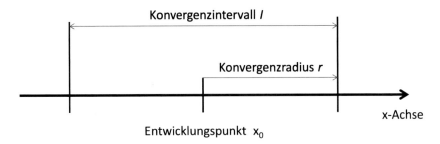

Abb. 2.15 Das Konvergenzintervall

---

[9]Das ist die Gesamtheit all derjenigen x-Werte, für welche die unendliche Reihe (2.49) konvergiert.
[10]Dies wäre im Falle der Potenzreihe (2.49) der Koordinatenursprung $x = 0$.

alle Ableitungen, und die Potenzreihe stellt die Funktion punktweise dar. Wird eine Funktion um einen Entwicklungspunkt in eine Potenzreihe entwickelt, an dem nicht alle Ableitungen existieren, dann ist ihr Konvergenzradius null. Oder anders ausgedrückt: Funktionen lassen sich nur um solche Punkte in Potenzreihen mit endlichem Konvergenzradius entwickeln, an denen alle unendlich vielen Ableitungen existieren.

Außerhalb des Konvergenzintervalls ergibt die Summation keinen endlichen Wert mehr, die Potenzreihe **divergiert** und kann die Funktion nicht mehr darstellen, wie sie dies innerhalb ihres Konvergenzradius tut.

Bei der Darstellung von Funktionen durch Potenzreihen ist also stets das Intervall zu beachten, in welchem die Reihe konvergiert. Außerhalb ihres Konvergenzintervalls ist die Darstellung der Funktion durch die Potenzreihe nicht zu gebrauchen. Diesem nachteiligen Umstand kann aber abgeholfen werden. Durch die Transformation

$$z = x - x_0,$$

wobei x_0 ein beliebiger Punkt ist, wird der Entwicklungspunkt der Potenzreihe von $x = 0$ auf $x = x_0$ verschoben (vorausgesetzt, die Funktion ist auch dort beliebig oft differenzierbar). Entwickelt man die Funktion in eine Potenzreihe um x_0, so erhält man eine andere Potenzreihe mit einem anderen Konvergenzintervall und damit eine andere Darstellung ein und derselben Funktion. Man muss also unbedingt zwischen einer Funktion auf der einen Seite und ihren Darstellungen durch Potenzreihen auf der anderen Seite unterscheiden.

Potenzreihen besitzen innerhalb ihrer Konvergenzintervalle schöne, weil rechnerisch wertvolle Eigenschaften. Deshalb betrachten wir im Folgenden nur Potenzreihen innerhalb ihrer Konvergenzintervalle.

Man kann den Konvergenzradius r einer Potenzreihe explizit aus ihren Koeffizienten berechnen:

$$\frac{1}{r} = \lim_{n \to \infty} \left| \frac{a_{n+1}}{a_n} \right|. \tag{2.50}$$

Dieses Kriterium heißt **d'Alembert'sches Konvergenzkriterium** oder auch **Quotientenkriterium**.

Beispiel

Für die Reihe

$$1 + \frac{x}{1} + \frac{x^2}{2} + \ldots = 1 + \sum_{n=1}^{\infty} \frac{x^n}{n}$$

gilt

$$\frac{1}{r} = \lim_{n \to \infty} \frac{|a_{n+1}|}{|a_n|} = \frac{n}{n+1} = \frac{1}{1 + \frac{1}{n}}$$

mit

$$\lim_{n \to \infty} \frac{1}{1 + \underbrace{\frac{1}{n}}_{\to 0}} = 1.$$

Also ist $r = 1$. Die Reihe konvergiert also im Intervall $(-1; +1)$.

Anmerkungen

1. Es ist wichtig zu betonen, dass das Quotientenkriterium im Allgemeinen nicht in der Lage ist, über die Konvergenz einer Potenzreihe in den Endpunkten des Konvergenzintervalls Auskunft zu geben.
2. Bewegt man sich aber innerhalb des Konvergenzintervalls, so hat man mit der Darstellung von Funktionen mittels Potenzreihen ein ideales Werkzeug vom Standpunkt der Analysis. So kann man eine Potenzreihe innerhalb ihres Konvergenzradius z. B. gliedweise differenzieren, und man kann die Glieder der Reihe vertauschen, ohne dass sich an den Konvergenzeigenschaften etwas verändert. Dies werden wir im Fortgang der Erörterungen weiter untersuchen.

Die Darstellung einer Funktion $f(x)$ durch eine konvergente Potenzreihe um einen Entwicklungspunkt $x = x_0$ gemäß

$$f(x) = a_0 + a_1 (x - x_0) + a_2 (x - x_0)^2 + a_3 (x - x_0)^3 + \ldots \qquad (2.51)$$

ist ihrer Natur nach so gestaltet, dass die Terme $a_n x^n$ mit niedrigem Index n, also die ersten Terme der Reihe, die Funktion unmittelbar um den Entwicklungspunkt herum darstellen, während die Terme mit hohem Index n die Funktion bzw. ihr Verhalten in der Nähe des Konvergenzradius', also an den Rändern des Konvergenzintervalls bzw., bei unendlich großem Konvergenzradius, für $x \to \pm\infty$ darstellen. Denn je weiter man sich vom Entwicklungspunkt entfernt, desto mehr Glieder der Potenzreihe muss man bei einer vorgegebenen Genauigkeit berücksichtigen. Insoweit ist die Darstellung einer Funktion durch eine auf einem endlich großen Konvergenzintervall konvergierende Potenzreihe um deren Entwicklungspunkt herum grundsätzlich einfacher als in der Nähe der beiden Enden des Konvergenzintervalls.

So ist der erste Koeffizient a_0 der Wert der durch die Potenzreihe dargestellten Funktion $f(x)$ am Entwicklungspunkt $x = x_0$

$$f(x_0) = a_0,$$

die Steigung am Entwicklungspunkt $x = x_0$ ist durch den zweiten Koeffizienten a_1 gegeben

$$f'(x_0) = a_1,$$

und die Krümmung am Entwicklungspunkt $x = x_0$ ist durch den dritten Koeffizienten a_2 gegeben

$$f''(x_0) = a_2.$$

Anmerkungen

1. Diese Beziehung im konkreten Einzelfall herzustellen, ist Aufgabe der **Asymptotik**, einem Spezialgebiet der Analysis.
2. Die Asymptotik bekommt insbesondere dann praktische Relevanz, wenn man das Verhalten einer Funktion (auch und gerade unter einem Grenzprozess) mit wenigen algebraischen Ausdrücken darstellen möchte.
3. Analoges gilt, wenn der Konvergenzradius r der Potenzreihe nicht endlich ist, sondern über alle Grenzen anwächst, d. h. unendlich groß ist. In diesem Fall gibt das asymptotische Verhalten der Koeffizienten a_n für $n \to \infty$ das asymptotische Verhalten der Funktion für $x \to \pm\infty$ an.

▶   **Definition** Wächst der Konvergenzradius r einer Potenzreihe über alle Grenzen an, ist er also unendlich groß, so bezeichnet man die dargestellte Funktion als eine **ganze Funktion**. Eine ganze Funktion ist auf der gesamten reellen Achse holomorph.

Fazit

Als Fazit gilt es festzuhalten, dass der Entwicklungspunkt und das Konvergenzintervall die zentralen Größen der Entwicklung einer Funktion in eine Potenzreihe sind, die man beim Rechnen mit Potenzreihen stets im Auge behalten muss.

2.3.3   Gliedweise Ableitung einer Potenzreihe

Konvergente Potenzreihen sind das ideale Werkzeug, um Funktionen darzustellen, die sich nicht durch endlich viele arithmetische oder algebraische Rechenoperationen darstellen lassen. Ein wichtiger Aspekt ist in diesem Zusammenhang, dass sich Potenzreihen innerhalb ihrer Konvergenzintervalle gliedweise ableiten lassen und dann die Ableitung der Funktion darstellen. Da wir die Ableitung der Potenzen kennen, ist die Ableitung der gesamten Funktion damit praktisch erledigt. Dazu nun zwei

Beispiele

1. Sei

$$y(x) = 1 + \frac{x}{1!} + \frac{x^2}{2!} + \frac{x^3}{3!} + \ldots + \frac{x^n}{n!} + \ldots \tag{2.52}$$

Dies ist die bereits oben angesprochene Potenzreihe der Exponentialfunktion. Ihr Konvergenzradius ist unendlich groß, das bedeutet, dass die Reihe für jeden reellen Wert ihrer Veränderlichen x konvergiert.
Leitet man diese unendliche Reihe gliedweise ab, so erhält man genau die gleiche unendliche Reihe wieder:

$$\frac{dy}{dx} = 1 + \frac{x}{1!} + \frac{x^2}{2!} + \frac{x^3}{3!} + \ldots + \frac{x^n}{n!} + \ldots = y(x)$$

Es handelt sich also bei dieser Funktion um eine solche, deren Ableitung dieselbe Funktion darstellt. Dies ist nachgerade die Definition der Exponentialfunktion, die mit dieser Darstellung ihrer Ableitung als Potenzreihe nun eine rechnerische Bestätigung erfährt.

2. Sei

$$y(x) = x - \frac{x^3}{3!} + \frac{x^5}{5!} - \frac{x^7}{7!} + - \ldots + (-1)^n \frac{x^{2n+1}}{(2n+1)!} + \ldots \qquad (2.53)$$

Leitet man diese unendliche Reihe gliedweise ab, so erhält man

$$\frac{dy}{dx} = 1 - \frac{x^2}{2!} + \frac{x^4}{4!} - \frac{x^6}{6!} + - \ldots + (-1)^n \frac{x^{2n}}{(2n)!} + - \ldots$$

Eine weitere Ableitung ergibt die unendliche Potenzreihe

$$\frac{d^2y}{dx^2} = -x + \frac{x^3}{3!} - \frac{x^5}{5!} + \frac{x^7}{7!} - + \ldots - (-1)^n \frac{x^{2n+1}}{(2n+1)!} + \ldots = -y(x).$$

Die zweite Ableitung der Funktion, welche durch die Potenzreihe (2.53) dargestellt wird, ist also wiederum die ursprüngliche Funktion selbst. Diese Eigenschaft wird uns im Folgenden wieder begegnen, und es wird sich dort zeigen, dass es sich um die trigonometrische Funktion $y(x) = \sin x$ handelt.

2.3.4 Namentragende transzendente Funktionen

Eine explizite Darstellung transzendenter Funktionen, d. h. eine Darstellung, in der die Vorschrift zur Berechnung der Funktionswerte explizit angegeben wird, kann es definitionsgemäß nicht geben. Man hat deswegen einige Funktionen mit herausragenden Eigenschaften und solche, die häufig benötigt werden, mit Namen versehen. Unter diesen transzendenten Funktionen werden in der Schule drei behandelt: die trigonometrischen Funktionen, namentlich der Sinus eines Winkels, die Exponentialfunktion, die wir im Beispiel in Kap. 1 kennengelernt haben, und deren Umkehrfunktion, den natürlichen Logarithmus (logarithmus naturalis). Diese drei transzendenten Funktionen wollen wir im Folgenden näher betrachten.

Trigonometrische Funktionen
Der Winkel zwischen zwei sich schneidenden Geraden ist das Verhältnis des zugeordneten Kreissegmentes zum Radius des Kreises (vgl. Abb. 2.16).

Der Sinus eines Winkels in einem Kreis ist das Verhältnis der Gegenkathede zur Hypothenuse im Kreisdreieck (vgl. Abb. 2.17).

Die Funktion des Sinus in Abhängigkeit von der Länge des zugeordneten Kreissegmentes ist eine transzendente Funktion mit der Bezeichnung

$$y(x) = \sin x.$$

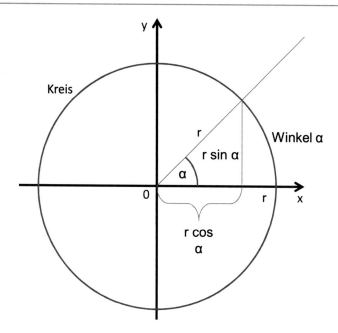

Abb. 2.16 Der Winkel

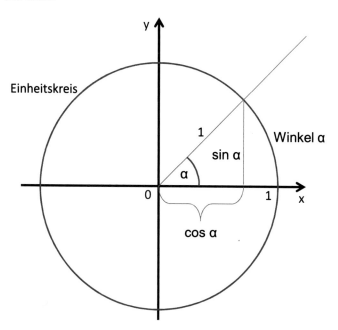

Abb. 2.17 Der Sinus im Einheitskreis

Definiert man diese Funktion auf der Menge der reellen Zahlen, so ist unmittelbar einsichtig, dass die Funktion periodisch sein muss, und zwar mit der Periode 2π (vgl. Abb. 2.18). Die Funktion kann also nicht injektiv sein. Darüber hinaus ist sie auf der ganzen reellen Achse glatt, kann also um jeden Punkt in eine Potenzreihe entwickelt werden, die auf ganz R konvergiert. Solche Funktionen heißen **ganze Funktionen**.

Neben dem Sinus gibt es noch weitere trigonometrische Funktionen, unter denen der Kosinus die wichtigste ist. Man erhält den Kosinus mithilfe des Satzes von Pythagoras am Kreisdreieck:

$$\cos x = \sqrt{1 - \sin^2 x}.$$

Eine weitere wichtige Eigenschaft des Sinus ist die Gültigkeit eines Additionstheorems:

$$\sin(x + y) = \sin x \cos y + \cos x \sin y. \tag{2.54}$$

Mithilfe dieses Additionstheorems lässt sich die Ableitungsfunktion des Sinus leicht berechnen. Allerdings müssen wir die Gültigkeit des Additionstheorems erst zeigen.

Die Definition der trigonometrischen Funktionen wurde auf geometrischer Basis (am Einheitskreis) vorgenommen. Dementsprechend muss ein aussagekräftiger Beweis ebenfalls geometrischer Natur sein. Dazu betrachten wir die Abb. 2.19.

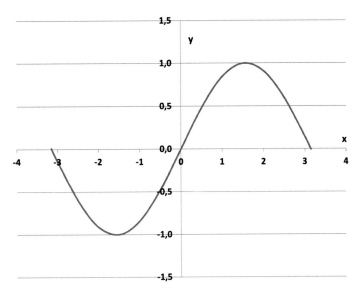

Abb. 2.18 Funktionsverlauf des Sinus

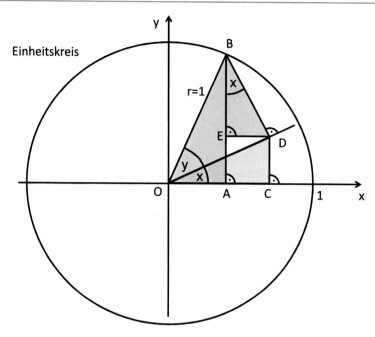

Abb. 2.19 Das Additionstheorem des Sinus

Beweis des Additionstheorems (2.54)

Bei der Abb. 2.19 handelt es sich um die Darstellung von vier kongruenten Dreiecken, die so angeordnet sind, dass sich mit deren Hilfe das Additionstheorem beweisen lässt, nämlich die Dreiecke OAB (grün), ODB (farblos), OCD (blau) und BED (rot).

Als ersten Schritt betrachten wir das Dreieck $\triangle$OAB und stellen fest, dass gilt:

$$\sin(x + y) = \overline{AB}. \qquad (2.55)$$

Nun stellen wir auf das Produkt $\sin x \cos y$ ab und betrachten dazu das Dreieck $\triangle$ODB; diesem Dreieck entnehmen wir die Beziehungen

$$\sin y = \overline{BD}, \qquad (2.56)$$
$$\cos y = \overline{OD}. \qquad (2.57)$$

Dem Dreieck $\triangle$OCD entnimmt man die Beziehung

$$\sin x = \frac{\overline{CD}}{\overline{OD}}. \qquad (2.58)$$

Mithilfe von (2.57) folgt aus (2.58)

$$\sin x = \frac{\overline{CD}}{\cos y} \qquad (2.59)$$

oder nach Multiplikation der Gl. (2.59) mit cos y das erste Zwischenergebnis

$$\boxed{\sin x \, \cos y = \overline{C\,D}.}$$ (2.60)

Nun definieren wir das Produkt cos x sin y und betrachten dazu das Dreieck $\triangle$BED:

$$\cos x = \frac{\overline{B\,E}}{\overline{B\,D}}.$$ (2.61)

Setzt man nun nach obigem Schema die Gl. (2.56) in die Gl. (2.61) ein, so ergibt sich

$$\cos x = \frac{\overline{B\,E}}{\sin y}$$ (2.62)

oder nach Multiplikation der Gl. (2.62) mit sin y das zweite Zwischenergebnis

$$\boxed{\cos x \, \sin y = \overline{B\,E}.}$$ (2.63)

Nun zielen wir auf die Addition der Ausdrücke (2.60) und (2.63). Dazu bemerken wir, dass

$$\overline{A\,B} = \overline{C\,D} + \overline{B\,E}$$ (2.64)

gilt. Setzt man nun das erste und das zweite Zwischenergebnis (2.60) und (2.63) in diese Beziehung (2.64) ein, so erhält man

$$\overline{A\,B} = \sin x \, \cos y + \cos x \, \sin y.$$ (2.65)

Wenn man diese Gl. (2.65) in die Gl. (2.55) einsetzt, dann erhält man das Additionstheorem des Sinus als das gewünschte Endergebnis:

$$\boxed{\sin(x + y) = \sin x \, \cos y + \cos x \, \sin y.}$$ (2.66)

Damit ist das Additionstheorem des Sinus bewiesen.•

Kommen wir nun zurück zur Ableitung. Um diese für die Sinusfunktion zu berechnen, verwenden wir die Definition (2.20) und das Additionstheorem des Sinus (2.66)

$$\begin{aligned}
\frac{\mathrm{d}y}{\mathrm{d}x} &= \lim_{\Delta x \to 0} \frac{\sin(x + \Delta x) - \sin x}{\Delta x} \\
&= \lim_{\Delta x \to 0} \frac{\sin x \, \cos \Delta x + \cos x \, \sin \Delta x - \sin x}{\Delta x} \\
&= \sin x \lim_{\Delta x \to 0} \frac{\cos \Delta x - 1}{\Delta x} + \cos x \lim_{\Delta x \to 0} \frac{\sin \Delta x}{\Delta}
\end{aligned}$$

Wegen[11]

$$\lim_{\Delta x \to 0} \cos \Delta x = 1 - a \, (\Delta x)^2 \qquad (2.67)$$

und[12]

$$\lim_{\Delta x \to 0} \frac{\sin \Delta x}{\Delta x} = 1 \qquad (2.68)$$

folgt schließlich

$$\frac{dy}{dx} = \sin x \lim_{\Delta x \to 0} \frac{\cos \Delta x - 1}{\Delta x} + \cos x \lim_{\Delta x \to 0} \frac{\sin \Delta x}{\Delta}$$

$$= a \sin x \underbrace{\lim_{\Delta x \to 0} \left[\frac{(\Delta x)^2}{\Delta x} \right]}_{=0} + \cos x \underbrace{\lim_{\Delta x \to 0} \frac{\Delta x}{\Delta x}}_{=1}$$

und damit das wichtige Ergebnis

$$\boxed{\frac{d \sin x}{dx} = \cos x.} \qquad (2.69)$$

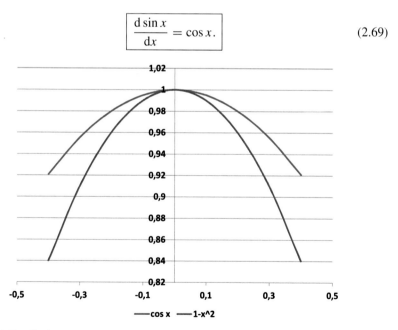

Abb. 2.20 Der Kosinus am Koordinatenursprung

---

[11] Der Kosinus verhält sich am Ursprung wie eine um eins verschobene, umgedrehte quadratische Parabel an ihrem Scheitel; deswegen steht hier das Quadrat der Differenz Δx; vgl. Abb. 2.20.
[12] Der Sinus hat am Koordinatenursprung $x = 0$ eine einfache Nullstelle und die Steigung eins. Deswegen gilt $\sin \Delta x = a \, \Delta x + \ldots$, wobei für kleine Werte von Δx die höheren Terme beliebig klein werden.

Daraus lässt sich nun die erste Ableitung des Kosinus und damit auch die zweite Ableitung des Sinus berechnen: Mit

$$\cos x = \sqrt{1 - \sin^2 x} \tag{2.70}$$

ergibt sich mithilfe der Kettenregel

$$\frac{\mathrm{d} \sin^2 x}{\mathrm{d}x} = 2 \sin x \, \cos x$$

und wegen (2.27) unter nochmaliger Anwendung der Kettenregel und Verwendung von (2.70) schließlich

$$\frac{\mathrm{d}^2 \sin x}{\mathrm{d}x^2} = \frac{\mathrm{d} \cos x}{\mathrm{d}x} = -\frac{2 \sin x \, \cos x}{2 \sqrt{1 - \sin^2 x}} = -\frac{\sin x \, \cos x}{\cos x} = -\sin x.$$

Also ist

$$\boxed{\frac{\mathrm{d} \cos x}{\mathrm{d}x} = -\sin x.} \tag{2.71}$$

Mit der Kenntnis dieser beiden Ableitungen kann man nun die Potenzreihenentwicklungen sowohl des Sinus als auch des Kosinus z. B. um den Ursprung $x = 0$ anschreiben, denn man kann nach (2.39) sämtliche Koeffizienten der Potenzreihe berechnen. Da ist zunächst zu bemerken, dass aus Symmetriegründen (der Sinus ist eine antisymmetrische Funktion) alle Koeffizienten der geraden Potenzen verschwinden. Zum zweiten ist zu bemerken, dass die Reihe alterniert, d. h., dass die Vorzeichen $+$ und $-$ der einzelnen Summanden sich abwechseln, weil die Ableitungen dies tun (siehe (2.69) und (2.71)). Darüber hinaus sind sämtliche zu bildenden Ableitungen eins, wie man ebenfalls an (2.69) und (2.71) sieht, sodass die Koeffizienten der Potenzreihe den Wert

$$\frac{1}{(2n + 1)!}, \quad n = 0, 1, 2, 3, \dots$$

annehmen. Man erhält also die Potenzreihe des Sinus in der Form

$$\boxed{y(x) = \sin x = x - \frac{x^3}{3!} + \frac{x^5}{5!} - + \dots = \sum_{n=0}^{\infty} (-1)^n \frac{x^{2n+1}}{(2n + 1)!}, \quad x \in \mathbf{R}.}$$
$$\tag{2.72}$$

Diese Reihe konvergiert für alle reellen Zahlen x. Damit kann man den Sinus für alle reellen Zahlen über diese Potenzreihe berechnen. Allerdings ist dies nicht notwendig, weil – wie aus geometrischen Überlegungen heraus klar ist – der Sinus die Periode 2π hat und also auch nur für dieses Intervall berechnet werden muss. Genau genommen muss er sogar nur für $\pi/2$ berechnet werden, weil er durch Verschiebung und Spiegelung ergänzt werden kann.

Übrigens erkennt man aus der Potenzreihe (2.72) sofort die Formel (2.68):

$$\lim_{x \to 0} \frac{\sin x}{x} = 1.$$

Leitet man die Potenzreihe (2.72) gliedweise ab, so ergibt sich

$$\frac{dy}{dx} = 1 - \frac{x^2}{2!} + \frac{x^4}{4!} - \frac{x^6}{6!} + - \ldots = \sum_{n=0}^{\infty} (-1)^n \frac{x^{2n}}{(2n)!} \quad x \in \mathbf{R} . \tag{2.73}$$

Dies muss die Potenzreihenentwicklung des Kosinus um den Ursprung sein, wie sich an (2.69) ablesen lässt:

$$\boxed{y(x) = \cos x = 1 - \frac{x^2}{2!} + \frac{x^4}{4!} - \frac{x^6}{6!} + - \ldots = \sum_{n=0}^{\infty} (-1)^n \frac{x^{2n}}{(2n)!} \quad x \in \mathbf{R} .}$$

$$\tag{2.74}$$

Übrigens erkennt man aus der Potenzreihe (2.73) sofort die Formel (2.67):

$$\cos x \sim 1 - a\, x^2 \text{ für } x \to 0 \text{ mit } a = \frac{1}{2},$$

denn für $x \to 0$ gehen alle x-abhängigen Terme der unendlichen Reihe (2.73) schneller gegen null als der quadratische Term

$$\frac{x^2}{2!},$$

der somit das Verhalten der Funktion für $x \to 0$ bestimmt.

Die Exponentialfunktion
Die Exponentialfunktion ist definiert als diejenige Funktion, bei der an jeder Stelle der Funktionswert so groß ist wie deren Ableitung an dieser Stelle.

Wir haben oben gesehen (vgl. Formel (2.52)), dass es sich um eine Funktion handeln muss, deren Potenzreihe durch

$$y(x) = 1 + \frac{x}{1!} + \frac{x^2}{2!} + \frac{x^3}{3!} + \ldots + \frac{x^n}{n!} + \ldots, \quad x \in \mathbf{R} \tag{2.75}$$

gegeben ist. Man gibt dieser Funktion die Bezeichnung

$$y(x) = \exp x$$

oder auch

$$y(x) = e^x$$

und nennt sie **Exponentialfunktion**. Dabei ist e die sog. **Euler'sche Zahl**, die – als irrationale Zahl – folgendermaßen über einen Grenzprozess definiert ist:

$$e = \lim_{n \to \infty} \left(1 + \frac{1}{n}\right)^n = 2,71...$$

Anmerkung
Die Euler'sche Zahl ist die mit Abstand wichtigste Zahl der Analysis, und die Exponentialfunktion ist die mit Abstand wichtigste Funktion der Analysis. Sie hat zahlreiche schöne und wichtige Eigenschaften, von denen einige unten vorgestellt werden. Man kann ohne Übertreibung sagen, dass es wohl kein Anwendungsgebiet der Analysis gibt, das ohne die Exponentialfunktion auskommt. Ihr Name ist eng mit dem bedeutenden Schweizer Mathematiker **Leonhard Euler** verbunden.

Den (eher unspektakulären) grafischen Verlauf der Exponentialfunktion entnehme man der Abb. 2.21.

Eigenschaften Wie wir in Kap. 1 gesehen haben, beschreibt sie biologische Wachstumsvorgänge und hat eine ganze Reihe sehr schöner Eigenschaften:

- Die Funktion ist injektiv, aber nicht surjektiv.
- Die Funktionswerte verdoppeln sich auf jeweils gleich großen Intervallen Δx ihres Definitionsbereichs der Länge $\Delta x = \ln 2$.
- Es gilt das Additionstheorem

$$\exp(x_1 + x_2) = \exp x_1 \, \exp x_2.$$

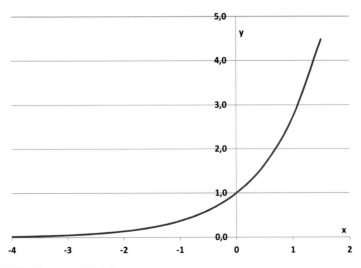

Abb. 2.21 Die Exponentialfunktion

- Die Exponentialfunktion ist eine ganze Funktion. Der Konvergenzradius ihrer Potenzreihendarstellung (2.75) ist unendlich groß.
- Für $x \to -\infty$ geht die Funktion gegen null. Die x-Achse $y = 0$ ist also für $x \to -\infty$ eine Asymptote der Funktion.
- Für $x \to +\infty$ steigt der Funktionswert über alle Grenzen an, und zwar – wie man an der Potenzreihe ersehen kann – schneller als jede Potenz.
- Im Unendlichen hat die Funktion eine Singularität, wie man durch Stürzung der Funktion mittels

$$\xi = \frac{1}{x}$$

und daraus

$$y(\xi) = \exp\left(\frac{1}{\xi}\right)$$

für $\xi \to 0$ ersehen kann (s. Abb. 2.22). Diese Singularität ist kein Pol und kann nicht durch negative Potenzen dargestellt werden. Dies sieht man durch „Stürzung" ihrer Potenzreihe

$$y(\xi) = \exp\left(\frac{1}{\xi}\right) = 1 + \frac{1}{1! \, \xi} + \frac{1}{2! \, \xi^2} + \frac{1}{3! \, \xi^3} + \ldots + \frac{1}{n! \, \xi^n} + \ldots, \quad \xi \in \mathbf{R}$$

für $\xi \to 0$.

Der natürliche Logarithmus

Der natürliche Logarithmus (logarithmus naturalis)

$$y(x) = \ln x$$

ist die Umkehrfunktion der Exponentialfunktion. Es gilt also

$$\ln(\exp x) = x.$$

Dies sieht man auch an der Abb. 2.23.

Da die Exponentialfunktion als ganze Funktion nicht surjektiv ist, hat der natürliche Logarithmus notwendigerweise eine Singularität, und zwar am Ursprung $x = 0$. Es handelt sich also nicht um eine ganze Funktion: Für negative Werte ist der natürliche Logarithmus nicht definiert. Sein Definitionsbereich ist die positive reelle Achse. Dementsprechend kann er auch keine Potenzreihendarstellung besitzen, die auf der gesamten Menge der reellen Zahlen konvergiert. Allerdings ist der natürliche Logarithmus eine surjektive Funktion.

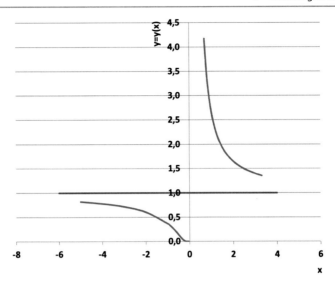

Abb. 2.22 Die Singularität der Exponentialfunktion im Unendlichen

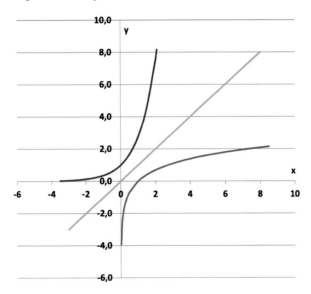

Abb. 2.23 Der natürliche Logarithmus und die Exponentialfunktion

Die Ableitung des natürlichen Logarithmus erhält man am einfachsten dadurch, dass man ihn als Umkehrfunktion der Exponentialfunktion betrachtet: Es gilt nach der Kettenregel für eine Funktion $y = y(x)$ und deren Umkehrfunktion $x = x(y)$:

$$\frac{dy}{dx} = \underbrace{\frac{dy}{dy}}_{=1} \frac{dy}{dx} = \frac{1}{\frac{dx}{dy}}.$$

Ist also

$$y = y(x) = \ln x,$$

dann ist

$$x = x(y) = \exp y,$$

und damit gilt

$$\frac{dx}{dy} = \exp y.$$

Daraus ergibt sich die Ableitung des natürlichen Logarithmus zu

$$\frac{dy}{dx} = \frac{1}{\frac{dx}{dy}} = \frac{1}{\exp(y)} = \frac{1}{\exp(\ln x)} = \frac{1}{x}. \tag{2.76}$$

Mit dieser Ableitung kann man den natürlichen Logarithmus in eine Potenzreihe entwickeln. Dies geht natürlich nicht um den Entwicklungspunkt $x = 0$, weil die Funktion dort keinen endlichen Funktionswert annimmt. Nimmt man als Entwicklungspunkt die Nullstelle bei $x = 1$, dann kann man aus den Ableitungen

$$\frac{dy}{dx}\Big|_1 = \frac{1}{1},$$

$$\frac{d^2 y}{dx^2}\Big|_1 = -\frac{1}{1^2},$$

$$\frac{d^3 y}{dx^3}\Big|_1 = +\frac{1 \cdot 2}{1^3},$$

$$\frac{d^4 y}{dx^4}\Big|_1 = -\frac{1 \cdot 2 \cdot 3}{1^4},$$

$$\cdots \quad \cdots,$$

$$\frac{d^n y}{dx^n}\Big|_1 = (-1)^{n+1} \, 1 \cdot 2 \cdot 3 \ldots (n-2)(n-1) = (-1)^{n+1}(n-1)!, \quad n = 1, 2, 3, \ldots$$

Daraus ergeben sich mit (2.39) die Koeffizienten a_n zu

$$a_n = (-1)^{n+1} \frac{(n-1)!}{n!} = \frac{1}{n}$$

und damit eine Potenzreihe der Form

$$y(x) = \ln x = (x - 1) - \frac{(x-1)^2}{2} + \frac{(x-1)^3}{3} - \frac{(x-1)^4}{4} + - \ldots = \sum_{n=1}^{\infty} (-1)^{n+1} \frac{(x-1)^n}{n}$$

(2.77)

Man kann dieser Potenzreihe leicht entnehmen, dass der Funktionswert bei $x = 1$ den Wert null hat und dass sämtliche Ableitungen an dieser Stelle den Wert plus eins oder minus eins haben, je nachdem, ob es sich um eine ungeradzahlige oder um eine geradzahlige Ableitung handelt.

Der Konvergenzradius r dieser Reihe ist allerdings nur eins: $r = 1$, d. h., Konvergenz der Potenzreihe (2.77) ist nur gegeben für

$$0 < x \leq 2,$$

(2.78)

weil die Funktion bei $x = 0$ unter alle Grenzen abfällt: Ihre Funktionswerte gehen bei Annäherung an den Ursprung $x = 0$ gegen minus unendlich. Man sagt auch, die Funktion werde bei $x = 0$ singulär oder sie habe dort eine **Singularität**. Man kann also mithilfe der Potenzreihe (2.77) die Funktionswerte des natürlichen Logarithmus nicht für Werte x berechnen, die größer sind als $x = 2$.

Es gibt mehrere Möglichkeiten, den Wert einer Funktion für Werte ihrer unabhängigen Veränderlichen außerhalb des Konvergenzgebietes einer Potenzreihenentwicklung zu erhalten. Natürlich ist es immer möglich, die Funktion in eine Potenzreihe um einen anderen Entwicklungspunkt zu entwickeln. Man spricht dann von der **analytischen Fortsetzung** der Funktion.

Beim natürlichen Logarithmus ist die Sache aber einfacher, weil auch dort, wie schon bei den Kreisfunktionen, auf den Funktionswert geschlossen werden kann, wenn man diesen für ein bestimmtes Intervall berechnet hat.

Wegen

$$\ln \left(\frac{1}{x} \right) = \ln 1 - \ln x$$

und

$$\ln 1 = 0$$

gilt nämlich

$$\ln \left(\frac{1}{x} \right) = - \ln x.$$

(2.79)

Kennt man also die Werte von $\ln x$ für $x \leq 1$, dann kann man mithilfe von (2.79) die Werte von x für $x > 1$ berechnen.

Beispiel

Man suche den Logarithmus der Zahl 5, also

$$\ln 5.$$

Man könnte zunächst daran denken, diese Zahl über die Potenzreihe (2.77) zu berechnen. Nun kann man aber diese Potenzreihe (2.77) nur im Intervall $0 < x \leq 2$ berechnen, weil sie außerhalb dieses Intervalls nicht konvergiert (s. o., insbes. (2.78)). Nun gilt aber nach dem oben Geschriebenen

$$\ln 5 = -\ln\left(\frac{1}{5}\right) = -\ln 0{,}2.$$

Diese Berechnung aber lässt die Potenzreihe (2.77) sehr wohl zu.

Es gibt aber noch eine weitere Möglichkeit, die zwar mit etwas größerem rechnerischen Aufwand verbunden ist, aber wegen ihrer grundsätzlichen Bedeutung im Folgenden erwähnt werden soll.

Der erste Schritt besteht darin, die gesamte reelle Zahlengerade durch eine gebrochen lineare Funktion auf das obige Konvergenzintervall $0 < x \leq 2$ abzubilden. D. h., man sucht eine gebrochen lineare Funktion (vgl. Abb. 2.24)

$$z = \frac{a\,x + b}{c\,x + d},$$

welche folgende Abbildungen leistet:

$$\begin{array}{ccccc}
x: & -1 & 0 & 1 & +\infty \\
\downarrow & \downarrow & \downarrow & \downarrow & \downarrow \\
z: & -\infty & -1 & 0 & +1.
\end{array}$$

In dieser Tabelle zeigt die erste Zeile einige wichtige Punkte der x-Achse, und die letzte Zeile zeigt, wohin die Punkte der ersten Zeile auf der z-Achse abgebildet werden. Dies vollbringt die gebrochen lineare Transformation

$$z = \frac{x - 1}{x + 1} = \frac{1 - \frac{1}{x}}{1 + \frac{1}{x}}. \tag{2.80}$$

Die so entstehende unendliche Reihe in Potenzen von z hat zwar nach wie vor ein Konvergenzintervall, das nur von $z = -1$ bis $z = +1$ reicht (weil sowohl hier wie

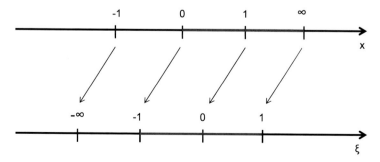

Abb. 2.24 Transformation der unabhängigen Veränderlichen

dort jeweils eine Singularität der Funktion sitzt), aber dieses Intervall umfasst eben die gesamte positive x-Achse, wie man an der Umkehrabbildung

$$x = \frac{1 + z}{1 - z} \tag{2.81}$$

sehen kann, womit das Problem gelöst ist. Eine grafische Darstellung der Wirkung der Transformation (2.80) entnehme man der Abb. 2.25.

Man betrachte also die Funktion

$$z(x) = \frac{x - 1}{x + 1}, \quad x > 0$$

und die Taylor-Entwicklung des natürlichen Logarithmus um $z = 0$:

$$y(z) = \ln z = a_0 + a_1\,z + a_2\,z^2 + \ldots + a_n\,z^n + \ldots$$

mit

$$a_n = \frac{1}{n!}\,\frac{\mathrm{d}^n z(x)}{\mathrm{d}x^n}\bigg|_{x=1}, \quad n = 0, 1, 2, 3, \ldots$$

Dabei gilt für die geraden Ableitungen

$$\frac{\mathrm{d}^n z(x)}{\mathrm{d}x^n}\bigg|_{x=1} = \frac{2}{n}, \text{ für } n = 2m,\ m = 0, 1, 2, 3, \ldots \tag{2.82}$$

und für die ungeraden

$$\frac{\mathrm{d}^n z(x)}{\mathrm{d}x^n}\bigg|_{x=1} = 0, \text{ für } n = 2m + 1,\ m = 0, 1, 2, 3, \ldots \tag{2.83}$$

Somit ergibt sich die gewünschte Potenzreihe zu

$$y(x) = \ln x = 2\left[\frac{x - 1}{x + 1} + \frac{1}{3}\left(\frac{x - 1}{x + 1}\right)^3 + \frac{1}{5}\left(\frac{x - 1}{x + 1}\right)^5 + \ldots + \frac{1}{3}\left(\frac{x - 1}{x + 1}\right)^3 + \ldots\right]$$

Abb. 2.25 Funktionaler Verlauf der Transformation der unabhängigen Veränderlichen

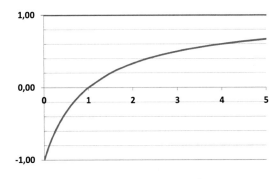

für $n = 0, 1, 2, 3, \ldots$ und $x > 0$.

Die Formeln (2.82) und (2.83) erkennt man folgendermaßen: Die Ableitungen der Funktion

$$y(x) = \ln z(x) = \ln \left(\frac{x - 1}{x + 1} \right)$$

nach x sind gegeben durch

$$\frac{\mathrm{d}y}{\mathrm{d}z} = \frac{2 \cdot 1!}{(z + 1)(z - 1)},$$

$$\frac{\mathrm{d}^2 y}{\mathrm{d}z^2} = \frac{2 \cdot 2! \, z}{(z + 1)^2 (z - 1)^2},$$

$$\frac{\mathrm{d}^3 y}{\mathrm{d}z^3} = \frac{2 \cdot 2! \, (3z^2 + 1)}{(z + 1)^3 (z - 1)^3},$$

$$\frac{\mathrm{d}^4 y}{\mathrm{d}z^4} = \frac{2 \cdot 4! \, z \, (z^2 + 1)}{(z + 1)^4 (z - 1)^4},$$

$$\frac{\mathrm{d}^5 y}{\mathrm{d}z^5} = \frac{2 \cdot 4! \, (5z^4 + 10z^2 + 1)}{(z + 1)^5 (z - 1)^5},$$

$$\frac{\mathrm{d}^6 y}{\mathrm{d}z^6} = \frac{2 \cdot 6! \, z \, (z^4 + \frac{10}{3} z^2 + 1)}{(z + 1)^6 (z - 1)^6},$$

$$\frac{\mathrm{d}^7 y}{\mathrm{d}z^7} = \frac{2 \cdot 6! \, (7z^6 + 35z^4 + 21z^2 + 1)}{(z + 1)^7 (z - 1)^7},$$

$$\frac{\mathrm{d}^8 y}{\mathrm{d}z^8} = \frac{2 \cdot 8! \, z \, (z^6 + 7z^4 + 7z^2 + 1)}{(z + 1)^8 (z - 1)^8},$$

$$\cdots \quad \cdots$$

Für gerade Werte von n kann man also allgemein schreiben

$$\frac{\mathrm{d}^n y}{\mathrm{d}z^n} = \frac{2 \, n! \, z \sum_{i=0}^{n-2} b_i^{(n)} z^{2i}}{(z + 1)^n (z - 1)^n}$$

für $n = 2m$, $m = 1, 2, 3, \ldots$ und mit $b_0^{(n)} = 1$. Für ungerade Werte von n kann man also allgemein schreiben

$$\frac{\mathrm{d}^n y}{\mathrm{d}z^n} = \frac{2 \, n! \sum_{i=0}^{n-1} b_i^{(n)} z^{2i}}{(z + 1)^n (z - 1)^n}$$

für $n = 2m + 1$, $m = 1, 2, 3, \ldots$ und mit $b_0^{(n)} = 1$.

Dieses Beispiel zeigt, dass es nicht immer reine Potenzreihen zu sein brauchen, um eine transzendente Funktion darzustellen, sondern dass es auch eine algebraische Funktion der unabhängigen Veränderlichen sein kann, die zur Potenz erhoben wird.

Die Euler'sche Formel

Welch mächtiges Werkzeug man mit den Potenzreihen hat, lässt sich z. B. dadurch veranschaulichen, dass man mit ihnen die sog. Euler'sche Formel und daraus die Euler'sche Identität zeigen kann. Dies soll im Folgenden geschehen.

Die Euler'sche Formel ist eine Beziehung zwischen der Exponentialfunktion und den trigonometrischen Funktionen. Sie besagt, dass die Exponentialfunktion entlang der imaginären Achse eine 2π-periodische Funktion ist, welche sich durch die Sinus- und die Kosinusfunktion darstellen lässt. Daraus wiederum lässt sich dann zeigen, dass umgekehrt die trigonometrischen Funktionen Sinus und Kosinus entlang der imaginären Achse exponentiell anwachsen.

Man kann daraus den Schluss ziehen, dass sowohl Exponential- wie auch trigonometrische Funktionen einfach-periodische Funktionen sind, die nur in eine Richtung der komplexen Ebene periodisch sind, in alle anderen Richtungen wachsen sie exponentiell an, allerdings mit einer Wellenbewegung, und nur in eine Richtung wachsen sie rein exponentiell an.

Es gibt auch doppeltperiodische Funktionen; diese heißen elliptische Funktionen. Elliptische Funktionen sind in allen Richtungen der komplexen Ebene periodisch. Es sind die allgemeinsten Funktionen, für die ein Additionstheorem existiert (s. hierzu das Buch von P. Byrd und M. Friedman [5] oder auch das Buch von H. Behnke und F. Sommer [2] auf den Seiten 248, 380 und 535). Es ist zwar nicht das Thema dieses Buches, diese Funktionen zu diskutieren, aber es soll an dieser Stelle doch gesagt werden, dass sich elliptische Funktionen sehr wohl dazu eignen, in der Schule behandelt zu werden.

Zurück zur Euler'schen Formel; sie hat die Form

$$\boxed{\exp(\iota x) = \cos(x) + \iota\,\sin(x).}$$

Diese z. B. in der Physik äußerst wichtige Formel besagt, dass die Funktion

$$y(x) = \exp(\iota x)\,,\ x \in \mathbf{R}$$

die reelle Achse unendlich oft auf den Einheitskreis der komplexen Zahlenebene abbildet, sie quasi unendlich oft in mathematisch positiver Richtung auf den Einheitskreis „aufwickelt".

Die Euler'sche Formel zu beweisen, ist nach Kenntnis der Potenzreihen von Exponential-, Sinus- und Kosinusfunktion einfach. Ersetzt man nämlich in der Potenzreihe (2.75) der Exponentialfunktion

$$\exp(x) = 1 + \frac{x}{1!} + \frac{x^2}{2!} + \frac{x^3}{3!} + \ldots + \frac{x^n}{n!} + \ldots,\quad x \in \mathbf{R} \qquad (2.84)$$

die reelle Veränderliche x durch die imaginäre Veränderliche

$$\iota\,x,$$

wobei

$$\iota\,\iota = \iota^2 = -1,$$

also

$$\iota = \sqrt{-1}$$

gilt, dann sieht man sofort, dass diese Potenzreihe die Form

$$\exp(\iota\,x) = 1 + \frac{\iota\,x}{1!} + \frac{(\iota\,x)^2}{2!} + \frac{(\iota\,x)^3}{3!} + \ldots + \frac{(\iota\,x)^n}{n!} + \ldots$$

annimmt, woraus wegen

$$\iota^2 = -1,\ \iota^3 = -\iota,\ \iota^4 = +1,\ \iota^5 = \iota,\ldots$$

sofort das Ergebnis folgt (vgl. (2.72) und (2.74))

$$\begin{aligned}
\exp(\iota\,x) &= 1 + \frac{\iota\,x}{1!} + \frac{(\iota\,x)^2}{2!} + \frac{(\iota\,x)^3}{3!} + \ldots + \frac{(\iota\,x)^n}{n!} + \ldots \\
&= \underbrace{1 - \frac{x^2}{2!} + \frac{x^4}{4!} - \frac{x^6}{6!} + - \ldots}_{=\cos x} + \iota\left(\underbrace{x - \frac{x^3}{3!} + \frac{x^5}{5!} - + \ldots}_{=\sin x}\right) \\
&= \cos x + \iota\,\sin x.
\end{aligned}$$

Damit ist die Euler'sche Formel bewiesen●

Aus dieser Formel folgt dann sofort die berühmte Euler'sche Identität

$$\boxed{\exp(\iota\,\pi) + 1 = 0}$$

dadurch, dass man $x = \pi$ wählt:

$$\exp(\iota\,\pi) = \underbrace{\cos(\pi)}_{=-1} + \iota\,\underbrace{\sin(\pi)}_{=0}.$$

Fazit

Potenzreihen sind ein mächtiges Werkzeug im Umgang mit holomorphen Funktionen.

2.4   Integrale und Stammfunktionen

Der Fundamentalsatz der Analysis bringt die Ableitung als Steigung der Tangente einer Kurve in Beziehung zu seiner Umkehrung, der Aufleitung und damit zu den Stammfunktionen einer Funktion. Historisch gesehen ist die Entwicklung auch so gelaufen: Eudoxos von Knidos und Archimedes von Syrakus haben sich mit Inhalten von Flächen unter Kurven beschäftigt und sind so vor 2300 Jahren dem, was wir heute Analysis nennen, ziemlich nahegekommen. Allein es hat die Formelsprache gefehlt, und so sind ihre Bemühungen nicht auf fruchtbaren Boden gefallen, und es hat nochmals 1700 Jahre gedauert, bis die Mathematik einen Kalkül entwickeln konnte, mit dem man Flächeninhalte unter Kurven ermitteln konnte.

2.4.1   Summation von Funktionswerten: Flächen unter Graphen

Der klassische Zugang zur Integration ist wie der bei der Ableitung ein geometrischer: Die Integration ist, geometrisch betrachtet, eine Summation.

Die Fläche unter einer beliebigen Kurve berechnen zu können, ist ein alter Traum der Mathematiker. Bereits die alten Griechen hatten ihn. So waren ihm die im Kap. 1 bereits erwähnten Wissenschaftler Eudoxos von Knidos und Archimedes von Syrakus mithilfe geometrischer Methoden ziemlich nahegekommen (siehe [9, S. 16–20]). Der Grundgedanke der Analysis hierfür ist der Intervallschachtelung entlehnt: Wenn man die Untersumme und die Obersumme wie in den Abb. 2.26 und 2.27 berechnet, dann ist anschaulich klar, dass der Flächeninhalt eine Zahl ist, die dazwischenliegt. Man kommt dieser Zahl dann beliebig nahe, wenn man iterativ vorgeht und die Breite

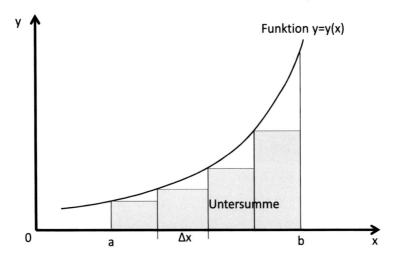

Abb. 2.26 Untersummen

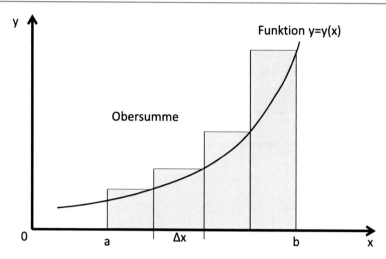

Abb. 2.27 Obersummen

$$\Delta x$$

der einzelnen Rechtecke immer kleiner macht und damit die Anzahl der Summanden immer größer.

Die Fläche A unter der Kurve der Funktion $f(x)$ von $x = a$ bis $x = b$ liegt offensichtlich zwischen dem Wert einer Untersumme US_n, $n = 1, 2, 3, \ldots$

$$US_n(\Delta x) = f(a + \Delta x)\,\Delta x + f(a + 2\,\Delta x)\,\Delta x + f(a + 3\,\Delta x)\,\Delta x + \ldots$$
$$+ f(a + (n-1)\,\Delta x)\,\Delta x + f(a + n\,\Delta x)\,\Delta x$$
$$= f(a + \Delta x)\,\Delta x + f(a + 2\,\Delta x)\,\Delta x + f(a + 3\,\Delta x)\,\Delta x + \ldots$$
$$+ f(b - 2\,\Delta x)\,\Delta x + f(b - \Delta x)\,\Delta x$$

und dem Wert der Obersumme OS_n

$$OS_n(\Delta x) = f(a)\,\Delta x + f(a + \Delta x)\,\Delta x + f(a + 2\,\Delta x)\,\Delta x + \ldots$$
$$+ f(a + (n-2)\,\Delta x)\,\Delta x + f(a + (n-1)\,\Delta x)\,\Delta x$$
$$= f(a)\,\Delta x + f(a + \Delta x)\,\Delta x + f(a + 2\,\Delta x)\,\Delta x + \ldots$$
$$+ f(b - \Delta x)\,\Delta x + f(b)\,\Delta x.$$

Macht man nun den Grenzübergang $\Delta x \to 0$ und erhöht gleichzeitig die Anzahl der Summanden n über alle Grenzen, sodass das Produkt

$$n\,\Delta x$$

konstant bleibt, wobei

$$n = \frac{b - a}{\Delta x}$$

ist, dann gilt

$$\lim_{\substack{n\to\infty \\ \Delta x\to 0}} U S_n(\Delta x) = \lim_{\substack{n\to\infty \\ \Delta x\to 0}} O S_n(\Delta x) = A.$$

2.4.2 Das Integral und seine geometrische Interpretation

Es sei die Fläche A unter der Kurve

$$y = f(x) = x^2$$

von $x = 1$ bis $x = 5$ auf zwei Stellen hinter dem Komma zu berechnen. Gemäß der oben dargelegten Idee wird diese Aufgabe im Folgenden iterativ durch fortgesetzte Summation von Unter- und Obersummen der Funktion $f(x)$ gelöst. Dabei wird die Differenz Δx bei der ersten Summation zu eins gesetzt und dann bei jedem weiteren Schritt halbiert.

Numerische Studie
    Erste Näherung: $\Delta x = 1$
Untersumme $U S_1$:

$$U S_1 = y(x = 1) + y(x = 2) + y(x = 3) + y(x = 4) = 1 + 4 + 9 + 16 = 30.$$

Obersumme $O S_1$:

$$O S_1 = y(x = 2) + y(x = 3) + y(x = 4) + y(x = 5) = 4 + 9 + 16 + 25 = 54.$$

Also liegt die gesuchte Fläche A zwischen 30 und 54 Flächeneinheiten. Der Mittelwert von Unter- und Obersumme

$$\frac{30 + 54}{2}$$

ist 42.
    Zweite Näherung: $\Delta x = \frac{1}{2}$
Untersumme $U S_2$:

$$\begin{aligned} U S_2 &= y(x = 1) + y(x = 1{,}5) + y(x = 2) + y(x = 2{,}5) \\ &\quad + y(x = 3) + y(x = 3{,}5) + y(x = 4) + y(x = 4{,}5) \\ &= (1 + 2{,}25 + 4 + 6{,}25 + 9 + 12{,}25 + 16 + 20{,}25)\, 0{,}5 = 35{,}5. \end{aligned}$$

Obersumme $O S_2$:

$$\begin{aligned} O S_2 &= y(x = 1{,}5) + y(x = 2) + y(x = 2{,}5) + y(x = 3) \\ &\quad + y(x = 3{,}5) + y(x = 4) + y(x = 4{,}5) + y(x = 5) \\ &= (2{,}25 + 4 + 6{,}25 + 9 + 12{,}25 + 16 + 20{,}25 + 25)\, 0{,}5 = 47{,}5. \end{aligned}$$

Nach dieser Rechnung wissen wir, dass die gesuchte Fläche A zwischen 35,5 und 47,5 Flächeneinheiten groß ist. Der Mittelwert von Unter- und Obersumme ist 41,5. Dies kann man nun ad infinitum fortführen. Man erhält mit jeder Halbierung von Δx eine bessere Näherung für den Wert der Fläche A. Bei einer geforderten Genauigkeit von beispielsweise zwei Stellen nach dem Komma ergibt sich der Wert der Fläche auf zwei Stellen nach dem Komma („MW gerundet") nach sechs Iterationsschritten:

n	Δx	US_n	OS_n	MW_n	MW_n gerundet
1	1	30	54	42	42
2	0,5	35,5	47,5	41,5	41,5
3	0,25	38,375	44,375	41,375	41,38
4	0,125	39,84375	42,84375	41,34375	41,34
5	0,0625	40,58594	42,08594	41,33594	41,34
6	0,03125	40,95898	41,70898	41,33398	41,33
7	0,015625	41,14600	41,52100	41,333498	41,33

Dieser Tabelle entnimmt man, dass der Wert der Fläche A, auf zwei Stellen nach dem Komma gerundet, $A = 41,33$ Flächeneinheiten beträgt. (Der exakte Wert ist $A = \frac{124}{3} = 41,\bar{3}$ Flächeneinheiten.) Auf diesem Wege kann man den Flächeninhalt A (mit entsprechend hohem Rechenaufwand) mit beliebig hoher Genauigkeit berechnen, d. h. auf beliebig viele Stellen hinter dem Komma.

Probe

Wir wissen seit Archimedes (s. [9, S. 111–115]), dass die Fläche unter der quadratischen Parabel ein Drittel der Fläche des Rechtecks beträgt, welche die Parabel gerade einfasst (vgl. Abb. 2.30). Daraus kann man die Fläche unter der quadratischen Parabel von $x = 0$ bis $x = 5$ leicht berechnen: Das Rechteck, welches die quadratische Parabel gerade einfasst, hat den Flächeninhalt $5 \cdot 5^2$ Flächeneinheiten. Deshalb ist die Fläche B unter dieser Kurve

$$B = \frac{5 \cdot 25}{3} = 41 + \frac{2}{3}.$$

Die Fläche unter der quadratischen Parabel von $x = 0$ bis $x = 1$ ist $C = 1/3$. Zieht man also $1/3$ von $41 + 2/3$ ab, so erhält man den Wert der Fläche A unter der quadratischen Parabel von $x = 1$ bis $x = 5$ zu

$$A = 41 + \frac{2}{3} - \frac{1}{3} = 41 + \frac{1}{3} = 41,\bar{3} = 41,333333\ldots$$

Auf diese iterative Art und Weise lässt sich jede Fläche unter einer beliebigen Kurve berechnen, die als Funktion gegeben ist. Nun gibt uns die Analysis aber eine weitaus elegantere und aufwandsschonendere Methode. Diese wollen wir im folgenden Abschnitt besprechen.

2.4.3 Stammfunktionen und der Fundamentalsatz der Analysis

Die Umkehrung der Ableitung oder Differenziation nennt man Integration. Das bedeutet Folgendes: Wenn wir eine Funktion $F(x)$ ableiten

$$f(x) = \frac{\mathrm{d}F}{\mathrm{d}x}$$

und so eine Funktion $f(x)$ erhalten, dann heißt $F(x)$ die **Stammfunktion** von $f(x)$. Will man aus der Funktion $f(x)$ deren Stammfunktion $F(x)$ ermitteln, so schreibt man diese Operation in der Form

$$F(x) = \int f(x)\,\mathrm{d}x$$

und bezeichnet sie als **Integration**. Das Integralzeichen

$$\int$$

ist eigentlich ein stilisiertes „S", der erste Buchstabe des Wortes „Summe". Mithilfe der Stammfunktion kann man nämlich die Fläche unter einer Funktionskurve berechnen, wie wir dies im letzten Abschnitt per Summation getan haben. Die Integration unterscheidet sich von der Summation, bezeichnet mit

$$\sum$$

dadurch, dass bei der Integration unendlich viele differenziell kleine Summanden aufsummiert werden, während bei der Summation endliche Größen summiert werden.

Die Definition der Ableitung im Begriff der Stammfunktion bringt es mit sich, dass darin eine Konstante auftaucht, welche die Stammfunktion vielfältig macht: Die Stammfunktion ist grundsätzlich nur bis auf eine Konstante bestimmt.

Beispiel
Man suche die Stammfunktion der Funktion

$$f(x) = x. \tag{2.85}$$

Wir suchen also diejenige Funktion $F(x)$, die abgeleitet $f(x) = x$ ergibt. Nun wissen wir aus (2.24), dass die Ableitung einer Potenz wiederum eine Potenz ergibt, deren Ordnung aber um eins kleiner ist. Dementsprechend darf man vermuten, dass die Stammfunktion ebenfalls eine Potenz ist, und zwar eine um eine Ordnung höhere als die zu integrierende Potenz. Dies bedeutet in unserem Beispiel, dass dies x^2 wäre. Leitet man diesen Funktionsausdruck ab, so erhält man $2\,x$. Daraus kann man sofort entnehmen, dass

$$F(x) = \int x\,\mathrm{d}x = \frac{1}{2}x^2 + C$$

die Stammfunktion von (2.85) ist, wobei C irgendeine Konstante ist, die beim Ableiten verschwindet. Mit dieser Formel können wir aber sofort die Stammfunktionen aller Potenzen

$$f(x) = x^n$$

erraten (mit einer Ausnahme allerdings, nämlich für $n = -1$): Es muss gelten

$$F(x) = \int x^n \, dx = \frac{x^{n+1}}{n+1} + C, \qquad (2.86)$$

denn die Ableitung dieser Funktion ist

$$\frac{dF}{dx} = \frac{d\left(\dfrac{x^{n+1}}{n+1} + C\right)}{dx} = \frac{n+1}{n+1} x^n = x^n = f(x),$$

was der Definition der Integration entspricht.

Es stellt sich hier die Frage, was die Stammfunktion von $1/x$ ist. Wie wir oben gesehen haben, ist

$$\frac{1}{x} = x^{-1}$$

die einzige Potenz, die nicht mithilfe der Regel (2.86) berechnet werden kann. Um die Frage zu lösen, betrachten wir den natürlichen Logarithmus und erinnern uns an dessen Ableitung in (2.76):

$$\frac{d \ln x}{dx} = \frac{1}{x}.$$

Also ist die Stammfunktion von

$$\frac{1}{x}$$

eine transzendente Funktion, nämlich der natürliche Logarithmus:

$$\int \frac{1}{x} \, dx = \ln x + C.$$

Der **Fundamentalsatz der Analysis** macht nun eine Aussage über die geometrische Interpretation des Integrals als Fläche unter einer Kurve einer Funktion und der Stammfunktion dieser Funktion: Die Differenz der Stammfunktion $F(b) - F(a)$ an den Endpunkten a und b eines Intervalls ergibt die Fläche A unter der Kurve von $f(x)$ zwischen a und b:

$$A = F(b) - F(a).$$

Man schreibt dies in der Form

$$A = \int_{x=a}^{x=b} f(x) \, dx = F(x)\big|_b^a = F(b) - F(a)$$

und spricht von einem **bestimmten Integral**, weil hier über die Integrationskonstante verfügt wurde. Den Rechenausdruck zur Ermittlung einer Stammfunktion $F(x)$ aus einer Funktion $f(x)$ gemäß

$$F(x) = \int f(x)\,\mathrm{d}x$$

bezeichnet man im Gegensatz dazu als ein **unbestimmtes Integral**.

Im Folgenden möchte ich den Fundamentalsatz der Analysis an einem konkreten Beispiel erläutern. Dazu betrachten wir die Funktion der quadratischen Parabel

$$f(x) = x^2 \tag{2.87}$$

und fragen nach der Fläche A unter ihrem Graphen zwischen den Werten $x = 0$ und $x = 1$ (vgl. Abb. 2.28).

Diese Fläche A ist durch den Grenzübergang immer feinerer Unterteilung $\Delta x \to 0$ gegeben, was gleichbedeutend ist mit einer immer größeren Anzahl N der Summenglieder in der Unter- oder der Obersumme

$$A = \lim_{\Delta x \to 0,\, N \to \infty} \left(\sum_{n=1}^{N} f(n\,\Delta x)\,\Delta x \right) = \lim_{\Delta x \to 0,\, N \to \infty} \left(\sum_{n=0}^{N-1} f(n\,\Delta x)\,\Delta x \right)$$

(s. Abschn. 2.4.1 und Abb. 2.26). Wir müssen also die beiden Grenzübergänge $\Delta x \to 0$ und $N \to \infty$ so ausführen, dass die Unterteilung Δx auf dem Intervall $[0, 1]$ immer feiner wird; dies gilt z. B. für

$$N\,\Delta x = 1 - 0 = 1,$$

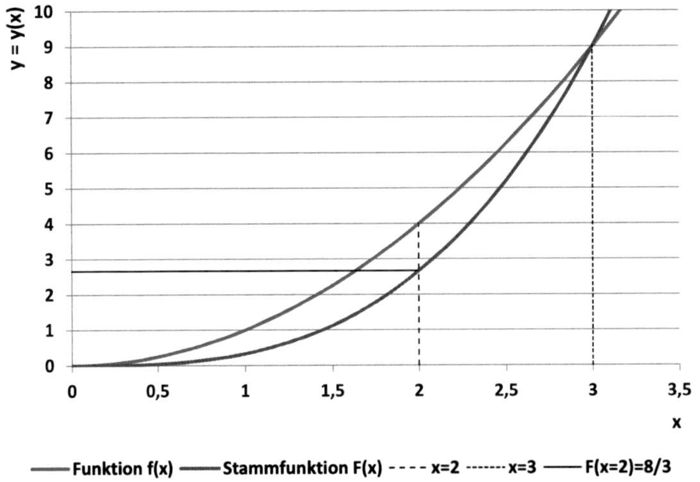

Abb. 2.28 Funktion und Stammfunktion

d. h.

$$\Delta x = \frac{1}{N}.$$

Dann ergibt sich über die Untersumme[13] der Flächeninhalt A zu

$$\begin{aligned}
A &= \lim_{\Delta x \to 0,\, N \to \infty} \left(\sum_{n=1}^{N} (n\,\Delta x)^2\, \Delta x \right) \\
&= \lim_{\Delta x \to 0,\, N \to \infty} \left(\sum_{n=1}^{N} n^2\, \Delta x^3 \right) \\
&\overset{\Delta x = \frac{1}{N}}{=} \lim_{N \to \infty} \sum_{n=1}^{N} \frac{n^2}{N^3} \\
&= \lim_{N \to \infty} \frac{1}{N^3} \sum_{n=1}^{N} n^2.
\end{aligned}$$

Diese Summe aber ist bekannt (vgl. [4, S. 18]):

$$\sum_{n=1}^{N} n^2 = \frac{N\,(N+1)\,(2\,N+1)}{6}.$$

Daraus folgt dann das Ergebnis zu

$$\begin{aligned}
A &= \lim_{N \to \infty} \frac{1}{N^3} \frac{N\,(N+1)\,(2\,N+1)}{6} \\
&= \lim_{N \to \infty} \frac{1}{N^3} \frac{2\,N^3 + 3\,N^2 + N}{6} \\
&= \lim_{N \to \infty} \frac{2\,N^3}{6\,N^3} \left(1 + \frac{3}{2} \frac{1}{N} + \frac{1}{2} \frac{1}{N^2} \right) \\
&= \frac{1}{3} \underbrace{\lim_{N \to \infty} \left(1 + \frac{3}{2} \frac{1}{N} + \frac{6}{2} \frac{1}{N^2} \right)}_{=1} \\
&= \frac{1}{3}.
\end{aligned}$$

Der Fundamentalsatz der Analysis besagt nun, dass dieser Flächeninhalt A auch durch die Differenz der Stammfunktion $F(x)$ an den Punkten $x = 1$ und $x = 0$, also durch

$$A = F(1) - F(0)$$

---

[13] Über die Obersumme ergibt sich das gleiche Ergebnis.

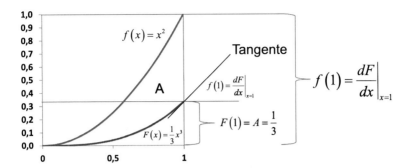

Abb. 2.29 Fundamentalsatz der Analysis

gegeben ist (s. Abb. 2.29), wobei $F(x)$ die Stammfunktion von $f(x)$ ist, sodass also

$$f(x) = \frac{\mathrm{d}F}{\mathrm{d}x}$$

gilt und also mit (2.87)

$$f(x) = x^2$$

schließlich

$$F(x) = \frac{1}{3} x^3 + C. \tag{2.88}$$

Damit erhält man[14]

$$A = F(1) - F(0) = \int_{x=0}^{x=1} x^2 \,\mathrm{d}x = F(x)|_0^1 = \frac{1}{3} - 0 = \frac{1}{3},$$

was zu zeigen war.

2.4.4   Die Technik der Integration

Integrationsregeln
Die Umkehrung der Ableitungsregeln ergibt definitionsgemäß Regeln zur Berechnung von Integralen. Diese werden im Folgenden aufgeführt:

- Konstante Faktoren vor Funktionen unter Integralen können vor das Integral gezogen werden:

$$\int c \, f(x) \,\mathrm{d}x = c \int f(x) \,\mathrm{d}x. \tag{2.89}$$

---

[14]Die Konstante C in (2.88) fällt hier wieder heraus.

- Integrale einer Summe (Differenz) von Funktionen sind die Summe (Differenz) der Integrale der einzelnen Summanden:

$$\int [f(x) + g(x)]\, dx = \int f(x)\, dx + \int g(x)\, dx. \qquad (2.90)$$

- Substitutionsmethode: Sei eine „geschachtelte" Funktion

$$y = f[x(t)]$$

gegeben, die zu integrieren ist; dann gilt

$$\int f[x(t)]\, dx = \int f(x)\, \frac{dx}{dt}\, dt. \qquad (2.91)$$

- Integration nach Teilen (partielle Integration): Seien u, v Funktionen von x:

$$u = u(x), \ v = v(x),$$

dann gilt

$$\int u'\, v\, dx = u\, v - \int u\, v'\, dx \qquad (2.92)$$

mit

$$u' = \frac{du}{dx}, \ v' = \frac{dv}{dx}.$$

Bei der Formulierung dieser Regeln ist die Integrationskonstante stets weggelassen worden.

Beispiele
- Substitutionsmethode: Zur Lösung des Integrals

$$\int \sin(2\,x)\, dx$$

setzt man

$$t = 2\,x$$

oder

$$x = \frac{1}{2}\, t$$

und damit

$$\frac{dx}{dt} = \frac{1}{2}.$$

Die Anwendung der Regel (2.92) ergibt dann das Ergebnis

$$\int \sin(2\,x)\, dx = \int \sin(t)\, \frac{1}{2}\, dt = \frac{1}{2} \int \sin(t)\, dt = -\frac{1}{2} \cos t = -\frac{1}{2} \cos(2\,x).$$

● Partielle Integration: Für die Berechnung des Integrals

$$\int x \, \ln x \, dx$$

setzt man

$$u' = \frac{du}{dx} = x, \ v(x) = \ln x$$

und erhält nach der Regel der partiellen Integration das Ergebnis

$$\int x \, \ln x \, dx = \frac{1}{2} x^2 \ln x - \frac{1}{2} \int x \, du = \frac{1}{2} x^2 \ln x - \frac{1}{4} x^2 = \frac{1}{4} x^2 \, (2 \ln x - 1).$$

Gliedweise Integration einer Potenzreihe
Eine Potenzreihe (2.42) kann innerhalb ihres Konvergenzintervalls I gliedweise integriert werden. Also gilt für die Darstellung einer Funktion durch die Potenzreihe

$$f(x) = a_0 + a_1 x + a_2 x^2 + \ldots + a_{N-1} x^{N-1} + a_N x^N + \ldots,$$

dass ihre Stammfunktion gegeben ist durch

$$F(x) = \int f(x) \, dx = C + a_0 x + \frac{a_1}{2} x^2 + \frac{a_2}{3} x^3 + \ldots + \frac{a_{N-1}}{N} x^N + \frac{a_N}{N+1} x^{N+1} + \ldots$$

Diese Reihe konvergiert wiederum innerhalb des Konvergenzintervalls I und ergibt dort die Werte der Stammfunktion $F(x)$.

Beispiele
Gegeben sei die Potenzreihe

$$f(x) = 1 - \frac{x^2}{2!} + \frac{x^4}{4!} - \frac{x^6}{6!} + - \ldots + (-1)^n \frac{x^{2n}}{(2n)!} + - \ldots, \qquad (2.93)$$

von der wir wissen, dass es die Potenzreihendarstellung der Kosinusfunktion $f(x) = \cos x$ ist (vgl. (2.74)). Die Reihe konvergiert für alle reellwertigen x. Dann ergibt eine gliedweise Integration

$$F(x) = C + x - \frac{x^3}{3!} + \frac{x^5}{5!} - \ldots + (-1)^2 \frac{x^{2n+1}}{(2n+1)!} \pm \ldots, \quad x \in \mathbb{R}$$

deren Stammfunktionen $F(x)$. Für $C = 0$ ergibt sich daraus die Sinusfunktion (2.74):

$$F(x) = \sin x.$$

2.4.5 Unbestimmte und bestimmte Integrale

Beispiel eines unbestimmten Integrals

Aufgabe:
Man berechne die Stammfunktion des Polynoms

$$P_N = a_0 + a_1\,x + a_2\,x^2 + \ldots + a_{N-1}\,x^{N-1} + a_N\,x^N.$$

Lösung:
Gemäß Regel (2.90) ist das Integral einer Summe die Summe der Integrale:

$$\int P_N\,\mathrm{d}x = \int a_0 + a_1\,x + a_2\,x^2 + \ldots + a_{N-1}\,x^{N-1} + a_N\,x^N\,\mathrm{d}x$$

$$= \int a_0\,\mathrm{d}x + \int a_1\,x\,\mathrm{d}x + \int a_2\,x^2\,\mathrm{d}x + \ldots + \int a_{N-1}\,x^{N-1}\,\mathrm{d}x + \int a_N\,x^N\,\mathrm{d}x.$$

Gemäß Regel (2.89) kann man konstante Faktoren vor das Integral ziehen:

$$\int P_N\,\mathrm{d}x = \int a_0 + a_1\,x + a_2\,x^2 + \ldots + a_{N-1}\,x^{N-1} + a_N\,x^N\,\mathrm{d}x$$

$$= \int a_0\,\mathrm{d}x + \int a_1\,x\,\mathrm{d}x + \int a_2\,x^2\,\mathrm{d}x + \ldots + \int a_{N-1}\,x^{N-1}\,\mathrm{d}x + \int a_N\,x^N\,\mathrm{d}x$$

$$= a_0 \int \mathrm{d}x + a_1 \int x\,\mathrm{d}x + a_2 \int x^2\,\mathrm{d}x + \ldots + a_{N-1} \int x^{N-1}\,\mathrm{d}x + a_N \int x^N\,\mathrm{d}x.$$

Die Stammfunktion einer allgemeinen Potenz x^n, $n = 0, 1, 2, \ldots$ ist uns aber aus (2.24) bekannt:

$$\int x^n\,\mathrm{d}x = \frac{1}{n+1}\,x^{n+1}.$$

Also ist

$$\int P_N\,\mathrm{d}x = C + a_0\,x + \frac{a_1}{2}\,x^2 + \frac{a_2}{3}\,x^3 + \ldots + \frac{a_{N-1}}{N}\,x^N + \frac{a_N}{N+1}\,x^{N+1}.$$

Beispiel eines bestimmten Integrals
Als Beispiel für ein bestimmtes Integral berechnen wir nun die Fläche zwischen dem Graphen einer Kurve, die durch eine Funktion gegeben ist und der x-Achse vom Ursprung $x = 0$ bis zum Punkt $x = 1$. Das Ergebnis war bereits in der Antike bekannt. Wir berechnen es mithilfe der Methoden der Analysis, die – wie wir wissen – in der Antike noch nicht entwickelt waren.

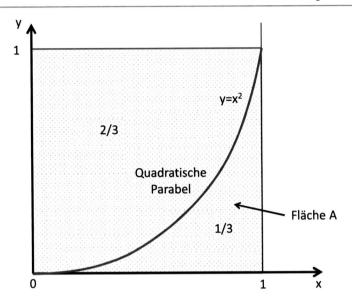

Abb. 2.30 Fläche unter einer quadratischen Parabel

Aufgabe:
Wie groß ist die Fläche unter der Kurve mit der Funktion $y = f(x) = x^2$ zwischen $x = 0$ und $x = 1$ (vgl. Abb. 2.30)?

Lösung:
Die gesuchte Fläche A ist gegeben durch

$$A = F(b) - F(a)$$

mit $b = 1$ und $a = 0$ und mit

$$F(x) = \int x^2 \, \mathrm{d}x = \frac{1}{3} x^3 + C,$$

wobei C eine beliebige Konstante ist und

$$f(x) = \frac{\mathrm{d}F}{\mathrm{d}x}$$

gilt. Also ist die gesuchte Fläche

$$A = F(1) - F(0) = \int_0^1 x^2 \, \mathrm{d}x = \frac{1}{3} 1^3 + C - \frac{1}{3} 0^3 - C = \frac{1}{3}.$$

Wie man sieht, fällt die Konstante C wieder heraus, und es ergibt sich das oben bereits berechnete Ergebnis.

Typen von Differenzialgleichungen

3

Wir kommen nun zum eigentlichen Thema des Buches, den Differenzialgleichungen. Hier geht es uns ähnlich wie bei den Funktionen: Der Begriff ist so allgemein, dass es zuerst einer Orientierung bedarf, welche Arten von Differenzialgleichungen es überhaupt gibt. Bevor wir also in media res gehen, verlieren wir noch kurz ein paar Worte über die grundlegenden Charakteristika von Differenzialgleichungen.

3.1 Ordnungskriterien

Es gibt vier Kategorien, nach welchen Differenzialgleichungen eingeteilt werden:

1) nach dem Eigenschaftspaar linear versus nichtlinear,
2) nach dem Eigenschaftspaar gewöhnlich versus partiell,
3) nach dem Eigenschaftspaar homogen versus inhomogen,
4) nach der Ordnung.

Die Definitionen für diese Begrifflichkeiten sind die folgenden:

ad 1) Eine Differenzialgleichung ist **linear,** wenn die abhängige Veränderliche y inklusive sämtlicher ihrer darin vorkommenden Ableitungen nur in erster Potenz vorkommt. Andernfalls ist sie **nichtlinear.**

ad 2) Eine Differenzialgleichung ist eine **gewöhnliche,** wenn sie nur *eine* unabhängige Veränderliche besitzt (in diesem Buch mit x bezeichnet). Hat eine Differenzialgleichung mehr als eine unabhängige Veränderliche, dann bezeichnet man sie als eine **partielle Differenzialgleichung.**

ad 3) Eine Differenzialgleichung heißt **homogen,** wenn sie kein Absolutglied enthält. Ein Absolutglied ist ein Summand, in dem weder die abhängige Veränderliche noch eine ihrer Ableitungen vorkommt. Tritt solch ein Absolutglied in der Differenzialgleichung auf, so heißt sie **inhomogen.**

© Der/die Autor(en), exklusiv lizenziert durch Springer-Verlag GmbH, DE, ein Teil von Springer Nature 2021
W. Lay, *Differenzialgleichungen in elementarer Darstellung,*
https://doi.org/10.1007/978-3-662-62558-3_3

ad 4) Die **Ordnung** einer **Differenzialgleichung** ist die höchste Ordnung der Ableitungen, die in ihr vorkommen.

Dabei sind die mathematischen und die rechnerischen Schwierigkeiten bei der Lösung durchaus sehr unterschiedlich auf diese vier Kategorien verteilt: Die wichtigste Eigenschaft ist die Linearität. Wir werden sehen, dass die linearen Differenzialgleichungen theoretische Eigenschaften haben, die ihre analythischen Lösungsmethoden weit einfacher gestalten als die nichtlinearen.

Die Frage, ob es sich um eine gewöhnliche oder um eine partielle Differenzialgleichung handelt, ist etwas weniger von Gewicht, weil es in vielen Fällen eine wirksame Methode gibt, partielle auf gewöhnliche Differenzialgleichungen zurückzuführen.

Die am wenigsten wichtige Kategorie ist die Homogenität: Ist die Lösung einer homogenen Differenzialgleichung bekannt, dann kann man auch die Lösung einer dazugehörigen inhomogenen berechnen. Dies gilt insbesondere für lineare Differenzialgleichungen.

Die Ordnung einer Differenzialgleichung bestimmt ganz wesentlich den rechnerischen Aufwand, den man zu ihrer Lösung betreiben muss. So werden wir sehen, dass der Schritt von der Differenzialgleichung erster auf die zweiter Ordnung bereits bei linearen Gleichungen einen erheblichen Zuwachs an rechnerischer Komplexität mit sich bringt.

3.2   Beispiele

Während bei gewöhnlichen Differenzialgleichungen die Differenziale mit d bezeichnet werden, verwendet man bei partiellen Differenzialgleichungen das Zeichen ∂, um sie als solche zu kennzeichnen.

- Die Differenzialgleichung (1.1)

$$\frac{dy}{dx} - f(x)\,y = 0$$

ist eine lineare, gewöhnliche, homogene Differenzialgleichung erster Ordnung. Dabei ist in (1.1) $c = f(x)$ zu setzen.
- Die Differenzialgleichungen

$$\frac{dy}{dx} - f(x)\,y^2 = 0 \quad \text{und} \quad \left(\frac{dy}{dx}\right)^2 - f(x)\,y = 0$$

sind beides nichtlineare, gewöhnliche, homogene Differenzialgleichungen erster Ordnung (vgl. hierzu auch Gl. (1.5)).
- Die Differenzialgleichung

$$\frac{\partial^2 y}{\partial x^2} - \frac{\partial y}{\partial t} = 0$$

ist eine lineare, partielle, homogene Differenzialgleichung zweiter Ordnung.

- Die Differenzialgleichung

$$\frac{\mathrm{d}y}{\mathrm{d}x} - f(x)\,y = e(x)$$

ist eine lineare, gewöhnliche, inhomogene Differenzialgleichung erster Ordnung.
- Die Differenzialgleichung

$$\frac{\partial^2 y}{\partial x^2} - \frac{\partial^2 y}{\partial t^2} = \sin y \qquad (3.1)$$

ist eine nichtlineare, partielle, homogene Differenzialgleichung zweiter Ordnung. Treten in einer Differenzialgleichung die Ableitungen mit der höchsten Ordnung nur linear auf, so bezeichnet man die Differenzialgleichung zuweilen auch als **quasilinear.** Insoweit ist (3.1) eine quasilineare, partielle, homogene Differenzialgleichung zweiter Ordnung.

Lineare Differenzialgleichungen erster Ordnung

4

Es macht Sinn, sich den Differenzialgleichungen systematisch zu nähern. D. h., man betrachtet zuerst den einfachsten Typ, den es gibt. Dies sind nach dem, was wir im vorigen Kapitel geschrieben haben, die linearen, gewöhnlichen Differenzialgleichungen erster Ordnung. Deshalb beginnen wir mit der Betrachtung dieser Gleichungen. Das Schöne dabei ist, dass man für diese Gleichung eine Lösung angeben kann, die außerdem keinen großen rechentechnischen Aufwand erfordert. Insofern lässt sich die Theorie samt Lösung der linearen, gewöhnlichen Differenzialgleichung erster Ordnung auf wenigen Seiten niederschreiben.

4.1 Lösungsmethoden

4.1.1 Schreibweise von Leibniz

Man kann durchaus der Meinung sein, dass die Gleichung

$$\frac{dy}{dx} = y, \ x \in \mathbf{R} \tag{4.1}$$

die Urform einer Differenzialgleichung darstellt, wobei $y = y(x)$ eine Funktion in der unabhängigen, reellwertigen Veränderlichen x ist: Die Ableitung

$$\frac{dy}{dx}$$

einer Funktion $y = y(x)$ soll also an jedem Punkt x ihres Definitionsbereiches so groß sein wie der Funktionswert y an dieser Stelle x. Oder geometrisch ausgedrückt: Man suche eine Funktion $y = y(x)$, dergestalt, dass die Tangentensteigung

$$\frac{dy}{dx}$$

© Der/die Autor(en), exklusiv lizenziert durch Springer-Verlag GmbH, DE, ein Teil von Springer Nature 2021
W. Lay, *Differenzialgleichungen in elementarer Darstellung*,
https://doi.org/10.1007/978-3-662-62558-3_4

an jedem ihrer Abszissenwerte x so groß ist wie der Wert y ihrer Ordinate an dieser Stelle (vgl. Abb. 4.1).

Nun wäre die Analysis ein mühsames Geschäft, hätte nicht der aus Hannover stammende Gelehrte **Gottfried Wilhelm Leibniz** (1646–1716) im 17. Jahrhundert eine Schreibweise erfunden, die geniale Züge trägt: Es handelt sich um die Differenziale dx und dy. Man kann nämlich mit infinitesimalen Größen dx oder dy weitgehend so rechnen, wie wir das aus der Algebra gewöhnt sind. Dies heißt insbesondere, dass eine Gleichung richtig bleibt, wenn man auf beiden Seiten eine arithmetische Operation mit einer infinitesimalen Größe durchführt.

Multipliziert man also Gl. (4.1) auf beiden Seiten mit dx, so ergibt sich

$$\frac{dy}{dx}\,dx = y\,dx$$

oder[1]

$$dy\,\underbrace{\frac{dx}{dx}}_{=1} = y\,dx$$

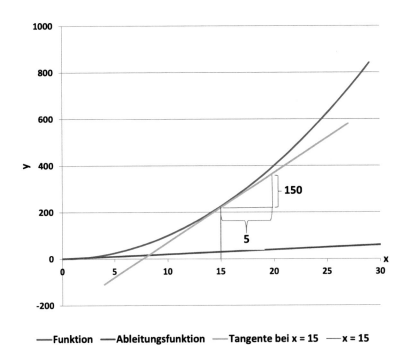

Abb. 4.1 Wert und Ableitung einer Funktion $y = y(x)$

---

[1]Man kann gleichermaßen sagen, dass die beiden Inkremente dx gegeneinander wegkürzt werden.

oder

$$\mathrm{d}y = y\,\mathrm{d}x. \tag{4.2}$$

Dividiert man Gl. (4.2) durch y, so ergibt sich schließlich

$$\frac{\mathrm{d}y}{y} = \mathrm{d}x.$$

Sucht man nun auf beiden Seiten dieser Gleichung die Stammfunktionen, ermittelt man also auf beiden Seiten das unbestimmte Integral

$$\int \frac{\mathrm{d}y}{y} = \int \mathrm{d}x,$$

so erhält man daraus

$$\ln y = x + C,$$

wobei C irgendeine Konstante in x ist. Gl. (4.1.1) lässt sich schließlich nach y auflösen, indem man beide Seiten als Exponenten der Exponentialfunktion schreibt:

$$\exp(\ln y) = \exp(x + C) = \exp(x)\underbrace{\exp(C)}_{=A};$$

so erhält man das Ergebnis

$$y(x) = A \exp(x) \tag{4.3}$$

mit $A = \exp(C)$.

Anmerkungen

- Dass es sich hierbei um eine korrekte Lösung der Differenzialgleichung (4.1) handelt, davon überzeugt man sich dadurch, dass man die Funktion (4.3) ableitet und sowohl mit dieser Ableitung als auch mit der Lösung in die Differenzialgleichung eingeht und die Gleichheit der beiden Seiten feststellt.
- Es sei hier bemerkt, dass es sich bei dieser Art von Rechnung um einen rein formalen Vorgang handelt: Differenziale sind Größen der Analysis und nicht der Algebra und schon gar nicht der Arithmetik. Insofern bedarf eine Rechnung wie die obige, will man genau sein, der Rechtfertigung im konkreten Einzelfall.

Dieses Beispiel ist insoweit paradigmatisch, als es zeigt, dass sich lineare, gewöhnliche Differenzialgleichungen erster Ordnung durch Integrationen methodisch lösen lassen und dass ihre Lösungen stets durch Exponentialfunktionen dargestellt werden; denn man kann diesen Lösungsweg leicht verallgemeinern. Dies soll nun gezeigt werden.

Die allgemeinste lineare, homogene, gewöhnliche Differenzialgleichung erster Ordnung ist gegeben durch

$$h(x) \frac{dy}{dx} = g(x)\, y$$

oder

$$\boxed{\frac{dy}{dx} + p(x)\, y = 0,}$$ (4.4)

worin

$$p(x) = -\frac{g(x)}{h(x)}$$

irgendeine Funktion ihrer Veränderlichen x ist, von der wir nur verlangen müssen, dass ihre Stammfunktion $P(x)$ existiert, dass also für $P(x)$

$$p(x) = \frac{dP}{dx}$$

gilt. Dann ergibt der oben dargestellte Weg die Lösung

$$y(x) = A \exp\left[P(x)\right],$$ (4.5)

wobei A irgendeine Konstante in x ist.

Anmerkungen
Genau genommen ist (4.5) keine konkrete Lösung der Differenzialgleichung, sondern nur die funktionale Darstellung der Lösungsmöglichkeiten, denn (4.5) zeigt, dass die Lösungen einer Differenzialgleichung nicht eindeutig sein müssen und dies im Allgemeinen auch nicht sind. Grund hierfür ist, dass die Integration kein eindeutiger rechnerischer Akt ist oder anders ausgedrückt: Eine Differenzialgleichung ist eine Vorschrift, welche die Funktionen, die ihre Lösungen darstellen, nicht eindeutig festlegt.

Eine eindeutige Lösung der Differenzialgleichung (4.4) erhält man erst, wenn man noch eine zusätzliche Bedingung stellt. Die konkrete Form (4.5) der Lösungsmöglichkeiten zeigt, dass man dann eine eindeutige Lösung der Differenzialgleichung (4.4) erhält, wenn man den Funktionswert $y(x)$ der Lösung an einer einzigen, beliebigen Stelle $x = x_0$ festlegt:

$$y(x_0) = y_0.$$

Dann folgt aus (4.5)

$$A = \frac{y(x_0)}{\exp\left[P(x_0)\right]}$$

und damit

$$\boxed{y(x) = \frac{y(x_0)}{\exp\left[P(x_0)\right]} \exp\left[P(x)\right].}$$ (4.6)

Anmerkung

Wenn in der Darstellung (4.5) der Lösungen der Differenzialgleichung (4.4) der Parameter A einen konkreten Wert annimmt, dann heißt die Lösung **Partikulärlösung** oder **partikuläre Lösung** der Differenzialgleichung (4.4). Hat der Parameter A in (4.5) keinen konkreten Wert, d. h., es handelt sich um die Gesamtheit aller möglichen Werte und damit um die Gesamtheit aller möglichen Lösungen der Differenzialgleichung (4.4), dann spricht man von der **allgemeinen Lösung**.

Fazit

Wir können zusammenfassend feststellen, dass lineare, gewöhnliche, homogene Differenzialgleichungen erster Ordnung in sehr befriedigender Weise gelöst werden können und dass die Funktionen, welche einer solchen Differenzialgleichung genügen, stets einen exponentiellen Verlauf haben.

4.1.2 Funktionentheoretische Lösung

Eine Formel für die Lösung einer Differenzialgleichung, wie wir sie mit (4.6) erhalten haben, ist das Beste, was man erwarten kann. Diese Formel (4.6) haben wir durch einen Kalkül erhalten, der auf **Gottfried Wilhelm Leibniz** zurückgeht. Er besagt im Wesentlichen, dass es möglich ist, mit Differenzialen dy oder dx, also mit infinitesimal kleinen Größen, so zu rechnen, wie wir dies in der Arithmetik und in der Algebra mit Zahlen gelernt haben. Dies ist mitnichten selbstverständlich.

Nachteilig dabei ist, dass man dem Kalkül rechnerische Inhalte nicht ansieht. Um dies nachzuholen, nehmen wir nun einen analytischen Zugang zu dieser Formel (4.6). Dazu geben wir nun der Funktion $p(x)$ eine konkrete Form, nämlich die einer Potenzreihe:

$$p(x) = \sum_{i=0}^{\infty} p_i \, x^i. \tag{4.7}$$

Wir nehmen an, dass (4.7) eine ganze Funktion darstellt, d. h., dass der Konvergenzradius r der Reihe (4.7) unendlich groß ist. Dann kann man Summation und Integration vertauschen, und es ist deren Integral gegeben durch

$$
\begin{aligned}
P(x) &= \int \sum_{i=0}^{\infty} p_i \, x^i \, dx \\
&= \sum_{i=0}^{\infty} \int p_i \, x^i \, dx \\
&= p_{-1} + \sum_{i=0}^{\infty} \frac{1}{i+1} \, p_i \, x^{i+1},
\end{aligned}
$$

womit die Lösung gemäß (4.6) gegeben ist durch

$$y(x) = \tilde{A} \exp\left(p_{-1} + \sum_{i=0}^{\infty} \frac{1}{i+1} p_i x^{i+1}\right)$$

$$= A \exp\left(\sum_{i=0}^{\infty} \frac{1}{i+1} p_i x^{i+1}\right)$$

$$= A \sum_{n=0}^{\infty} a_n x^n.$$

Ein weiteres wichtiges Beispiel für eine konkrete Form der Funktion $p(x)$ in (4.7) ist eine solche, die bei $x = 0$ einen Pol erster Ordnung hat:

$$p(x) = \frac{p_{-1}}{x} + \sum_{i=0}^{\infty} p_i x^i.$$

Wir nehmen wiederum an, dass der Konvergenzradius r der Funktion (4.1.2) unendlich groß ist: $r = \infty$. Dann kann man Summation und Integration vertauschen, und es ist deren Integral gegeben durch

$$P(x) = \int \left(\frac{p_{-1}}{x} + \sum_{i=0}^{\infty} p_i x^i\right) dx$$

$$= p_{-1} \ln x + \sum_{i=0}^{\infty} \int p_i x^i dx$$

$$= \ln\left(x^{p_{-1}}\right) + \tilde{A} + \sum_{i=0}^{\infty} \frac{1}{i+1} p_i x^{i+1},$$

womit die Lösung gemäß (4.6) gegeben ist durch

$$y(x) = \bar{A} \exp\left(\ln\left(x^{p_{-1}}\right) + \tilde{A} + \sum_{i=0}^{\infty} \frac{1}{i+1} p_i x^{i+1}\right)$$

$$= A x^{p_{-1}} \sum_{n=0}^{\infty} a_n x^n.$$

Fazit

Damit ist an konkreten Beispielen unter bestimmten Voraussetzungen für die Funktion $p(x)$ gezeigt, dass die Form der Lösung der Differenzialgleichung (4.1) tatsächlich durch (4.6) gegeben ist.

4.2 Beispiele

4.2.1 Bevölkerungswachstum

1. Aufgabe:
Zur Zeitenwende, also bei $t = 0$ hat es 300 Mio. Menschen auf der Erde gegeben; heute leben 7,8 Mrd. Menschen auf der Erde. Wie hoch wäre bei einem angenommenen exponentiellen Bevölkerungswachstum die mittlere Wachstumsrate c seither?

Lösung:
Mit einem Exponentialgesetz

$$y(t) = A \, \exp(c \, t) \tag{4.8}$$

ergibt sich A aus $y(t = 0) = 3 \cdot 10^8$ zu

$$A = \frac{y(t)}{\exp(c \, t)} = \frac{3 \cdot 10^8}{1} = 3 \cdot 10^8.$$

Wie man sieht, ist A unabhängig von c bestimmbar. Die Wachstumsrate c ist mit (4.8) gegeben durch

$$c = \frac{1}{t} \, \ln \left[\frac{y(t)}{A} \right]$$

und wäre im vorliegenden Fall

$$c = \frac{1}{2020} \, \ln \left(\frac{7,8 \cdot 10^9}{3 \cdot 10^8} \right) \approx 0,0016.$$

2. Aufgabe:
Wenn bei einem exponentiellen Bevölkerungswachstum die mittlere Wachstumsrate c seit der Zeitenwende anstatt $c = 0,0016$, wie oben berechnet, einen leicht erhöhten Wert von $c = 0,002$ betragen hätte, wie viele Menschen gäbe es dann im Jahr 2020 auf der Erde?

Lösung:
Das Exponentialgesetz (4.8) gibt uns die Zahl

$$y(2020) = 3 \cdot 10^8 \, \exp(0,002 \cdot 2020) = 1,7 \cdot 10^{10},$$

das wären 17 Mrd. Menschen! Eine solch empfindliche Abhängigkeit der Gesamtzahl von der Wachstumsrate meint man gewöhnlich, wenn man von „exponentiellem Wachstum" redet.

Anmerkung

Die heutigen tatsächlichen Wachstumsraten auf der Erde sind mehr als um den Faktor zehn höher. Man kann also unschwer erkennen, dass die Menschheit ein exponentielles Wachstum mit tatsächlichen Wachstumsraten, wie wir sie heute auf der Erde haben, nicht lange wird durchhalten können: Wenn, wie dies auf dem afrikanischen Kontinent heute der Fall ist, der Zeitraum für eine Verdoppelung der heute lebenden Bevölkerung etwa dreißig Jahre beträgt, dann hat die Wachstumsrate c nach (1.3) einen Wert von $c = 0{,}023$, das ist mehr als 14-mal so viel wie $c = 0{,}0016$. Mit solch einer Wachstumsrate als Mittelwert seit der Zeitenwende wäre die Weltbevölkerung auf den Wert von $4{,}31 \cdot 10^{28}$ (sic!) angewachsen! Diese Zahl ist weit größer als jene, welche die Anzahl der Menschen auf der Erde angeben würde, wenn diese dicht an dicht auf der gesamten Oberfläche (also einschließlich der Wasseroberfläche) stünden!

4.2.2 Festkörperphysik

Aufgabe:

Man berechne die Fläche $A = A(x)$ einer senkrecht stehenden Säule in Abhängigkeit ihrer Höhe x, wenn in jeder zur Erdoberfläche parallelen Ebene ein und derselbe Druck herrschen soll. Dabei soll von einem Material der Säule ausgegangen werden, welches homogen ist und die Dichte ϱ_0 (das ist das Gewicht des Materials pro Volumeneinheit) hat (vgl. Abb. 4.2).

Lösung:

Wir betrachten die Säule an einer Stelle x_0; dort herrscht der Druck

$$p = p_0|_{x=x_0} = \frac{G(x_0)}{A(x_0)},$$

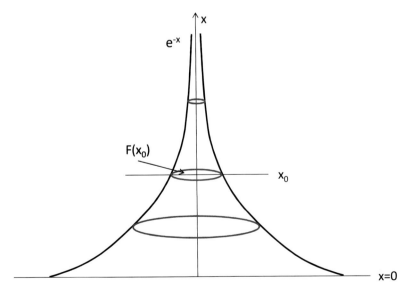

Abb. 4.2 Senkrecht stehende Säule

verursacht durch das Gewicht $G(x_0)$ des Teils der Säule, die oberhalb x_0 liegt. An einer Stelle, die ein inkrementell kleines Stück $\mathrm{d}x$ über dieser Stelle x_0 liegt, also an der Stelle $x_0 + \mathrm{d}x$, herrscht der Druck

$$p = p_0|_{x=x_0+\mathrm{d}x} = \frac{G(x_0 + \mathrm{d}x)}{A(x_0 + \mathrm{d}x)}.$$

Die (unbekannte) Fläche $A(x_0 + \mathrm{d}x)$ an dieser Stelle $x_0 + \mathrm{d}x$ ist

$$A(x_0 + \mathrm{d}x) = A(x_0) + \left.\frac{\mathrm{d}A}{\mathrm{d}x}\right|_{x_0} \mathrm{d}x$$

und das Gewicht $G(x_0 + \mathrm{d}x)$ an dieser Stelle $x_0 + \mathrm{d}x$ ist

$$G(x_0 + \mathrm{d}x) = G(x_0) - \varrho_0\, A(x_0)\, \mathrm{d}x;$$

dabei ist ϱ_0 die Dichte des Materials, aus dem der (als homogen angenommene) Körper besteht. Das Minuszeichen berücksichtigt den Umstand, dass der Druck der stehenden Säule nach oben hin abnimmt.

Also haben wir insgesamt aus der (von der Aufgabenstellung geforderten) Gleichheit der Drücke für alle Werte von x gemäß

$$p = p_0|_{x=x_0} = p_0|_{x=x_0+\mathrm{d}x}$$

oder

$$\frac{G(x_0)}{A(x_0)} = \frac{G(x_0 + \mathrm{d}x)}{A(x_0 + \mathrm{d}x)}.$$

Setzt man die obigen Ausdrücke entsprechend ein, so ergibt sich die Bestimmungsgleichung für die Fläche

$$G(x_0)\, A(x_0) + G(x_0)\, \left.\frac{\mathrm{d}A}{\mathrm{d}x}\right|_{x_0} \mathrm{d}x = G(x_0)\, A(x_0) - \varrho_0\, A^2(x_0)\mathrm{d}x, \qquad (4.9)$$

unter welcher in jeder zur Erdoberfläche parallelen Ebene ein und derselbe Druck herrscht; aus (4.9) folgt

$$G(x_0)\, \left.\frac{\mathrm{d}A}{\mathrm{d}x}\right|_{x_0} = -\varrho_0\, A^2(x_0)$$

oder

$$\underbrace{\frac{G(x_0)}{A(x_0)}}_{p_0}\, \left.\frac{\mathrm{d}A}{\mathrm{d}x}\right|_{x_0} = -\varrho_0\, A(x_0).$$

Im Ergebnis erhalten wir für den zu berechnenden Verlauf der Fläche $A = A(x)$ nach unserer im Kap. 3 dargelegten Einteilung die lineare, gewöhnliche, homogene Differenzialgleichung erster Ordnung

$$\frac{dA}{dx} = c\,A \qquad (4.10)$$

mit $c = -\frac{\varrho_0}{p_0}$. Sie hat gemäß (4.6) die Lösung

$$A(x) = A(0)\,\exp\left(-\frac{\varrho_0}{p_0}x\right).$$

Wenn die Säule einen kreisförmigen Querschnitt hat, dann erhalten wir für den Radius $r(x)$ dieser Kreise in Abhängigkeit vom Ort x mit

$$A(x) = \pi\,r^2(x)$$

schließlich

$$r(x) = \sqrt{\frac{A(0)}{\pi}\,\exp\left(-\frac{\varrho_0}{p_0}x\right)}.$$

Die Konturlinie der runden Säule ist also eine nach oben sich exponentiell verjüngende Kurve (vgl. Abb. 4.2).

4.3   Variation der Konstanten

Wie wir in Abschn. 4.1 gesehen haben, lässt sich die lineare, gewöhnliche homogene Differenzialgleichung erster Ordnung (4.4)

$$\frac{dy}{dx} - f(x)\,y = 0 \qquad (4.11)$$

durch eine Integration lösen:

$$y(x) = A\,\exp\left[F(x)\right] \qquad (4.12)$$

mit

$$F(x) = \int f(x)\,dx;$$

dies bedeutet, dass die Kenntnis der Stammfunktion von $f(x)$ eine explizite Lösung der Differenzialgleichung erlaubt.

Es erhebt sich nun die Frage, ob dies auch dann noch möglich ist, wenn diese Differenzialgleichung inhomogen ist, d. h., wenn sie die Form

$$\frac{\mathrm{d}y}{\mathrm{d}x} - f(x)\, y = e(x) \tag{4.13}$$

hat, wobei $e(x)$ irgendeine Funktion von x sein soll. Diese Frage kann man bejahen, und zwar in einem grundsätzlichen Sinne: Kennt man die Lösungen einer linearen, homogenen Differenzialgleichung, dann kann man daraus stets die Lösungen der linearen, inhomogenen Differenzialgleichung berechnen. Die Methode dazu geht auf den italienischen Mathematiker **Joseph-Louis de Lagrange** (1736–1813) zurück, sie trägt die Bezeichnung **Variation der Konstanten** und gehört zu den schönsten Verfahren der Analysis.

Lagrange geht davon aus, dass die Lösung der inhomogenen Gl. (4.13) dieselbe Form (4.12) hat wie die der homogenen Gl. (4.11), dass aber A in (4.12) für die inhomogene Gleichung keine Konstante mehr in x ist, sondern von x abhängt, also eine Funktion von x ist:

$$A = A(x).$$

Geht man mit diesem Ansatz in die inhomogene Differenzialgleichung (4.13) ein, so erhält man

$$\left[\frac{\mathrm{d}A}{\mathrm{d}x} \underbrace{- A(x)\, f(x) + A(x)\, f(x)}_{=0} \right] \exp\left[F(x) \right] = e(x).$$

Daraus ergibt sich

$$\frac{\mathrm{d}A}{\mathrm{d}x} = e(x)\, \exp\left[-F(x) \right],$$

und damit erhält man mittels Integration

$$A(x) = \int e(x)\, \exp\left[-F(x) \right] \mathrm{d}x + a,$$

wobei a eine beliebige Konstante in x ist. Also ist

$$y(x) = \left\{ \int e(x)\, \exp\left[-F(x) \right] \mathrm{d}x + y_0 \right\} \exp\left[F(x) \right] \tag{4.14}$$

diejenige Lösung der inhomogenen Differenzialgleichung, welche bei $x = x_0$ den Funktionswert $y = y_0(x_0)$ annimmt.

Anmerkungen

- An dieser Stelle kann man sehr schön den Unterschied zwischen einer Partikulärlösung einer Differenzialgleichung und ihrer allgemeinen Lösung sehen. Es handelt sich bei (4.14) um eine Partikulärlösung. Die allgemeine Lösung einer inhomogenen linearen Differenzialgleichung erhält man, indem man die Summe aus einer Partikulärlösung der inhomogenen und der allgemeinen Lösung der homogenen Gleichung bildet.
- Aufgrund der Vektorraumstruktur der allgemeinen Lösung hilft hier die Vorstellung aus der analytischen Geometrie, dass es sich bei der allgemeinen Lösung der Gl. (4.13) um einen Raum handelt, der aussieht wie eine Gerade, die nicht durch den Koordinatenursprung geht. Die Partikulärlösung (4.14) der inhomogenen Gleichung spielt also die Rolle des Stützvektors, und die allgemeine Lösung der homogenen Gleichung spielt die Rolle der Gesamtheit aller Richtungsvektoren.
- Also ist die allgemeine Lösung der inhomogenen, linearen, gewöhnlichen Differenzialgleichung erster Ordnung (4.11) gegeben durch

$$y^{(allg)}(x) = \left\{ \int e(x) \, \exp\left[-F(x)\right] \, dx + y_0 \right\} \exp\left[F(x)\right] + A \, \exp\left[F(x)\right]$$

$$= \left\{ \int e(x) \, \exp\left[-F(x)\right] \, dx + a \right\} \exp\left[F(x)\right]$$

mit $a = y_0 + A$ für beliebige Werte von a.

Lineare Differenzialgleichungen zweiter Ordnung

Wie wir im Kap. 4 gesehen haben, lassen sich lineare gewöhnliche Differenzialgleichungen erster Ordnung sehr zufriedenstellend lösen. Dies ermutigt dazu, einen Schritt weiter zu gehen und lineare gewöhnliche Differenzialgleichungen zweiter Ordnung ins Auge zu fassen. Und in der Tat, auch für diesen Typ von Differenzialgleichungen lassen sich analytische Methoden finden, welche zu zufriedenstellenden Lösungen führen. Allerdings muss zugegeben werden, dass der Schritt von der ersten zur zweiten Ordnung doch eine deutlich umfangreichere Theorie und deutlich aufwendigere Rechenmethoden erforderlich machen. Auf der anderen Seite sollte auch erwähnt werden, dass sich mit Differenzialgleichungen zweiter Ordnung weit mehr und kompliziertere Aufgaben lösen lassen als mit solchen erster Ordnung.

Wie wir im Kap. 4 gesehen haben, bestimmen Differenzialgleichungen ihre Lösungsfunktionen nicht eindeutig. Dies gilt auch für Gleichungen zweiter Ordnung. Für lineare Differenzialgleichungen stehen unterschiedliche Lösungen aber in einem engen Bezug zueinander.

Es gibt Vereinfachungen bei der Suche nach Lösungen linearer Differenzialgleichungen gegenüber nichtlinearen Gleichungen, von denen die weitaus wichtigste diejenige ist, dass im linearen Fall zwei unterschiedliche Lösungen additiv sind, d. h., dass die Summe zweier Lösungen einer linearen Gleichung wiederum eine Lösung der Gleichung ist. Dieser Umstand ist so wichtig, dass wir uns im Folgenden damit auseinandersetzen. Eine Folge davon ist es, dass man die Gesamtheit aller Lösungen einer linearen Differenzialgleichung in allgemeiner Form angeben kann.

Die Differenzialgleichungen zweiter Ordnung sind die weitaus wichtigsten, die es gibt. Dies ist zu einem gewissen Teil dem Newton'schen Grundgesetz der klassischen Mechanik geschuldet, das besagt, dass eine Kraft F, die an einem Körper der Masse m angreift, eine Beschleunigung a dieses Körpers hervorruft:

$$F = m\,a.$$

W. Lay, *Differenzialgleichungen in elementarer Darstellung*, https://doi.org/10.1007/978-3-662-62558-3_5

Dabei ist die Beschleunigung a die zweite Ableitung des Weges s nach der Zeit t, den der Körper aufgrund eben dieser durch die Kraft F hervorgerufenen Beschleunigung zurücklegt:

$$a = \frac{d^2 s}{dt^2}.$$

Betreibt man also Kinetik (das ist die Lehre von den Kräften und den durch sie hervorgerufenen Bewegungen) innerhalb der klassischen Mechanik, so hat man stets mit diesem Zusammenhang zu tun und dadurch mit zweiten Ableitungen nach der Zeit t.

Dieser Zusammenhang bleibt in der Quantenmechanik erhalten, wo die zentrale Differenzialgleichung, die Schrödinger-Gleichung, eine lineare, homogene Differenzialgleichung zweiter Ordnung ist. Betrachtet man ein quantenmechanisches Teilchen mit der Energie E in einem eindimensionalen Potenzial $V(x)$, so wird die Schrödinger-Gleichung gewöhnlich und nimmt die folgende Form an:

$$\frac{d^2 y}{dx^2} + [E - V(x)]\, y = 0.$$

5.1 Allgemeine Eigenschaften

Wenn eine Funktion einer Differenzialgleichung genügt, d. h., dass sie eine Lösung darstellt, dann bedeutet dies eine starke Einschränkung; anders ausgedrückt heißt dies, dass als Lösungen von Differenzialgleichungen und insbesondere von linearen Differenzialgleichungen zweiter Ordnung nur solche Funktionen sein können, die ganz spezielle Eigenschaften aufweisen. Diese stark einschränkenden Eigenschaften werden im folgenden Abschnitt besprochen.

5.1.1 Differenzierbarkeit der Lösungen

Wir betrachten die lineare, gewöhnliche, homogene Differenzialgleichung zweiter Ordnung. In ihrer allgemeinen Form hat sie folgendes Aussehen:

$$P_0(x)\, \frac{d^2 y}{dx^2} + P_1(x)\, \frac{dy}{dx} + P_2(x)\, y = 0. \tag{5.1}$$

Dabei sind die Koeffizienten $P_0(x)$, $P_1(x)$ und $P_2(x)$ noch näher festzulegende Funktionen der unabhängigen Veränderlichen x. Der Definitionsbereich dieser Gleichung sei die reelle x-Achse. Die Bedingungen, die einer Funktion $y = y(x)$ auferlegt werden muss, damit sie Lösung einer Differenzialgleichung (5.1) wird, sind stark einschränkender Art: Sie muss nämlich „glatt" sein, d. h., dass sie keine Sprünge (Unstetigkeiten in ihrem grafischen Verlauf) haben darf und dass sämtliche Ableitungen existieren und eindeutig sein müssen. Man sagt, sie soll beliebig oft stetig differenzierbar sein. Dies sieht man folgendermaßen: Angenommen, die Funktion $y = y(x)$ sei eine Lösung der Differenzialgleichung (5.1). Dann ist es offensichtlich, dass ihre erste und ihre zweite Ableitung existieren, sonst wäre sie nicht Lösung von (5.1), und es gilt:

$$\frac{d^2 y}{dx^2} = -\frac{1}{P_0(x)} \left[P_1(x) \frac{dy}{dx} + P_2(x) y \right]. \tag{5.2}$$

Leitet man nun die Differenzialgleichung (5.1) nach x ab, so entsteht die lineare, gewöhnliche, homogene Differenzialgleichung dritter Ordnung

$$P_0(x) \frac{d^3 y}{dx^3} + \frac{dP_0}{dx} \frac{d^2 y}{dx^2} + P_1(x) \frac{d^2 y}{dx^2} + \frac{dP_1}{dx} \frac{dy}{dx} + P_2(x) \frac{dy}{dx} + \frac{dP_2}{dx} y = 0,$$

die man nach

$$\frac{d^3 y}{dx^3} \tag{5.3}$$

auflösen kann. Danach ist die dritte Ableitung gegeben durch

$$\frac{d^3 y}{dx^3} = -\frac{1}{P_0(x)} \left[\frac{dP_0}{dx} \frac{d^2 y}{dx^2} + P_1(x) \frac{d^2 y}{dx^2} + \frac{dP_1}{dx} \frac{dy}{dx} + P_2(x) \frac{dy}{dx} + \frac{dP_2}{dx} y \right]. \tag{5.4}$$

Die konkrete Form der rechten Seite dieser Gl. (5.4) ist dabei gar nicht wichtig. Diese Gleichung besagt aber, dass die dritte Ableitung (5.3) der Funktion $y(x)$ existiert und dass diese an jedem Punkt $x = x_0$ (außer an den Nullstellen von $P_0(x)$) berechnet werden kann. Dieses Procedere kann ad infinitum fortgesetzt werden, sodass man sagen kann, dass sämtliche Ableitungen existieren und also die Lösung beliebig oft differenzierbar ist. Dies ist eine sehr starke Einschränkung für eine Funktion. Fordert man also von einer Funktion $y = y(x)$, dass sie Lösung einer Differenzialgleichung (5.1) sein soll und legt man an einem einzigen Punkt $x = x_0$ sowohl den Funktionswert $y = y(x_0)$ als auch die Ableitung

$$\left. \frac{dy}{dx} \right|_{x=x_0}$$

fest, dann ist die Lösung auf dem ganzen Definitionsbereich vollkommen bestimmt.

▶ **Definitionen**

1. Eine solche Lösung nennt man **Partikulärlösung** (oder auch partikuläre Lösung der Differenzialgleichung (5.1)).
2. Die Gesamtheit aller Partikulärlösungen der Gl. (5.1)) nennt man **allgemeine Lösung der Differenzialgleichung.**

5.1.2   Summierbarkeit der Lösungen

Kommen wir nun zur fundamentalen Eigenschaft linearer Differenzialgleichungen: zur Additivität ihrer partikulären Lösungen $y(x)$. Dies bedeutet:

Die Summe $y_1(x) + y_2(x)$ zweier partikulärer Lösungen $y_1(x)$ und $y_2(x)$ einer linearen Differenzialgleichung ist wiederum eine partikuläre Lösung dieser Differenzialgleichung.

Diese Eigenschaft ist nachgerade ein Charakteristikum von Lösungen linearer Gleichungen. Darüber hinaus ist die Multiplikation $cy(x)$ einer Lösung $y(x)$ mit einer Konstanten c wiederum eine Lösung der Gleichung.

In unserem Fall sieht man dies folgendermaßen ein: Gegeben sei die Differenzialgleichung (5.1), die wir durch $P_0(x)$ dividieren und dann folgende Differenzialgleichung erhalten:

$$\frac{d^2 y}{dx^2} + P(x)\,\frac{dy}{dx} + Q(x)\,y = 0 \tag{5.5}$$

mit

$$P(x) = \frac{P_1(x)}{P_0(x)}, \quad Q(x) = \frac{P_2(x)}{P_0(x)}. \tag{5.6}$$

Darüber hinaus seien zwei unterschiedliche Lösungen

$$y_1(x), \quad y_2(x)$$

gegeben. Bildet man daraus mit beliebigen Werten der Konstanten c_1, c_2 die Summe von beliebigen Vielfachen

$$y_3(x) = c_1\,y_1(x) + c_2\,y_2(x)$$

beider Lösungen und setzt man das Ergebnis in (5.5) ein, so erhält man

$$\underbrace{c_1\,\frac{d^2 y_1}{dx^2} + c_2\,\frac{d^2 y_2}{dx^2}}_{=\,\frac{d^2 y_3}{dx^2}} + P(x)\,\underbrace{\left(c_1\,\frac{dy_1}{dx} + c_2\,\frac{dy_2}{dx}\right)}_{=\,\frac{dy_3}{dx}} + Q(x)\,\underbrace{(c_1\,y_1(x) + c_2\,y_2(x))}_{=\,y_3} = 0$$

und damit

$$\frac{d^2 y_3}{dx^2} + P(x)\,\frac{dy_3}{dx} + Q(x)\,y_3 = 0,$$

womit die Behauptung bewiesen ist●

Es ist diese Additivität von Lösungen, welche es ermöglicht, die **allgemeine Lösung** der Differenzialgleichung (5.5) angeben zu können: Dies ist – wie oben gesagt – die Form jeder möglichen Lösung der Differenzialgleichung. Dies wollen wir nun etwas genauer untersuchen.

▶ **Definitionen**

Gilt für zwei Funktionen $y_1(x)$ und $y_2(x)$, dass für alle Werte x die Bedingung

$$c_1 \, y_1(x) + c_2 \, y_2(x) = 0$$

nur für $c_1 = c_2 = 0$ erfüllt ist, dann heißen $y_1(x)$ und $y_2(x)$ **linear unabhängig**, andernfalls **linear abhängig**.

Sind $y_1(x)$ und $y_2(x)$ als zwei Lösungen der Differenzialgleichung (5.5) linear unabhängig, dann bilden sie ein sog. **Fundamentalsystem**. Die allgemeine Lösung $y^{(g)}$ der Differenzialgleichung (5.5) ist dann gegeben durch

$$y^{(g)}(x) = c_1 \, y_1(x) + c_2 \, y_2(x). \tag{5.7}$$

Das bedeutet, dass jede Lösung in dieser Form angegeben werden kann, indem nur die Konstanten c_1 und c_2 jeweils spezielle Werte annehmen. Jedes Paar (c_1, c_2) von Werten c_1 und c_2 bestimmt also eine Partikuläre Lösung der Differenzialgleichung (5.5). Somit kennzeichnet die Gesamtheit der Paare (c_1, c_2) die allgemeine Lösung der Differenzialgleichung (5.5). Wenn man jetzt noch angeben kann, wie man zu einem Fundamentalsystem kommt, dann gilt die Differenzialgleichung (5.5) als gelöst. Dies wollen wir in Abschn. 5.3 tun.

5.1.3 Der uneigentliche Punkt

Wir betrachten die Differenzialgleichung (5.5)

$$\frac{\mathrm{d}^2 y}{\mathrm{d}x^2} + P(x) \, \frac{\mathrm{d}y}{\mathrm{d}x} + Q(x) \, y = 0, \tag{5.8}$$

mit $P(x)$ und $Q(x)$ aus (5.6). Will man die Gl. (5.8) am uneigentlichen Punkt $x = \infty$ untersuchen, so kann man sie „auf den Kopf stellen" (ich verwende zuweilen den Begriff „die Gleichung stürzen" oder „die Gleichung invertieren" dazu), indem man die Transformation

$$\tilde{x} = \frac{1}{x} \tag{5.9}$$

anwendet. Man beachte, dass bei einer solchen Transformation die gesamte Gleichung (5.8) und nicht nur die Koeffizienten $P(x)$ und $Q(x)$ zu transformieren, d. h. in der neuen Variablen $\tilde{x}$ zu schreiben sind, sodass insbesondere auch die Ableitungen nach der neuen Variablen $\tilde{x}$ zu berechnen sind.

Ich möchte dies etwas allgemeiner angehen, indem ich annehme, dass eine zweimal stetig differenzierbare, bijektive Funktion

$$\tilde{x} = \tilde{x}(x)$$

und damit eine eineindeutige Abbildung der Variablen x auf die Variable $\tilde{x}$: $x \overset{g}{\to} \tilde{x}$ existiert, die ich nun auf die Differenzialgleichung

$$\frac{\mathrm{d}^2 y}{\mathrm{d}x^2} + P(x) \frac{\mathrm{d}y}{\mathrm{d}x} + Q(x)\, y = 0;\ y = y(x),\ x \in \mathbb{R}$$

anwende. Ich zeige im Folgenden, dass diese Transformation (5.9) aus der Differenzialgleichung (5.8) eine Differenzialgleichung macht, welche dieselbe Form hat, lediglich die Koeffizientenfunktionen $P(x)$ und $Q(x)$ haben eine andere Gestalt $\tilde{P}(\tilde{x})$ bzw. $\tilde{Q}(\tilde{x})$:

$$\frac{\mathrm{d}^2 y}{\mathrm{d}\tilde{x}^2} + \tilde{P}(\tilde{x}) \frac{\mathrm{d}y}{\mathrm{d}\tilde{x}} + \tilde{Q}(\tilde{x})\, y = 0;\ y = y(\tilde{x}),\ \tilde{x} \in \mathbb{R}.$$

Mithilfe der Kettenregel berechnet man die erste Ableitung nach der neuen Variablen $\tilde{x}$:

$$\frac{\mathrm{d}y}{\mathrm{d}x} = \frac{\mathrm{d}y}{\mathrm{d}\tilde{x}} \frac{\mathrm{d}\tilde{x}}{\mathrm{d}x}. \tag{5.10}$$

Für die zweite Ableitung benötigt man neben der Kettenregel auch noch die Produktregel:

$$
\begin{aligned}
\frac{\mathrm{d}^2 y}{\mathrm{d}x^2} &= \frac{\mathrm{d}}{\mathrm{d}x}\left(\frac{\mathrm{d}y}{\mathrm{d}x}\right) \\
&\overset{(5.10)}{=} \frac{\mathrm{d}}{\mathrm{d}\tilde{x}}\left(\frac{\mathrm{d}y}{\mathrm{d}x}\right)\frac{\mathrm{d}\tilde{x}}{\mathrm{d}x} \\
&\overset{(5.10)}{=} \frac{\mathrm{d}}{\mathrm{d}\tilde{x}}\left(\frac{\mathrm{d}y}{\mathrm{d}\tilde{x}}\frac{\mathrm{d}\tilde{x}}{\mathrm{d}x}\right)\frac{\mathrm{d}\tilde{x}}{\mathrm{d}x} \\
&= \left[\frac{\mathrm{d}}{\mathrm{d}\tilde{x}}\left(\frac{\mathrm{d}y}{\mathrm{d}\tilde{x}}\right)\frac{\mathrm{d}\tilde{x}}{\mathrm{d}x} + \frac{\mathrm{d}y}{\mathrm{d}\tilde{x}}\frac{\mathrm{d}}{\mathrm{d}\tilde{x}}\left(\frac{\mathrm{d}\tilde{x}}{\mathrm{d}x}\right)\right]\frac{\mathrm{d}\tilde{x}}{\mathrm{d}x} \\
&= \frac{\mathrm{d}^2 y}{\mathrm{d}\tilde{x}^2}\left(\frac{\mathrm{d}\tilde{x}}{\mathrm{d}x}\right)^2 + \frac{\mathrm{d}y}{\mathrm{d}\tilde{x}}\frac{\mathrm{d}}{\mathrm{d}\tilde{x}}\left(\frac{\mathrm{d}\tilde{x}}{\mathrm{d}x}\right)\frac{\mathrm{d}\tilde{x}}{\mathrm{d}x} \\
&= \frac{\mathrm{d}^2 y}{\mathrm{d}\tilde{x}^2}\left(\frac{\mathrm{d}\tilde{x}}{\mathrm{d}x}\right)^2 + \frac{\mathrm{d}y}{\mathrm{d}\tilde{x}}\frac{\mathrm{d}}{\mathrm{d}x}\left(\frac{\mathrm{d}\tilde{x}}{\mathrm{d}x}\right)\underbrace{\frac{\mathrm{d}x}{\mathrm{d}\tilde{x}}\frac{\mathrm{d}\tilde{x}}{\mathrm{d}x}}_{=1} \\
&= \frac{\mathrm{d}^2 y}{\mathrm{d}\tilde{x}^2}\left(\frac{\mathrm{d}\tilde{x}}{\mathrm{d}x}\right)^2 + \frac{\mathrm{d}y}{\mathrm{d}\tilde{x}}\frac{\mathrm{d}^2\tilde{x}}{\mathrm{d}x^2}.
\end{aligned}
$$

Geht man mit diesen Ableitungen in die Differenzialgleichung (5.8) ein, so erhält man

$$\frac{d^2y}{d\tilde{x}^2}\left(\frac{d\tilde{x}}{dx}\right)^2 + \frac{dy}{d\tilde{x}}\frac{d^2\tilde{x}}{dx^2} + P(\tilde{x})\frac{dy}{d\tilde{x}}\frac{d\tilde{x}}{dx} + Q(\tilde{x})\,y = 0$$

oder

$$\frac{d^2y}{d\tilde{x}^2} + \tilde{P}(\tilde{x})\frac{dy}{d\tilde{x}} + \tilde{Q}(\tilde{x})\,y = 0 \tag{5.11}$$

mit

$$\tilde{P}(\tilde{x}) = \frac{P(\tilde{x})}{\dfrac{d\tilde{x}}{dx}} + \frac{\dfrac{d^2\tilde{x}}{dx^2}}{\left(\dfrac{d\tilde{x}}{dx}\right)^2} \tag{5.12}$$

und

$$\tilde{Q}(\tilde{x}) = \frac{Q(\tilde{x})}{\left(\dfrac{d\tilde{x}}{dx}\right)^2}. \tag{5.13}$$

Wendet man diese Formeln auf die Funktion (5.9)

$$\tilde{x} = \frac{1}{x}$$

an, so erhält man

$$\frac{d^2y}{d\tilde{x}^2} + \left[\frac{2}{\tilde{x}} - \frac{1}{\tilde{x}^2}\,P\,(\tilde{x})\right]\frac{dy}{d\tilde{x}} + \frac{1}{\tilde{x}^4}\,Q\,(\tilde{x})\,y = 0; \quad \tilde{x}\in\mathbb{R} \tag{5.14}$$

mit $P(\tilde{x}) = P(1/x)$ und $Q(\tilde{x}) = Q(1/x)$ und kann nun den Punkt $\tilde{x} = 0$ betrachten.

Anmerkung
1. Alle Eigenschaften des Punktes im Unendlichen der Differenzialgleichung (5.8) werden auf den Punkt $\tilde{x} = 0$ der Differenzialgleichung (5.14) übertragen.
2. Um also etwas über den uneigentlichen Punkt $x = \infty$ der Differenzialgleichung (5.8) zu erfahren, betrachten wir den Punkt $\tilde{x} = 0$ am Ursprung der „gestürzten" Differenzialgleichung (5.14) und weisen dann sämtliche Eigenschaften dieses Punktes dem uneigentlichen Punkt der ursprünglichen Differenzialgleichung (5.8) zu.

5.2 Differenzialgleichungen der Fuchs'schen Klasse

Es gibt unter den linearen Differenzialgleichungen solche, die dadurch besonders ausgezeichnet sind, dass man ihre Lösungen in einfacher Weise anschreiben kann. Dieser Sachverhalt wurde von dem Mathematiker Lazarus Fuchs am Ende des 19. Jahrhunderts entdeckt. Ihm zu Ehren heißen diese Differenzialgleichungen heute solche der Fuchs'schen Klasse. Ihnen gilt nun unsere Aufmerksamkeit.

5.2.1 Gewöhnliche und singuläre Punkte der Gleichung

Wir betrachten die Differenzialgleichung (5.1)

$$P_0(x) \frac{\mathrm{d}^2 y}{\mathrm{d}x^2} + P_1(x) \frac{\mathrm{d}y}{\mathrm{d}x} + P_2(x)\, y = 0 \qquad (5.15)$$

und die durch Division mit $P_0(x)$ aus ihr hervorgegangene Differenzialgleichung (5.5)

$$\boxed{\frac{\mathrm{d}^2 y}{\mathrm{d}x^2} + P(x) \frac{\mathrm{d}y}{\mathrm{d}x} + Q(x)\, y = 0,} \qquad (5.16)$$

bei der also (5.6) gilt:

$$P(x) = \frac{P_1(x)}{P_0(x)}, \quad Q(x) = \frac{P_2(x)}{P_0(x)}.$$

Dabei können wir hier ohne Weiteres als Definitionsbereich der unabhängigen Veränderlichen x die gesamte komplexe Zahlenebene zulassen. Auf den ersten Blick ist der Unterschied zwischen (5.15) und (5.16) nicht wesentlich, aber dies täuscht: Es geht um die Nullstellen der Funktion $P_0(x)$. Dort nämlich verschwindet der Term mit der zweiten Ableitung; d. h., aus (5.15) als Differenzialgleichung zweiter Ordnung wird lokal an dieser Stelle eine der ersten Ordnung. Dies ist an den Nullstellen der anderen beiden Koeffizienten $P_1(x)$ und $P_2(x)$ nicht der Fall. Dieser Umstand macht die Nullstellen des Koeffizienten $P_0(x)$ zu besonderen Punkten der Gleichung, was im Folgenden genauer betrachtet wird.

Nehmen wir nun an, dass die Koeffizientenfunktionen $P_0(x)$, $P_1(x)$ und $P_2(x)$ der Differenzialgleichung (5.15) Polynome seien, wobei die Nullstellen von $P_0(x)$ alle auf der reellen Achse liegen sollen und betrachten die beiden Koeffizienten $P(x)$ und $Q(x)$ der ihr zugeordneten Differenzialgleichung (5.16) an einer Nullstelle der Koeffizientenfunktion $P_0(x)$ der Differenzialgleichung (5.15). In der Umgebung dieses Punktes haben diese beiden Koeffizientenfunktionen einen Verlauf der Form

$$\frac{(x - x_0)^N}{(x - x_0)^M}, \ N \in \mathbb{N}^0, \ M \in \mathbb{N}$$

Wenn

$$M > N$$

gilt, dann haben $P(x)$ bzw. $Q(x)$ bei $x = x_0$ einen Pol der Ordnung

$$L = M - N.$$

▶ **Definition** In diesem Fall heißt der Punkt $x = x_0$ **Singularität der Differenzialgleichung** (5.15) und (5.16) oder **singulärer Punkt der Differenzialgleichung**.

Die Pole der Koeffizientenfunktionen $P(x)$ und $Q(x)$ sind also die Singularitäten der Differenzialgleichung (5.16). Aus dem Fundamentalsatz der Algebra heraus ist unmittelbar einleuchtend, dass eine Differenzialgleichung (5.15), deren Koeffizienten $P_0(x)$, $P_1(x)$ und $P_2(x)$ Polynome sind, zu einer Differenzialgleichung (5.16) führt, welche nur eine endliche Anzahl von Singularitäten haben kann.

▶ **Definition** Ein Punkt des Definitionsbereiches einer Differenzialgleichung (5.16), der kein singulärer Punkt der Differenzialgleichung ist, heißt **gewöhnlicher Punkt der Differenzialgleichung**.

Es ist einleuchtend, dass **Singularitäten von Differenzialgleichungen** vor allem interessant sind im Hinblick auf **Singularitäten ihrer Lösungen.** Dementsprechend ist es auch die Form der Lösung, welche die grundlegende Unterscheidung von Singularitäten der Differenzialgleichung (5.16) bestimmt. Diese Unterscheidung wollen wir nun als Definition formulieren:

▶ **Definitionen**

- Wenn $L = 1$ für $P(x)$ oder wenn $L = 2$ oder $L = 1$ ist für $Q(x)$, dann nennt man die Singularität der Differenzialgleichung (5.16) **regulär.**
- Ist $L > 1$ für $P(x)$ oder ist $L > 2$ für $Q(x)$, dann nennt man die Singularität der Differenzialgleichung (5.16) **irregulär.**
- Differenzialgleichungen (5.16), die nur endlich viele Singularitäten haben, die sämtlich regulär sind, heißen **Differenzialgleichungen der Fuchs'schen Klasse** oder auch **Fuchs'sche Differenzialgleichungen.**

Die Bezeichnung „Fuchs'sche Differenzialgleichung" bezieht sich auf den Namen des deutschen Mathematikers **Lazarus Fuchs** (1833–1902), der 1868 die Bedeutung dieser Differenzialgleichung erkannt hat. Fuchs'sche Differenzialgleichungen sind allein durch die Anzahl ihrer Singularitäten in ihrer Form vollständig bestimmt.
   Differenzialgleichungen der Fuchs'schen Klasse beziehen ihre Bedeutung erstens aus der Tatsache, dass man aus ihnen all jene Gleichungen erzeugen kann, die dann in einem gewissen Sinne alle Gleichungen ihrer Art umfassen und zweitens aus einer einfachen und offensichtlichen Charakterisierung (siehe [3], S. 203):
Notwendig und hinreichend dafür, dass eine Differenzalgleichung (5.16) der Fuchs'schen Klasse angehört und dass sie nur an den Stellen x_1, x_2, x_3, $\ldots$, x_n im Endlichen und bei $x = \infty$ Singularitäten aufweist, ist, dass dies die Partialbruchzerlegungen ihrer Koeffizienten sind:

$$P(x) = \sum_{k=1}^{n} \frac{A_k}{x - x_k},$$

$$Q(x) = \sum_{k=1}^{n} \left[\frac{B_k}{(x - x_k)^2} + \frac{C_k}{x - x_k} \right]. \tag{5.17}$$

Außerdem muss gelten:

$$\sum_{k=1}^{n} C_k = 0. \tag{5.18}$$

Die letzte der Bedingungen (5.2.1) sorgt dafür, dass der uneigentliche Punkt eine reguläre und keine irreguläre Singularität der Differenzialgleichung (5.16) ist. Es ist wichtig, darauf hinzuweisen, dass Singularitäten von Fuchs'schen Differenzialgleichungen, die am uneigentlichen Punkt liegen, an den Koeffizientenfunktionen $P(x)$ und $Q(x)$ nicht in einfacher Weise erkennbar sind! Aus der Form der Koeffizienten

$$\tilde{P}(\tilde{x}) = \frac{2}{\tilde{x}} - \frac{1}{\tilde{x}^2} \, P\,(\tilde{x}) \tag{5.19}$$

und

$$\tilde{Q}(\tilde{x}) = \frac{1}{\tilde{x}^4} \, Q\,(\tilde{x}) \tag{5.20}$$

der Gl. (5.14) heraus ist klar, dass der Satz gilt:

> Es gibt keine Differenzialgleichung (5.16) ohne Singularitäten!

Beweis Die Aussage des Satzes folgt direkt aus dem Fundamentalsatz der Algebra. Denn es gibt kein Polynom $P_0(x)$ ohne Nullstellen außer die Konstante

$$P_0 = a_0.$$

Ist aber P_0 eine Konstante, so hat die Differenzialgleichung (5.8) am uneigentlichen Punkt (also im Unendlichen $x = \infty$) eine Singularität, wie man an den Koeffizienten (5.19), (5.19) der gestürzten Differenzialgleichung (5.14) sehen kann. Damit ist gezeigt, was zu zeigen war („quod erat demonstrandum", wie man zuweilen sagt). •

5.2.2   Die natürliche Form der Gleichung

Standardisierte Gleichungen
Die einfachste Differenzialgleichung der Fuchs'schen Klasse ist diejenige mit einer Singularität; ist diese am uneigentlichen Punkt platziert, so hat die Differenzialgleichung das Aussehen

$$\frac{\mathrm{d}^2 y}{\mathrm{d}x^2} = 0. \tag{5.21}$$

Diese Differenzialgleichung heißt **Laplace'sche Differenzialgleichung**. Sie ist gleichzeitig auch die einfachste lineare, gewöhnliche, homogene Differenzialgleichung zweiter Ordnung überhaupt.

Ist die Singularität der Fuchs'schen Differenzialgleichung mit nur einer Singularität im Endlichen, also z. B. am Punkt x_0, platziert, so handelt es sich um die Differenzialgleichung

$$\frac{d^2 y}{dx^2} + \frac{2}{x - x_0} \frac{dy}{dx} = 0.$$

Im Folgenden werden wir Differenzialgleichungen (5.16), also auch solche der Fuchs'schen Klasse, immer so anschreiben, dass sie im Unendlichen eine Singularität haben. Dies ist insofern eine **natürliche Form** der Gleichung, als die Lösungen dann am einfachsten werden.

Die Differenzialgleichung der Fuchs'schen Klasse mit zwei Singularitäten ist

$$\frac{d^2 y}{dx^2} + \frac{A}{x - x_0} \frac{dy}{dx} + \frac{B}{(x - x_0)^2} y = 0. \tag{5.22}$$

Sie hat bei $x = x_0$ und im Unendlichen jeweils eine (definitionsgemäß reguläre) Singularität. Ist für diese Differenzialgleichung $x_0 = 0$, so heißt sie **Euler'sche Differenzialgleichung**.

Die Differenzialgleichung der Fuchs'schen Klasse mit drei Singularitäten ist

$$\frac{d^2 y}{dx^2} + \left[\frac{A_1}{x - x_1} + \frac{A_2}{x - x_2} \right] \frac{dy}{dx} + \left[\frac{B_1}{(x - x_1)^2} + \frac{B_2}{(x - x_2)^2} + \frac{C}{x - x_1} - \frac{C}{x - x_2} \right] y = 0. \tag{5.23}$$

Sie hat bei $x = x_1$, bei $x = x_2$ und im Unendlichen jeweils eine (definitionsgemäß reguläre) Singularität. Setzt man hier $x_1 = 0$ und $x_2 = 1$ sowie $B_1 = B_2 = 0$, dann nennt man diese Differenzialgleichung **Gauß'sche Differenzialgleichung**:

$$\frac{d^2 y}{dx^2} + \left[\frac{A_1}{x} + \frac{A_2}{x - 1} \right] \frac{dy}{dx} + \left[\frac{C}{x} - \frac{C}{x - 1} \right] y = 0. \tag{5.24}$$

Die Differenzialgleichung der Fuchs'schen Klasse mit vier Singularitäten ist

$$\frac{d^2 y}{dx^2} + \left[\frac{A_1}{x - x_1} + \frac{A_2}{x - x_2} + \frac{A_3}{x - x_3} \right] \frac{dy}{dx}$$
$$+ \left[\frac{B_1}{(x - x_1)^2} + \frac{B_2}{(x - x_2)^2} + \frac{B_3}{(x - x_3)^2} + \frac{C_1}{x - x_1} + \frac{C_2}{x - x_2} + \frac{C_3}{x - x_3} \right] y = 0$$

mit

$$C_1 + C_2 + C_3 = 0.$$

Sie hat bei $x = x_1$, bei $x = x_2$, bei $x = x_3$ und im Unendlichen jeweils eine (definitionsgemäß reguläre) Singularität. Setzt man hier $x_1 = 0$ und $x_2 = 1$ sowie $B_1 = B_2 = B_3 = 0$, dann nennt man diese Differenzialgleichung **Heun'sche Differenzialgleichung**:

$$\frac{d^2 y}{dx^2} + \left[\frac{A_1}{x} + \frac{A_2}{x - 1} + \frac{A_3}{x - a} \right] \frac{dy}{dx} + \left[\frac{C_1}{x} + \frac{C_2}{x - 1} + \frac{C_3}{x - a} \right] y = 0 \tag{5.25}$$

mit

$$C_1 + C_2 + C_3 = 0$$

und

$$a = x_3.$$

Gestürzte Gleichungen

Wir stürzen nun in diesem Abschnitt die Differenzialgleichungen des vorigen Abschnittes, um zu erkennen, um welche Singularitäten es sich am uneigentlichen Punkt $x = \infty$ handelt. Ausgehend von der Differenzialgleichung (5.16)

$$\frac{\mathrm{d}^2 y}{\mathrm{d}x^2} + P(x)\,\frac{\mathrm{d}y}{\mathrm{d}x} + Q(x)\,y = 0 \tag{5.26}$$

transformieren wir gemäß

$$\tilde{x} = \frac{1}{x}, \tag{5.27}$$

um zu der gestürzten Gl. (5.14)

$$\frac{\mathrm{d}^2 y}{\mathrm{d}\tilde{x}^2} + \underbrace{\left[\frac{2}{\tilde{x}} - \frac{1}{\tilde{x}^2}\,P\,(\tilde{x})\right]}_{=\tilde{P}(\tilde{x})}\frac{\mathrm{d}y}{\mathrm{d}\tilde{x}} + \underbrace{\frac{1}{\tilde{x}^4}\,Q\,(\tilde{x})}_{=\tilde{Q}(\tilde{x})}\,y = 0; \quad \tilde{x} \in \mathbb{R} \tag{5.28}$$

zu gelangen.

Wir erhalten also durch die Stürzung (5.26) aus (5.27) dieselbe Gleichung wie (5.26), lediglich die Koeffizienten P und Q haben sich verändert. Es reicht also aus, diese neuen Koeffizienten $\tilde{P}$ und $\tilde{Q}$ anzugeben, allerdings in der transformierten unabhängigen Veränderlichen $\tilde{x}$.

Um diese zu berechnen, benötigen wir einige Partialbruchzerlegungen, die man auch aus dem Anhang A ersehen kann: Ausgehend von der Transformation der Stürzung

$$\tilde{x} = \frac{1}{x} \tag{5.29}$$

erhält man die folgenden Partialbruchzerlegungen:

$$\frac{1}{x - 1} = -\frac{\tilde{x}}{\tilde{x} - 1},$$

$$\frac{1}{x - a} = -\frac{1}{a}\frac{\tilde{x}}{\tilde{x} - \frac{1}{a}},$$

$$\frac{1}{(x - 1)^2} = -\frac{\tilde{x}^2}{(\tilde{x} - 1)^2},$$

$$\frac{1}{(x-a)^2} = \frac{1}{a^2} \frac{\tilde{x}^2}{\left(\tilde{x} - \frac{1}{a}\right)^2},$$

$$\frac{1}{x\,(x-1)} = -\frac{1}{\tilde{x}} + \frac{1}{\tilde{x} - 1},$$

$$\frac{1}{x\left(x - \frac{1}{a}\right)} = -\frac{a}{\tilde{x}} + \frac{a}{\tilde{x} - \frac{1}{a}},$$

$$\frac{1}{x^2\,(x-1)} = -\frac{1}{\tilde{x}^2} - \frac{1}{\tilde{x}} + \frac{1}{\tilde{x} - 1},$$

$$\frac{1}{x^2\left(x - \frac{1}{a}\right)} = \frac{a}{\tilde{x}^2} - \frac{a^2}{\tilde{x}} + \frac{a^2}{\left(\tilde{x} - \frac{1}{a}\right)^2},$$

$$\frac{1}{x^2\,(x-1)^2} = \frac{1}{\tilde{x}^2} + \frac{1}{(\tilde{x} - 1)^2} + \frac{2}{\tilde{x}} - \frac{2}{\tilde{x} - 1},$$

$$\frac{1}{x^2\left(x - \frac{1}{a}\right)^2} = \frac{a}{\tilde{x}^2} - \frac{2\,a^3}{\tilde{x}} + \frac{a^2}{\left(\tilde{x} - \frac{1}{a}\right)^2} + \frac{2\,a^3}{\tilde{x} - \frac{1}{a}}.$$

$$\frac{1}{x^3\,(x-1)} = -\frac{1}{\tilde{x}^3} - \frac{1}{\tilde{x}^2} - \frac{1}{\tilde{x}} + \frac{1}{\tilde{x} - 1}.$$

Wir schreiben im Folgenden stets nur die Koeffizienten $P(x)$, $Q(x)$, $P(\tilde{x})$, $Q(\tilde{x})$ mit (5.29)

$$\tilde{x} = \frac{1}{x}$$

und $\tilde{P}(\tilde{x})$, $\tilde{Q}(\tilde{x})$ an und beziehen diese stets auf die Differenzialgleichungen (5.16)

$$\frac{d^2 y}{dx^2} + P(x)\,\frac{dy}{dx} + Q(x)\,y = 0 \tag{5.30}$$

und (5.14)

$$\frac{d^2 y}{d\tilde{x}^2} + \left[\frac{2}{\tilde{x}} - \frac{1}{\tilde{x}^2}\,P(\tilde{x})\right]\frac{dy}{d\tilde{x}} + \frac{1}{\tilde{x}^4}\,Q(\tilde{x})\,y = 0; \quad \tilde{x} \in \mathbb{R}. \tag{5.31}$$

Laplace-Gleichung (5.25):

$$P(x) = Q(x) = 0,$$
$$P(\tilde{x}) = Q(\tilde{x}) = 0,$$
$$\tilde{P}(\tilde{x}) = \frac{2}{\tilde{x}}, \quad \tilde{Q}(\tilde{x}) = 0.$$

Euler-Gleichung (5.22):

$$P(x) = \frac{A}{x},$$
$$Q(x) = \frac{B}{x^2},$$
$$P(\tilde{x}) = A\tilde{x},$$
$$Q(\tilde{x}) = B\tilde{x}^2,$$
$$\tilde{P}(\tilde{x}) = \frac{2-A}{\tilde{x}},$$
$$\tilde{Q}(\tilde{x}) = \frac{B}{\tilde{x}^2}. \tag{5.32}$$

Fuchs'sche Differenzialgleichung mit drei Singularitäten (5.23) bei $x = 0$, bei $x = 1$ und im Unendlichen $x = \infty$:

$$\frac{\mathrm{d}^2 y}{\mathrm{d}x^2} + \left[\frac{A_0}{x} + \frac{A_1}{x-1} \right] \frac{\mathrm{d}y}{\mathrm{d}x} + \left[\frac{B_0}{x^2} + \frac{B_1}{(x-1)^2} + \frac{C}{x} - \frac{C}{x-1} \right] y = 0 \tag{5.33}$$

und also

$$P(x) = \frac{A_0}{x} + \frac{A_1}{x-1},$$
$$Q(x) = \frac{B_0}{x^2} + \frac{B_1}{(x-1)^2} + \frac{C}{x} - \frac{C}{x-1},$$
$$P(\tilde{x}) = A_0\tilde{x} - A_1 \frac{\tilde{x}}{\tilde{x}-1},$$
$$Q(\tilde{x}) = B_0\tilde{x}^2 + B_1 \frac{\tilde{x}^2}{(\tilde{x}-1)^2} + C\tilde{x}^2 + C \frac{\tilde{x}}{\tilde{x}-1},$$
$$\tilde{P}(\tilde{x}) = \frac{\tilde{A}_0}{\tilde{x}} + \frac{\tilde{A}_1}{\tilde{x}-1},$$
$$\tilde{Q}(\tilde{x}) = \frac{\tilde{B}_0}{\tilde{x}^2} + \frac{\tilde{B}_1}{(\tilde{x}-1)^2} + \frac{\tilde{C}}{\tilde{x}} - \frac{\tilde{C}}{\tilde{x}-1}$$

mit

$$\tilde{A}_0 = 2 - A_0 - A_1,$$
$$\tilde{A}_1 = A_1,$$
$$\tilde{B}_0 = B_0 + B_1 + C,$$
$$\tilde{B}_1 = B_1,$$
$$\tilde{C} = 2B_1 - C. \tag{5.34}$$

Für die Gauß'sche Differenzialgleichung gilt: $B_0 = B_1 = 0$.

Fuchs'sche Differenzialgleichung mit vier Singularitäten (5.25) bei $x = 0$, bei $x = 1$, bei $x = a$ und im Unendlichen $x = \infty$:

$$\frac{\mathrm{d}^2 y}{\mathrm{d}x^2} + \left[\frac{A_0}{x} + \frac{A_1}{x-1} + \frac{A_a}{x-a} \right] \frac{\mathrm{d}y}{\mathrm{d}x}$$
$$+ \left[\frac{B_0}{x^2} + \frac{B_1}{(x-1)^2} + \frac{B_a}{(x-a)^2} + \frac{C_0}{x} + \frac{C_1}{x-1} + \frac{C_a}{x-a} \right] y = 0 \tag{5.35}$$

mit

$$C_0 + C_1 + C_a = 0$$

und also

$$P(x) = \frac{A_0}{x} + \frac{A_1}{x-1} + \frac{A_a}{x-a},$$

$$Q(x) = \frac{B_0}{x^2} + \frac{B_1}{(x-1)^2} + \frac{B_a}{(x-a)^2} + \frac{C_0}{x} + \frac{C_1}{x-1} + \frac{C_a}{x-a},$$

$$P(\tilde{x}) = A_0 \tilde{x} - A_1 \frac{\tilde{x}}{\tilde{x}-1},$$

$$Q(\tilde{x}) = B_0 \tilde{x}^2 + B_1 \frac{\tilde{x}^2}{(\tilde{x}-1)^2} + \frac{B_a}{a^2} \frac{\tilde{x}^2}{\left(\tilde{x}-\frac{1}{a}\right)^2}$$

$$+ C_0 \tilde{x} - C_1 \frac{\tilde{x}}{\tilde{x}-1} - \frac{C_a}{a} \frac{\tilde{x}}{\tilde{x}-\frac{1}{a}}$$

$$\tilde{P}(\tilde{x}) = \frac{\tilde{A}_0}{\tilde{x}} + \frac{\tilde{A}_1}{\tilde{x}-1} + \frac{\tilde{A}_a}{\tilde{x}-\frac{1}{a}},$$

$$\tilde{Q}(\tilde{x}) = \frac{C_0 + C_1 + C_a}{\tilde{x}^3} + \frac{\tilde{B}_0}{\tilde{x}^2} + \frac{\tilde{B}_1}{(\tilde{x}-1)^2} + \frac{\tilde{B}_a}{\left(\tilde{x}-\frac{1}{a}\right)^2}$$

$$+ \frac{\tilde{C}_0}{\tilde{x}} + \frac{\tilde{C}_1}{\tilde{x}-1} + \frac{\tilde{C}_a}{\tilde{x}-\frac{1}{a}}$$

mit

$$
\begin{aligned}
\tilde{A}_0 &= 2 - A_0 - A_1, \\
\tilde{A}_1 &= A_1, \\
\tilde{A}_a &= \frac{A_a}{a}, \\
\tilde{B}_0 &= B_0 + B_1 + B_a + C_1 + C_a\, a, \\
\tilde{B}_1 &= B_1, \\
\tilde{B}_a &= \frac{B_a}{a^2}, \\
\tilde{C}_0 &= 2\,B_1 + 2\,B_a\,a + C_1 + C_a\,a^2, \\
\tilde{C}_1 &= -(2\,B_1 + C_1), \\
\tilde{C}_a &= -a\,(C_a\,a + 2\,B_a)\,.
\end{aligned}
\tag{5.36}
$$

Dabei gilt (und das ist hier das Entscheidende)

$$
\tilde{C}_0 + \tilde{C}_1 + \tilde{C}_a = 2\,B_1 + 2\,B_a\,a + C_1 + C_a\,a^2 - 2\,B_1 - C_1 - C_a\,a^2 - 2\,B_a\,a = 0. \tag{5.37}
$$

Also haben die beiden Koeffizienten $\tilde{P}(\tilde{x})$ und $\tilde{Q}(\tilde{x})$ letztlich die Form

$$
\begin{aligned}
\tilde{P}(\tilde{x}) &= \frac{\tilde{A}_0}{\tilde{x}} + \frac{\tilde{A}_1}{\tilde{x} - 1} + \frac{\tilde{A}_a}{\tilde{x} - \frac{1}{a}}, \\
\tilde{Q}(\tilde{x}) &= \frac{\tilde{B}_0}{\tilde{x}^2} + \frac{\tilde{B}_1}{(\tilde{x} - 1)^2} + \frac{\tilde{B}_a}{\left(\tilde{x} - \frac{1}{a}\right)^2} \\
&\quad + \frac{\tilde{C}_0}{\tilde{x}} + \frac{\tilde{C}_1}{\tilde{x} - 1} + \frac{\tilde{C}_a}{\tilde{x} - \frac{1}{a}}.
\end{aligned}
$$

Anmerkungen

- Man erkennt, dass der Koeffizient $\tilde{P}(\tilde{x})$ an seiner singulären Stelle $\tilde{x} = 0$ höchstens einen Pol erster Ordnung und dass der Koeffizient $\tilde{Q}(\tilde{x})$ dort höchstens einen Pol zweiter Ordnung aufweist.
- Damit kann man der Bedingung (5.37) entnehmen, dass die Singularität der Differenzialgleichung (5.14) mit (5.36) bei $\tilde{x} = 0$ und damit die Singularität der Differenzialgleichung (5.35) bei $x = \infty$ regulär ist.
- Weil sämtliche im Endlichen liegende singulären Stellen des Koeffizienten $P(x)$ der Differenzialgleichung (5.35) ebenfalls nur Pole höchstens erster Ordnung sind und weil sämtliche singulären Stellen des Koeffizienten $Q(x)$ der Differenzialgleichung (5.35) ebenfalls nur Pole höchstens zweiter Ordnung sind, wie man der Gleichung (5.35) direkt entnehmen kann, ist damit gezeigt, dass es sich bei dieser Differenzialgleichung (5.35) um eine solche der Fuchs'schen Klasse mit vier Singularitäten handelt.
- Für die Heun'sche Differenzialgleichung gilt $B_0 = B_1 = B_a = 0$.

5.3 Die Form der partikulären Lösung

Eine Klassifizierung der Differenzialgleichungen der Fuchs'schen Klasse unter den linearen Gleichungen macht nur einen Sinn in Bezug auf ihre Lösungen. Deshalb werden nun die lokalen Lösungen der Fuchs'schen Differenzialgleichungen dargestellt, und es wird herausgehoben, dass diese Klasse eine besondere Stellung unter den linearen Gleichungen einnimmt.

5.3.1 Gewöhnliche Punkte der Lösungen

Die Differenzialgleichung
Wir haben oben gelernt, dass die Partikulärlösungen linearer Differenzialgleichungen additiv sind, d. h., dass die Summe zweier Lösungen wieder eine Lösung der Gleichung ist. Nun gibt es eine weitere gleichermaßen wichtige Eigenschaft der Lösungen linearer Differenzialgleichungen: An gewöhnlichen Punkten der Differenzialgleichung sind sämtliche Partikulärlösungen holomorph, d. h., sie lassen sich um diese Stelle in Potenzreihen entwickeln, deren Konvergenzradius bis zu nächstliegenden Singularität der Differenzialgleichung reicht. Dies ist eine ungemein wichtige Feststellung! Denn nun kann man die Partikulärlösungen der Differenzialgleichung an dieser Stelle in Potenzreihen entwickeln, von denen man weiß, dass sie einen Konvergenzradius haben, der größer ist als null; ja, man weiß sogar, wie groß er ist, da man ja die Differenzialgleichung kennt und somit weiß, wo die benachbarte Singularität der Differenzialgleichung liegt.

Es gibt einen systematischen Weg, um die Koeffizienten einer Potenzreihe zu berechnen, die eine Lösung der Differenzialgleichung darstellt. Dies soll im Folgenden gezeigt werden. Um konkret zu bleiben, betrachten wir dazu die Euler'sche Differenzialgleichung (5.22) der Fuchs'schen Klasse mit einer im Endlichen liegenden und einer im Unendlichen liegenden Singularität:

$$\frac{d^2 y}{dx^2} + \frac{A}{x-1} \frac{dy}{dx} + \frac{B}{(x-1)^2} y = 0, \ x \in \mathbb{R}. \tag{5.38}$$

Dabei wurde mit Rücksicht auf die Einfachheit der Rechnung die Singularität an die Stelle $x_0 = 1$ gesetzt, ohne dass dies die Allgemeinheit der Rechnung beeinträchtigt.

Die Lösungen dieser Differenzialgleichung werden nun in eine Potenzreihe um den Ursprung, also um einen gewöhnlichen Punkt der Differenzialgleichung, entwickelt. Wir wissen, dass dies deshalb möglich ist, weil dort alle Lösungen der Gleichung holomorph sind, d. h., dass alle Ableitungen existieren und somit eine Potenzreihe in der Lage ist, die Lösungen darzustellen.

Wir beginnen die Rechnung damit, dass wir die Gl. (5.3.1) mit dem Faktor

$$(x - 1)^2$$

multiplizieren; wir erhalten die Gl. (5.3.1) in der Form

$$(x-1)^2 \frac{d^2 y}{dx^2} + A(x-1)\frac{dy}{dx} + B\,y = 0,\ x \in \mathbb{R}.$$

Wir machen einen Potenzreihenansatz für die Lösung

$$y(x) = a_0 + a_1 x + a_2 x^2 + \ldots = \sum_{n=0}^{\infty} a_n x^n \qquad (5.39)$$

und wollen im Folgenden die Koeffizienten dieser Reihe bestimmen. Um die erste und zweite Ableitung zu erhalten, differenzieren wir gliedweise; dies ist gerade wegen des endlichen Konvergenzradius erlaubt und stellt auf dem Konvergenzintervall die Ableitungsfunktion der Funktion (5.39) dar:

$$\frac{dy}{dx} = a_1 + 2\,a_2 x + 3\,a_3 x^2 + 4\,a_4 x^3 + \ldots = \sum_{n=0}^{\infty} n\,a_n x^{n-1},$$

$$\frac{d^2 y}{dx^2} = 2\,a_2 + 6\,a_3 x + 12\,a_4 x^2 + \ldots = \sum_{n=0}^{\infty} n\,(n-1)\,a_n x^{n-2}.$$

Nun setzen wir all diese Ansätze in die Differenzialgleichung ein und erhalten im Ergebnis eine lineare Differenzengleichung:

$$(x^2 - 2x + 1)\sum_{n=0}^{\infty} n\,(n-1)\,a_n x^{n-2}$$

$$+ A(x-1)\sum_{n=0}^{\infty} n\,a_n x^{n-1}$$

$$+ B\sum_{n=0}^{\infty} a_n x^n = 0$$

oder

$$\sum_{n=0}^{\infty} n\,(n-1)\,a_n x^n - 2\sum_{n=0}^{\infty} n\,(n-1)\,a_n x^{n-1} + \sum_{n=0}^{\infty} n\,(n-1)\,a_n x^{n-2}$$

$$+ A\sum_{n=0}^{\infty} n\,a_n x^n - A\sum_{n=0}^{\infty} n\,a_n x^{n-1}$$

$$+ B\sum_{n=0}^{\infty} a_n x^n = 0.$$

Schreibt man die Summen aus, so ergibt sich

$$0 \cdot (-1) a_0 x^0 + 1 \cdot 0 a_1 x^1 + 2 \cdot 1 a_2 x^2 + 3 \cdot 2 a_3 x^3 + \ldots$$
$$-2 \cdot 1 \cdot 0 a_1 x^0 - 2 \cdot 2 \cdot 1 a_2 x^1 - 2 \cdot 3 \cdot 2 a_3 x^2 - 2 \cdot 2 \cdot 3 a_4 x^3 - \ldots$$
$$+2 \cdot 1 a_2 x^0 + 3 \cdot 2 a_3 x^1 + 4 \cdot 3 a_4 x^2 + 5 \cdot 4 a_5 x^3 + \ldots$$
$$+A \cdot 0 a_0 x^0 + A 1 a_1 x^1 + A 2 a_2 x^2 + A 3 a_3 x^3 + \ldots$$
$$-A \cdot 1 a_1 x^0 - A 2 a_2 x^1 - A 3 a_3 x^2 - A 4 a_4 x^3 - \ldots$$
$$+B a_0 x^0 + B a_1 x^1 + B a_2 x^2 + B a_3 x^3 + \ldots = 0.$$

Nun fassen wir gleiche Potenzen zusammen

$$[0 \cdot (-1) a_0 - 2 \cdot 1 \cdot 0 a_1 + 2 \cdot 1 a_2 + 0 A a_0 - 1 A a_1 + B a_0] x^0$$
$$+ [1 \cdot 0 a_1 - 2 \cdot 2 \cdot 1 a_2 + 3 \cdot 2 a_3 + 1 A a_1 - 2 A a_2 + B a_1] x^1$$
$$+ [2 \cdot 1 a_2 - 2 \cdot 3 \cdot 2 a_3 + 4 \cdot 3 a_4 + 2 A a_2 - 3 A a_3 + B a_2] x^2$$
$$+ [3 \cdot 2 a_3 - 2 \cdot 2 \cdot 3 a_4 + 5 \cdot 4 a_5 + 3 A a_3 - 4 A a_4 + B a_3] x^3$$
$$+ \ldots = 0.$$

Nun fassen wir gleiche Koeffizienten a_n innerhalb der eckigen Klammern zusammen und erhalten

$$[2 \cdot 1 a_2 - (2 \cdot 1 \cdot 0 + 1 A) a_1 + (0 \cdot (-1) + 0 A + B) a_0] x^0$$
$$+ [3 \cdot 2 a_3 - (2 \cdot 2 \cdot 1 + 2 A) a_2 + (1 \cdot 0 + 1 A + B) a_1] x^1$$
$$+ [4 \cdot 3 a_4 - (2 \cdot 3 \cdot 2 + 3 A) a_3 + (2 \cdot 1 + 2 A + B) a_2] x^2$$
$$+ [5 \cdot 4 a_5 - (2 \cdot 4 \cdot 3 + 4 A) a_4 + (3 \cdot 2 + 3 A + B) a_3] x^3$$
$$+ \ldots = 0. \tag{5.40}$$

An dieser Stelle machen wir von dem unmittelbar einleuchtenden allgemeinen Prinzip Gebrauch, welches besagt, dass die Gleichung (5.40) in Abhängigkeit der unabhängigen Veränderlichen x dann null ist, wenn jeder Koeffizient (das sind die Terme in den eckigen Klammern) vor jeder einzelnen Potenz x^n, $n = 0, 1, 2, 3, \ldots$ null ist. Dies ergibt unendlich viele Gleichungen für die unendlich vielen Koeffizienten a_n, $n = 0, 1, 2, 3, \ldots$:

$$x^0 : 2 \cdot 1 a_2 - (2 \cdot 1 \cdot 0 + 1 A) a_1 + (0 \cdot (-1) + 0 A + B) a_0 = 0,$$
$$x^1 : 3 \cdot 2 a_3 - (2 \cdot 2 \cdot 1 + 2 A) a_2 + (1 \cdot 0 + 1 A + B) a_1 = 0,$$
$$x^2 : 4 \cdot 3 a_4 - (2 \cdot 3 \cdot 2 + 3 A) a_3 + (2 \cdot 1 + 2 A + B) a_2 = 0,$$
$$x^3 : 5 \cdot 4 a_5 - (2 \cdot 4 \cdot 3 + 4 A) a_4 + (3 \cdot 2 + 3 A + B) a_3 = 0, \ldots$$
$$\tag{5.41}$$

Man kann die Gl. (5.41) für allgemeinen Index n darstellen. So erhält man im Ergebnis durch den Ansatz (5.39) aus der linearen, gewöhnlichen, homogenen Differenzialgleichung eine lineare, gewöhnliche, homogene Differenzengleichung mit einer

Anlaufrechnung der Form

$$2\,a_2 - A\,a_1 + B\,a_0 = 0, \quad (5.42)$$

$$n\,(n+1)\,a_{n+1} - n\,[2\,(n-1) + A]\,a_n + [n\,(n-1+A) + B]\,a_{n-1} = 0, \quad (5.43)$$

$$n = 2, 3, 4, \ldots$$

Wählt man nun für a_0 und für a_1 irgendwelche beliebigen Werte, so ergibt sich aus der ersten Gl. (5.42) der Koeffizient a_2. Mit a_1 und mit a_2 geht man in die zweite Gl. (5.43) für $n = 2$ ein und erhält a_3. So kann man nach und nach beliebig viele Koeffizienten a_n ausrechnen.

Anmerkungen

* Man sagt, die Berechnung der Koeffizienten a_n erfolge **rekursiv**. Durch die Anlaufrechnung (5.42) wird also die Differenzengleichung (5.43) zu einer (dreigliedrigen) **linearen Rekursion**.
* Es sei an dieser Stelle noch erwähnt, dass die Ordnung der Differenzengleichung (5.43) zwei ist. Dies hat aber nichts damit zu tun, dass sie durch einen Potenzreihenansatz aus einer Differenzialgleichung zweiter Ordnung stammt. Die Ordnung beim Übergang von einer linearen Differenzial- zu einer linearen Differenzengleichung zur Berechnung der Koeffizienten einer Potenzreihe bleibt im Allgemeinen nicht erhalten, sondern kann sich verändern.
* Mit dieser rekursiven Berechnung der Koeffizienten a_n hat man die Differenzialgleichung (5.3.1) gelöst.
* Man nennt diese Methode zur Berechnung der Lösung der Differenzialgleichung (5.3.1) die **Methode der unbestimmten Koeffizienten.**
* Zwei linear unabhängige Lösungen der Gl. (5.3.1) und damit ein Fundamentalsystem erhält man, indem man z. B. zwei linear unabhängige Lösungen der Differenzengleichung (5.43) berechnet. Dies tut man z. B. dadurch, dass man zum einen die Anfangswerte $a_0 = 1$, $a_1 = 0$ wählt und zum anderen die Anfangswerte $a_0 = 0$, $a_1 = 1$.
* Es sei abschließend daran erinnert, dass a_0 der Funktionswert der Lösung $y(x)$ der Differenzialgleichung am Entwicklungspunkt $x = 0$ ist und dass a_1 deren erste Ableitung bei $x = 0$ ist.

Die Differenzengleichung

Wir wissen aus allgemeinen Überlegungen heraus (siehe oben), dass der Konvergenzradius r der Potenzreihe (5.39) den Wert $r = 1$ haben muss, weil die Differenzialgleichung (5.3.1) bei $x = 1$ eine Singularität besitzt und die Potenzreihe den Funktionsverlauf über diese Singularität hinaus nicht darstellen kann. Man nennt die Darstellung der Lösung einer Differenzialgleichung in der Umgebung eines Punktes eine **lokale Lösung** im Gegensatz zu einer **globalen Lösung**, wenn der Konvergenzradius der Potenzreihe über alle Grenzen groß ist.

Man kann nun auch analytisch zeigen, dass der Konvergenzradius $r = 1$ ist. Dazu gehen wir von der Differenzengleichung (5.43) aus

$$- n\,(n+1)\,a_{n+1} + n\,[(n-1) + A]\,a_n + B\,a_{n-1} = 0, \; n = 2, 3, 4, \ldots, \quad (5.44)$$

definieren die Größe

$$t_n = \frac{a_{n+1}}{a_n}$$

und erhalten nach Division durch a_n aus (5.44)

$$-n\,(n+1)\,t_n + n\,[(n-1)+A] + \frac{B}{t_{n-1}} = 0, \; n = 2, 3, 4, \ldots$$

oder

$$-n\,(n+1)\,t_n\,t_{n-1} + n\,[(n-1)+A]\,t_{n-1} + B = 0, \; n = 2, 3, 4, \ldots$$

Dividiert man diese Gleichung durch $-n\,(n+1)$, dann erhält man

$$t_n\,t_{n-1} - \frac{1+\frac{A-1}{n}}{1+\frac{1}{n}}\,t_{n-1} - \frac{B}{n\,(n+1)} = 0, \; n = 2, 3, 4, \ldots \qquad (5.45)$$

Wenn t_n für $n \to \infty$ gegen einen endlichen Wert konvergiert, d.h., wenn

$$\lim_{n\to\infty} t_n = t$$

gilt, dann kann man in (5.45) den Grenzübergang für $n \to \infty$ ausführen, und es folgt

$$\underbrace{t_n\,t_{n-1}}_{\to t^2} - \underbrace{\frac{1+\frac{A-1}{n}}{1+\frac{1}{n}}}_{\to 1}\,t_{n-1} - \underbrace{\frac{B}{n\,(n+1)}}_{\to 0} = 0, \; n = 2, 3, 4, \ldots;$$

damit erhält man nach dem Grenzübergang eine quadratische Gleichung für t:

$$t\,(t-1) = 0$$

mit den beiden Lösungen

$$t_1 = 0, \; t_2 = 1.$$

Nach dem d'Alembert'schen Konvergenzkriterium (vgl. (2.49)) ist aber die Größe t das Reziproke des Konvergenzradius r der Potenzreihe (5.39)

$$t = \frac{1}{r}. \qquad (5.46)$$

Die lineare Differenzengleichung (5.43) ist eine Gleichung zweiter Ordnung; deren allgemeine Lösung setzt sich also aus zwei linear unabhängigen Partikulärlösungen additiv zusammen:

$$a_n^{(g)} = L_1\,a_{n1} + L_2\,a_{2n};$$

eine dieser beiden Partikulärlösungen erzeugt mittels Potenzreihe (5.39) eine Lösung der Differenzialgleichung (5.3.1), deren Konvergenzradius ist $r = 1$, die also bis zur benachbarten Singularität der Differenzialgleichung reicht, die andere ist wegen

$t = t_1 = 0$ eine ganze Funktion, d.h., $r = \infty$. Für beliebige Anfangswerte der Rekursion (5.42), (5.43) erhält man eine Mischung, und damit wird der Konvergenzradius zu $\max(t_1, t_2) = 1$ und also damit zu $r = r_{min} = 1$. Den Grund dafür, dass die Differenzialgleichung (5.3.1) auch Lösungen besitzt, die an der Singularität der Gleichung bei $x = 1$ holomorph sind, den wollen wir nun im Folgenden herausfinden.

5.3.2   Singuläre Punkte der Lösungen

Standardisierte Lösungen
Im Abschn. 5.2 haben wir **Singularitäten von Differenzialgleichungen** (5.16)

$$\frac{\mathrm{d}^2 y}{\mathrm{d}x^2} + P(x)\,\frac{\mathrm{d}y}{\mathrm{d}x} + Q(x)\,y = 0 \qquad (5.47)$$

betrachtet. Davon streng zu unterscheiden sind **Singularitäten der Lösungen** von Differenzialgleichungen (5.16). Dieser Zusammenhang ist im Allgemeinen kompliziert, für lineare Differenzialgleichungen lässt er sich aber übersichtlich darstellen und ist von essentieller Bedeutung für die Theorie:

- Singularitäten in Partikulärlösungen linearer Differenzialgleichungen kommen höchstens an Stellen vor, an denen die zugrunde liegende Differenzialgleichung eine Singularität besitzt. Oder anders ausgedrückt: An einer gewöhnlichen Stelle einer linearen Differenzialgleichung hat keine ihrer Partikulärlösungen eine Singularität; jede Lösung hat dort einen endlichen Funktionswert und ist dort beliebig oft stetig differenzierbar.
- Das Umgekehrte gilt aber nicht: An einer regulären Singularität einer linearen Differenzialgleichung kann eine Partikulärlösung eine Singularität haben, muss sie aber nicht.
- Bei regulären Singularitäten kann es sogar vorkommen, dass sämtliche Partikulärlösungen holomorph sind und damit auch die allgemeine Lösung der Differenzialgleichung. Hat die allgemeine Lösung einer linearen Differenzialgleichung an einer singulären Stelle keine Singularität, so heißt die Singularität der Differenzialgleichung **scheinbare Singularität**.

Weil jede Lösung $y = y(x)$ einer Differenzialgleichung der Form (5.47) an einer gewöhnlichen Stelle einen endlichen Funktionswert hat und dort beliebig oft stetig differenzierbar ist und andererseits Potenzreihen innerhalb ihres Konvergenzradius r solche Funktionen darstellen können, ist jede Lösung einer Differenzialgleichung der Form (5.47) an einer gewöhnlichen Stelle durch eine Potenzreihe darstellbar. Aus diesem Grunde reicht der Konvergenzradius r einer Potenzreihe, die eine solche Lösung darstellt, bis zur nächstliegenden Singularität der Differenzialgleichung. Es handelt sich normalerweise um eine lokale Darstellung der Partikulärlösung.

Es stellt sich nun die Frage, wie die Lösung einer Differenzialgleichung der Form (5.47) an einer regulären Singularität $x = x_0$ aussieht. Diese wichtige Frage wurde von dem deutschen Mathematiker **Ferdinand Georg Frobenius** (1849–1917) beantwortet: Die Lösung einer Differenzialgleichung (5.47) an einer regulären Singularität $x = x_0$ ist eine Potenzreihe um $x = x_0$, multipliziert mit einer algebraischen Potenz

$$(x - x_0)^\alpha, \quad \alpha \in \mathbb{R}.$$

Also hat die Lösung die Form (vgl. [3], S. 144)

$$y(x) = (x - x_0)^\alpha \sum_{n=0}^{\infty} a_n (x - x_0)^n = \sum_{n=0}^{\infty} a_n (x - x_0)^{n+\alpha}. \tag{5.48}$$

Das Schöne dabei ist, dass neben ihrem potenzreihenmäßigen Aussehen der Lösungen die Reihen in (5.48) einen endlichen Konvergenzradius haben, der mindestens so groß ist, dass er bis zur benachbarten Singularität der Differenzialgleichung reicht. Dabei ist α Lösung einer algebraischen Gleichung zweiter Ordnung.[1]

Wenn die Differenzialgleichung (5.47) an $x = x_0$ eine reguläre Singularität hat, dann hat der Koeffizient $P(x)$ der Gl. (5.47) in der Nähe der Singularität $x = x_0$ die Form

$$P(x) = \frac{A}{x - x_0} + p(x), \tag{5.49}$$

wobei $p(x)$ an $x = x_0$ holomorph ist, und der Koeffizient $Q(x)$ der Gl. (5.47) hat in der Nähe der Singularität $x = x_0$ die Form

$$Q(x) = \frac{B}{(x - x_0)^2} + \frac{C}{x - x_0} + q(x), \tag{5.50}$$

wobei auch $q(x)$ an $x = x_0$ holomorph ist; diese algebraische Gleichung zweiter Ordnung für α ist gegeben durch[2]

$$\alpha^2 - (1 - A)\alpha + B = 0. \tag{5.51}$$

Gl. (5.51) heißt **charakteristische Gleichung der Singularität** der Differenzialgleichung (5.47) bei $x = x_0$. Die Lösungen der Gl. (5.51) sind

$$\alpha_1 = \frac{1}{2}\left[1 - A + \sqrt{(1 - A)^2 - 4B}\right],$$
$$\alpha_2 = \frac{1}{2}\left[1 - A - \sqrt{(1 - A)^2 - 4B}\right]. \tag{5.52}$$

---

[1] Grund hierfür ist, dass die zugrunde liegende Differenzialgleichung ebenfalls von zweiter Ordnung ist.

[2] Es ist auffallend, dass der Parameter C keinen Einfluss auf die Größe α hat.

Diese beiden Werte α_i, $i = 1, 2$ werden **charakteristische Exponenten der Singularität** genannt, weil sie das Verhalten der Lösungen in der Umgebung um die in Rede stehende Singularität der zugrunde liegenden Differenzialgleichung bestimmen. Wenn die Diskriminante

$$(1 - A)^2 - 4\,B$$

in den beiden Ausdrücken (5.52) für die charakteristischen Exponenten nicht null ist, dann gibt es zwei verschiedene charakteristische Exponenten $\alpha_1 \neq \alpha_2$, was wir im Folgenden voraussetzen wollen. In diesem Fall hat man zwei partikuläre Lösungen der Differenzialgleichung (5.47) in Form **verallgemeinerter Potenzreihen**, die linear unabhängig sind, die man also als Fundamentalsystem von Lösungen der Differenzialgleichung (5.47) heranziehen kann:

$$y_1(x) = (x - x_0)^{\alpha_1} \sum_{n=0}^{\infty} a_n\,(x - x_0)^n = \sum_{n=0}^{\infty} a_n\,x^{n+\alpha_1},$$

$$y_2(x) = (x - x_0)^{\alpha_2} \sum_{n=0}^{\infty} a_n\,(x - x_0)^n = \sum_{n=0}^{\infty} a_n\,x^{n+\alpha_2}. \tag{5.53}$$

Die verallgemeinerte Potenzreihe (5.48) stellt Funktionen dar, die im Allgemeinen am Entwicklungspunkt $x = x_0$ nicht mehr stetig differenzierbar sind, und zwar genau dann nicht, wenn die charakteristischen Exponenten gebrochen rationale oder irrationale Zahlen sind, was im Allgemeinen zutrifft.

▶ **Definition** Die Lösungen von der Form (5.48) um reguläre Singularitäten linearer Differenzialgleichungen zweiter Ordnung heißen **Frobenius-Lösungen**.

Wenn mindestens einer der beiden charakteristischen Exponenten an einer Singularität einer Differenzialgleichung (5.47) null oder eine natürliche Zahl ist, dann hat die Differenzialgleichung dort eine partikuläre Lösung, die holomorph ist, d. h., sie ist dort beliebig oft stetig differenzierbar; und ein solches Verhalten kann durch eine Potenzreihe dargestellt werden.

Es ist abschließend noch eine Bemerkung zu dem Fall zu machen, in dem die charakteristische Gl. (5.51) eine Doppelwurzel hat. Dann erhält man über die oben dargelegte Methode jedenfalls nur eine Lösung der Differenzialgleichung (5.47).

Ich möchte nun zeigen, dass unter diesen Bedingungen die zweite Lösung logarithmenbehaftet sein kann, aber nicht muss. Die beiden linear unabhängigen Partikulärlösungen haben die Form (vgl. [3], S. 128):[3]

---

[3]Man beachte, dass die Koeffizienten a_{n1} der Potenzreihe, die als Faktor vor dem Logarithmus steht, dieselben sind wie die Koeffizienten der Potenzreihe zur Darstellung der Lösung $y_1(x)$, also der nicht logarithmenbehafteten Partikulärlösung.

$$y_1(x) = (x - x_0)^{\alpha_1} \sum_{n=0}^{\infty} a_{n1} \, (x - x_0)^n,$$

$$y_2(x) = (x - x_0)^{\alpha_1} \sum_{n=0}^{\infty} a_{n2} \, (x - x_0)^n + k \, \ln(x - x_0) \, (x - x_0)^{\alpha_1} \sum_{n=0}^{\infty} a_{n1} \, (x - x_0)^n \quad (5.54)$$

mit $k = 1$ oder $k = 0$. Um zu verstehen, warum k diese beiden Werte annehmen kann, seien die folgenden Anmerkungen gemacht.

Man muss wissen, dass man für die zweite Lösung einen aus der Methode der Variation der Konstanten (s. Abschn. 4.3) stammenden Produktansatz machen muss, um weiterzukommen:

$$\boxed{y_2(x) = v(x) \, y_1(x).}$$

Geht man mit diesem Ansatz in die Differenzialgleichung (5.47) ein, so erhält man eine lineare Differenzialgleichung (4.4) erster Ordnung für

$$u = \frac{\mathrm{d}v}{\mathrm{d}x} = v' :$$

(Auf die explizite Herleitung verzichte ich in diesem Zusammenhang; vgl. hierzu [3], S. 136–139)

$$\frac{\mathrm{d}u}{\mathrm{d}x} + \left(p(x) + 2 \frac{y_1'(x)}{y_1(x)} \right) u = 0$$

mit

$$y' = \frac{\mathrm{d}y_1}{\mathrm{d}x},$$

deren Lösung nach (4.8) gegeben ist durch

$$u(x) = v'(x) = (x - x_0)^{\varrho} \sum_{n=0}^{\infty} c_n \, (x - x_0)^n. \quad (5.55)$$

Das Entscheidende ist nun, dass ϱ für eine große und wichtige Anzahl von Funktionen $p(x)$ ganzzahlig ist. Wir nehmen an, dass dies der Fall sei.

Man kann nun $u(x) = v'(x)$ in (5.55) gliedweise integrieren. Dabei ist es nun aber wichtig, ob ϱ negativ ist oder nicht. Ist dies der Fall, so tritt durch den Term

$$\frac{1}{x - x_0}$$

im Folgenden ein Logarithmus auf. Man erhält also

$$v(x) = (x - x_0)^{\varrho} \sum_{n=0}^{\infty} b_n \, (x - x_0)^n + k \, \ln(x - x_0)^{\varrho} \sum_{n=0}^{\infty} a_n \, (x - x_0)^n \quad (5.56)$$

und damit für die allgemeine Lösung der Differenzialgleichung (5.47) in dem Falle, in dem die charakteristische Gl. (5.51) eine Doppelwurzel hat, die Gl. (5.54).

Beispiel Sei $\varrho = -3$. Dann ist

$$v'(x) = u(x) = a_0 (x - x_0)^{-3} + a_1 (x - x_0)^{-2} + a_2 (x - x_0)^{-1}$$
$$+ a_3 (x - x_0)^0 + a_4 (x - x_0)^{+1} + \dots,$$

und man sieht sofort, dass der Term $a_2 (x - x_0)^{-1}$ bei der gliedweisen Integration einen Logarithmus erzeugt.

Die Euler'sche Gleichung

Es ist von fundamentaler Bedeutung, dass man die Form der singularitätenbehafteten Lösungen an einer regulären singulären Stelle einer Differenzialgleichung angeben kann. Wir geben deshalb diese Lösungen explizit an und betrachten dazu, um konkret zu bleiben, die für diese Betrachtungen geeignete Euler'sche Differenzialgleichung (5.17), eine Fuchs'sche Differenzialgleichung (5.47) mit zwei Singularitäten:

$$\frac{\mathrm{d}^2 y}{\mathrm{d}x^2} + \frac{A}{x} \frac{\mathrm{d}y}{\mathrm{d}x} + \frac{B}{x^2} y = 0. \tag{5.57}$$

Diese Differenzialgleichung hat bei $x = 0$ und am uneigentlichen Punkt $x = \infty$ jeweils eine reguläre Singularität. Sie hat keinen Term

$$\frac{C}{x}, \tag{5.58}$$

wie man dies vielleicht aus der zweiten der Gl. (5.17) heraus zunächst erwarten würde; allerdings zeigt die Gl. (5.18), dass ein solcher Term nicht vorhanden sein kann, weil sonst die Singularität im Unendlichen nicht mehr regulär wäre, denn die Bedingung (5.18) kann nicht erfüllt werden. Dies sieht man auch, wenn man die Differenzialgleichung stürzt, d. h., wenn man die Transformation

$$\tilde{x} = \frac{1}{x}$$

auf die Differenzialgleichung (5.57) anwendet; dann ergibt sich eine Gl. (5.47) mit den Koeffizienten (5.32):

$$\tilde{P}(\tilde{x}) = \frac{2 - A}{\tilde{x}},$$

$$\tilde{Q}(\tilde{x}) = \frac{B}{\tilde{x}^2},$$

also

$$\frac{\mathrm{d}^2 y}{\mathrm{d}\tilde{x}^2} + \frac{2 - A}{\tilde{x}} \frac{\mathrm{d}y}{\mathrm{d}\tilde{x}} + \frac{B}{\tilde{x}^2} y = 0; \quad \tilde{x} \in \mathbb{R}. \tag{5.59}$$

Diese Differenzialgleichung hat an denselben Stellen Singularitäten wie die Gl. (5.57), nämlich bei $\tilde{x} = 0$ und bei $\tilde{x} = \infty$, aber im Vergleich zu (5.57) sind gegeneinander vertauscht: Die Singularität an der Stelle $x = 0$ der Gl. (5.57) ist diejenige am uneigentlichen Punkt $\tilde{x} = \infty$ der Gl. (5.59), und die Singularität an der Stelle $x = \infty$ der Gl. (5.57) ist diejenige am Ursprung $\tilde{x} = 0$ der Gl. (5.59). Ein Term (5.58) in der Differenzialgleichung (5.57), also

$$\frac{d^2 y}{dx^2} + \frac{A}{x}\frac{dy}{dx} + \left(\frac{B}{x^2} + \frac{C}{x}\right) y = 0 \tag{5.60}$$

würde bei einer Stürzung eine Differenzialgleichung

$$\frac{d^2 y}{d\tilde{x}^2} + \frac{2 - A}{\tilde{x}}\frac{dy}{d\tilde{x}} + \left(\frac{B}{\tilde{x}^2} + \frac{C}{\tilde{x}^3}\right) y = 0 \tag{5.61}$$

ergeben; diese wäre aber keine Differenzialgleichung der Fuchs'schen Klasse mehr, weil die Singularität bei $\tilde{x} = 0$ nicht mehr regulär, sondern irregulär wäre, was wir aber nicht haben möchten.

Für die Lösungen der Gl. (5.57) machen wir einen Ansatz gemäß (5.48), bezogen auf die Singularität am Ursprung $x_0 = 0$:

$$y(x) = \sum_{n=0}^{\infty} a_n x^{n+\alpha}. \tag{5.62}$$

Auch hier gibt es im Allgemeinen wiederum zwei Werte α_1 und α_2 des charakteristischen Exponenten α. Im Folgenden wollen wir diese Form der Lösungen rechnerisch belegen, die beiden charakteristischen Exponenten α_1 und α_2 berechnen und außerdem zeigen, wie man die Koeffizienten a_n in den Frobenius-Lösungen bestimmen kann. Dazu multiplizieren wir die Gl. (5.57) mit x^2 durch und erhalten

$$x^2 \frac{d^2 y}{dx^2} + A x \frac{dy}{dx} + B y = 0. \tag{5.63}$$

Für die Ableitungen des Ansatzes (5.62) erhält man

$$\frac{dy}{dx} = \sum_{n=0}^{\infty} a_n (n + \alpha) x^{n+\alpha-1},$$

$$\frac{d^2 y}{dx^2} = \sum_{n=0}^{\infty} a_n (n + \alpha) (n + \alpha - 1) x^{n+\alpha-2}. \tag{5.64}$$

Setzt man (5.62) und (5.64) in die Differenzialgleichung (5.63) ein und dividiert man durch x^α durch, so erhält man

$$x^2 \sum_{n=0}^{\infty} a_n (n + \alpha)(n + \alpha - 1) x^{n-2}$$

$$+ A x \sum_{n=0}^{\infty} a_n (n + \alpha) x^{n-1}$$

$$+ B \sum_{n=0}^{\infty} a_n x^n = 0$$

oder

$$\sum_{n=0}^{\infty} a_n (n + \alpha)(n + \alpha - 1) x^n$$

$$+ A \sum_{n=0}^{\infty} a_n (n + \alpha) x^n$$

$$+ B \sum_{n=0}^{\infty} a_n x^n = 0$$

oder

$$\sum_{n=0}^{\infty} a_n \left[(n + \alpha)(n + \alpha + A - 1) + B \right] x^n = 0.$$

Schreibt man diese Summe explizit an, so erhält man

$$[(0 + \alpha)(0 + \alpha + A - 1) + B] a_0 x^0$$
$$+ [(1 + \alpha)(1 + \alpha + A - 1) + B] a_1 x^1$$
$$+ [(2 + \alpha)(2 + \alpha + A - 1) + B] a_2 x^2$$
$$+ [(3 + \alpha)(3 + \alpha + A - 1) + B] a_3 x^3$$
$$+ \ldots = 0.$$

Setzt man nun die Koeffizienten einer jeden Potenz zu null, dann erhält man die folgenden Gleichungen:

$$x^0 : [(0 + \alpha)(0 + \alpha + A - 1) + B] a_0 = 0,$$
$$x^1 : [(1 + \alpha)(1 + \alpha + A - 1) + B] a_1 = 0,$$
$$x^2 : [(2 + \alpha)(2 + \alpha + A - 1) + B] a_2 = 0,$$
$$x^3 : [(3 + \alpha)(3 + \alpha + A - 1) + B] a_3 = 0,$$
$$\ldots \ldots \tag{5.65}$$

Wir setzen $a_0 \neq 0$ (sonst würde man nur $a_n = 0$ für alle n und damit die triviale Lösung $y(x) \equiv 0$ erhalten); damit folgt aus der ersten Gleichung in (5.65)

$$\alpha^2 - (1 - A)\,\alpha + B = 0,$$

also die Bestimmungsgleichung (5.51) für die beiden charakteristischen Koeffizienten α_1 und α_2 in (5.62).

Die anderen Gleichungen in (5.65) können allerdings nur erfüllt werden, wenn

$$a_n = 0 \text{ für alle } n > 0.$$

Damit haben wir die allgemeine Lösung der Differenzialgleichung (5.57) erhalten:

$$y_x^{(g)} = c_1\, x^{\alpha_1} + c_2\, x^{\alpha_2};$$

dabei sind c_1 und c_2 irgendwelche Konstanten in x.

Anmerkungen

1. Noch ein Wort zur Sonderrolle regulärer Singularitäten von linearen Differenzialgleichungen (5.47) und zum Grund dafür, warum man sie von den irregulären Singularitäten abgrenzt: Es sind die einzigen Singularitäten, bei denen die Reihen in den Ansätzen (5.48) einen endlichen Konvergenzradius r haben, und es sind die einzigen Singularitäten von linearen Differenzialgleichungen (5.15), die bei Annäherung an eine Singularität der Differenzialgleichung ein grundsätzlich nur beschränktes Wachstum haben. Denn für Frobenius-Lösungen existiert bei Annäherung an die Singularität $x = 0$ immer eine Zahl k derart, dass

$$\lim_{x \to 0} |x^k\, y(x)| = 0$$

gilt.

2. Die beiden Reihen in den Frobenius-Lösungen an der Stelle $x = 0$ für die Differenzialgleichung (5.57) haben nur ein Glied, sie entarten also beide in endliche Reihen, genauer gesagt in Polynome der Ordnung null.

Die Differenzialgleichung der Fuchs'schen Klasse mit drei Singularitäten

Wir wollen nun noch ein Beispiel diskutieren, für welches die Reihen in den Frobenius-Lösungen nicht abbrechen und betrachten hierzu die Differenzialgleichung der Fuchs'schen Klasse mit drei Singularitäten

$$\frac{d^2 y}{dx^2} + \left[\frac{A_0}{x} + \frac{A_1}{x-1}\right]\frac{dy}{dx} + \left[\frac{B_0}{x^2} + \frac{B_1}{(x-1)^2} + \frac{C}{x} - \frac{C}{x-1}\right] y = 0. \quad (5.66)$$

Im Folgenden werden die Koeffizienten a_n der Frobenius-Lösungen (5.48) ebenso wie die charakteristischen Exponenten α_1, α_2 der beiden Frobenius-Lösungen an der Singularität der Differenzialgleichung am Ursprung $x = 0$ explizit berechnet.

Es handelt sich bei der Differenzialgleichung (5.66) um eine solche, bei welcher die beiden im Endlichen liegenden Singularitäten (die natürlich regulär sind, sonst wäre es keine Differenzialgleichung der Fuchs'schen Klasse!) bei $x_1 = 0$ und bei $x_2 = 1$ liegen.

Die Partikulärlösungen dieser Gleichung um die Singularität am Ursprung $x = 0$ haben also wiederum die Form

$$y(x) = x^\alpha \sum_{n=0}^\infty a_n\, x^n. \tag{5.67}$$

Dabei ist α wiederum Lösung der algebraischen Gleichung zweiter Ordnung

$$\alpha^2 + (1 - A_0)\,\alpha + B_0 = 0 \tag{5.68}$$

mit den beiden Lösungen

$$\begin{aligned}
\alpha_1 &= \frac{1}{2}\left[1 - A_0 + \sqrt{(1 - A_0)^2 - 4\,B_0}\,\right], \\
\alpha_2 &= \frac{1}{2}\left[1 - A_0 - \sqrt{(1 - A_0)^2 - 4\,B_0}\,\right].
\end{aligned} \tag{5.69}$$

Wenn, was wir annehmen, die Diskriminante in (5.69) nicht null ist, dann gibt es zwei verschiedene charakteristische Exponenten. In diesem Fall hat man wiederum zwei linear unabhängige, partikuläre Lösungen der Differenzialgleichung (5.66) in Form verallgemeinerter Potenzreihen gemäß (5.67):

$$\begin{aligned}
y_1(x) &= x^{\alpha_1} \sum_{n=0}^\infty a_{n1}\, x^n, \\
y_2(x) &= x^{\alpha_2} \sum_{n=0}^\infty a_{n2}\, x^n.
\end{aligned} \tag{5.70}$$

Auch hier gilt, dass beide Frobenius-Lösungen (5.70) als Fundamentalsystem der Differenzialgleichung (5.66) herangezogen werden können. Dies bedeutet, dass die allgemeine Lösung $y^{(g)}(x)$ der Differenzialgleichung (5.66) in der Form

$$y^{(g)} = c_1\, y_1(x) + c_2\, y_2(x)$$

angeschrieben werden kann. Dabei sind c_2 und c_2 beliebige Konstanten in x.

Im Folgenden wollen wir die charakteristischen Exponenten α_i, $i = 1, 2$ ebenso wie die Koeffizienten a_i, $i = 1, 2$ der Frobenius-Lösungen (5.70) berechnen. Dazu multiplizieren wir die Gl. (5.66) mit $x^2\,(x - 1)^2$ durch und erhalten

$$\begin{aligned}
\left(x^4 - 2\,x^3 + x^2\right) & \frac{\mathrm{d}^2 y}{\mathrm{d}x^2} \\
+ \left[A_0\, x\,(x - 1)^2 + A_1\, x^2\,(x - 1)\right] & \frac{\mathrm{d}y}{\mathrm{d}x} \\
+ \left[B_0\,(x - 1)^2 + B_1\, x^2 + C\, x\,(x - 1)^2 - C\, x^2\,(x - 1)\right] y &= 0
\end{aligned}$$

und daraus durch Zusammenfassen der verschiedenen Potenzen von x in den beiden eckigen Klammern

$$\left(x^4 - 2x^3 + x^2\right)\frac{d^2y}{dx^2} + \left(\tilde{A}_3\,x^3 + \tilde{A}_2\,x^2 + \tilde{A}_1\,x\right)\frac{dy}{dx} + \left(\tilde{B}_2\,x^2 + \tilde{B}_1\,x + \tilde{B}_0\right)y = 0$$

mit

$$
\begin{aligned}
\tilde{A}_3 &= A_0 + A_1, \\
\tilde{A}_2 &= -2A_0 - A_1, \\
\tilde{A}_1 &= A_0, \\
\tilde{B}_2 &= B_0 + B_1 - C, \\
\tilde{B}_1 &= -2B_0 + C, \\
\tilde{B}_0 &= B_0.
\end{aligned}
$$

Schreibt man den Ansatz (5.67) in der Form

$$y(x) = \sum_{n=0}^{\infty} a_n\,x^{n+\alpha}, \tag{5.71}$$

so erhält man für die Ableitungen

$$\frac{dy}{dx} = \sum_{n=0}^{\infty} a_n\,(n+\alpha)\,x^{n+\alpha-1},$$

$$\frac{d^2y}{dx^2} = \sum_{n=0}^{\infty} a_n\,(n+\alpha)\,(n+\alpha-1)\,x^{n+\alpha-2}. \tag{5.72}$$

Setzt man (5.71) und (5.72) in die Differenzialgleichung (5.66) ein, so erhält man

$$x^4 \sum_{n=0}^{\infty} a_n\,(n+\alpha)\,(n+\alpha-1)\,x^{n-2}$$

$$-2x^3 \sum_{n=0}^{\infty} a_n\,(n+\alpha)\,(n+\alpha-1)\,x^{n-2}$$

$$+x^2 \sum_{n=0}^{\infty} a_n\,(n+\alpha)\,(n+\alpha-1)\,x^{n-2}$$

$$+\tilde{A}_3\,x^3 \sum_{n=0}^{\infty} a_n\,(n+\alpha)\,x^{n-1}$$

$$+\tilde{A}_2\,x^2 \sum_{n=0}^{\infty} a_n\,(n+\alpha)\,x^{n-1}$$

$$+\tilde{A}_1 \, x \sum_{n=0}^{\infty} a_n \, (n + \alpha) \, x^{n-1}$$

$$+\tilde{B}_2 \, x^2 \sum_{n=0}^{\infty} a_n \, x^n$$

$$+\tilde{B}_1 \, x \sum_{n=0}^{\infty} a_n \, x^n$$

$$+\tilde{B}_0 \sum_{n=0}^{\infty} a_n \, x^n = 0;$$

zieht man die Potenzen in x vor den Summenzeichen unter diese, dann erhält man

$$\sum_{n=0}^{\infty} a_n \, (n + \alpha) \, (n + \alpha - 1) \, x^{n+2}$$

$$-2 \sum_{n=0}^{\infty} a_n \, (n + \alpha) \, (n + \alpha - 1) \, x^{n+1}$$

$$+ \sum_{n=0}^{\infty} a_n \, (n + \alpha) \, (n + \alpha - 1) \, x^n$$

$$+\tilde{A}_3 \sum_{n=0}^{\infty} a_n \, (n + \alpha) \, x^{n+2}$$

$$+\tilde{A}_2 \sum_{n=0}^{\infty} a_n \, (n + \alpha) \, x^{n+1}$$

$$+\tilde{A}_1 \sum_{n=0}^{\infty} a_n \, (n + \alpha) \, x^n$$

$$+\tilde{B}_2 \sum_{n=0}^{\infty} a_n \, x^{n+2}$$

$$+\tilde{B}_1 \sum_{n=0}^{\infty} a_n \, x^{n+1}$$

$$+\tilde{B}_0 \sum_{n=0}^{\infty} a_n \, x^n = 0.$$

Schreibt man die Summen aus, so erhält man schließlich die folgende Differenzengleichung:

$$\left[(0+\alpha)\,(0+\alpha-1+\tilde{A}_3)+\tilde{B}_2\right]a_0\,x^2$$

$$+\left[(1+\alpha)\,(1+\alpha-1+\tilde{A}_3)+\tilde{B}_2\right]a_1\,x^3$$

$$+\left[(2+\alpha)\,(2+\alpha-1+\tilde{A}_3)+\tilde{B}_2\right]a_2\,x^4$$

$$\ldots$$

$$+\left[(0+\alpha)\left[-2\,(0+\alpha-1)+\tilde{A}_2\right]+\tilde{B}_1\right]a_0\,x^1$$

$$+\left[(1+\alpha)\left[-2\,(1+\alpha-1)+\tilde{A}_2\right]+\tilde{B}_1\right]a_1\,x^2$$

$$+\left[(2+\alpha)\left[-2\,(2+\alpha-1)+\tilde{A}_2\right]+\tilde{B}_1\right]a_2\,x^3$$

$$\ldots$$

$$+\left[(0+\alpha)\,(0+\alpha-1+\tilde{A}_1)+\tilde{B}_0\right]a_0\,x^0$$

$$+\left[(1+\alpha)\,(1+\alpha-1+\tilde{A}_1)+\tilde{B}_0\right]a_1\,x^1$$

$$+\left[(2+\alpha)\,(2+\alpha-1+\tilde{A}_1)+\tilde{B}_0\right]a_2\,x^2$$

$$+\left[(3+\alpha)\,(3+\alpha-1+\tilde{A}_1)+\tilde{B}_0\right]a_3\,x^3$$

$$\ldots=0.$$

Setzt man nun die Koeffizienten einer jeden Potenz zu null, dann erhält man die folgenden Gleichungen:

$$x^0:\left[\alpha\,(\alpha-1+\tilde{A}_1)+\tilde{B}_0\right]a_0=0,$$

$$x^1:\left[(1+\alpha)\,(1+\alpha-1+\tilde{A}_1)+\tilde{B}_0\right]a_1+\left\{(0+\alpha)\left[-2\,(0+\alpha-1)+\tilde{A}_2\right]+\tilde{B}_1\right\}a_0=0,$$

$$x^2:\left[(2+\alpha)\,(2+\alpha-1+\tilde{A}_1)+\tilde{B}_0\right]a_2+\left\{(1+\alpha)\left[-2\,(1+\alpha-1)+\tilde{A}_2\right]+\tilde{B}_1\right\}a_1$$

$$+\left[(0+\alpha)\,(\alpha-1+\tilde{A}_3)+\tilde{B}_2\right]a_0=0,$$

$$x^3:\left[(3+\alpha)\,(3+\alpha-1+\tilde{A}_1)+\tilde{B}_0\right]a_3+\left\{(2+\alpha)\left[-2\,(2+\alpha-1)+\tilde{A}_2\right]+\tilde{B}_1\right\}a_2$$

$$+\left[(1+\alpha)\,(1+\alpha-1+\tilde{A}_3)+\tilde{B}_2\right]a_1=0,$$

$$\ldots$$

Man kann all diese Gleichungen in einer Differenzengleichung mit Anlaufrechnung zusammenfassen und erhält

$$\left[\alpha \left(\alpha - 1 + \tilde{A}_1 \right) + \tilde{B}_0 \right] a_0 = 0, \tag{5.73}$$

$$\left[(1 + \alpha) \left(\alpha + \tilde{A}_1 \right) + \tilde{B}_0 \right] a_1 + \left\{ \alpha \left[-2 \left(\alpha - 1 \right) + \tilde{A}_2 \right] + \tilde{B}_1 \right\} a_0 = 0, \tag{5.74}$$

$$\left\{ \left[(n+1) + \alpha \right] \left[(n+1) + \alpha - 1 + \tilde{A}_1 \right] + \tilde{B}_0 \right\} a_{n+1}$$
$$+ \left\{ (n + \alpha) \left[-2 \left(n + \alpha - 1 \right) + \tilde{A}_2 \right] + \tilde{B}_1 \right\} a_n$$
$$+ \left\{ \left[(n-1) + \alpha \right] \left[(n-1) + \alpha - 1 + \tilde{A}_3 \right] + \tilde{B}_2 \right\} a_{n-1} = 0,$$
$$n = 1, 2, 3, 4, \ldots \tag{5.75}$$

Unter der Annahme $a_0 \neq 0$ folgt aus der ersten Gl. (5.73)

$$\alpha^2 - \left(1 - \tilde{A}_1 \right) \alpha + \tilde{B}_0 = 0$$

eine quadratische Gleichung für die beiden charakteristischen Exponenten α_1 und α_2, und es folgt aus der zweiten Gl. (5.74) der Anlaufrechnung mit vorgegebenem $a_0 \neq 0$

$$a_1 = - \frac{(1 + \alpha) \left(1 + \alpha - 1 + \tilde{A}_1 \right) + \tilde{B}_0}{\alpha \left[-2 \left(\alpha - 1 \right) + \tilde{A}_2 \right] + \tilde{B}_1} a_0.$$

Die Differenzengleichung (5.75) wird also nach Vorgabe von a_0 zu einer linearen, dreigliedrigen Rekursion, für sämtliche Werte von a_n für $n = 1, 2, 3, \ldots$, die man in der Form

$$a_1 = - \frac{(1 + \alpha) \left(1 + \alpha - 1 + \tilde{A}_1 \right) + \tilde{B}_0}{\alpha \left[-2 \left(\alpha - 1 \right) + \tilde{A}_2 \right] + \tilde{B}_1} a_0,$$

$$\left(1 + \frac{\alpha_{+1}}{n} + \frac{\beta_{+1}}{n^2} \right) a_{n+1} + \left(-2 + \frac{\alpha_{\pm 0}}{n} + \frac{\beta_{\pm 0}}{n^2} \right) a_n$$
$$+ \left(1 + \frac{\alpha_{-1}}{n} + \frac{\beta_{-1}}{n^2} \right) a_{n-1} = 0, \tag{5.76}$$
$$n = 1, 2, 3, 4, \ldots$$

schreiben kann; die darin auftretenden Parameter sind

$$\alpha_{+1} = 1 + 2\alpha + \tilde{A}_1, \quad \beta_{+1} = \alpha^2 + \alpha \left(1 + \tilde{A}_1 \right) + \tilde{A}_1 + \tilde{B}_0,$$
$$\alpha_{\pm 0} = -(4\alpha - \tilde{A}_2 - 2), \quad \beta_{\pm 0} = -(2\alpha^2 - \alpha(\tilde{A}_2 + 2) - \tilde{B}_1),$$
$$\alpha_{-1} = 2\alpha + \tilde{A}_3 - 3, \quad \beta_{-1} = \alpha^2 + \alpha \left(\tilde{A}_3 - 3 \right) - \tilde{A}_3 + \tilde{B}_2 + 2.$$

Beispiele

- Betrachten wir den Fall $A_0 = 1$, $B_0 = -1$. Damit folgt die charakteristische Gleichung

$$\alpha^2 = 1$$

  mit den Lösungen

$$\alpha_1 = +1,$$
$$\alpha_2 = -1.$$

- Betrachten wir den Fall $B_0 = 0$. Damit folgt die charakteristische Gleichung

$$\alpha^2 + (A - 1)\,\alpha = 0$$

  mit den Lösungen

$$\alpha_1 = 0,$$
$$\alpha_2 = 1 - A.$$

Es gibt also in diesem Fall mindestens eine Partikulärlösung der Differenzialgleichung (5.57), die an der Singularität $x = 0$ holomorph ist; dies ist eine wichtige Situation, auf die wir noch zurückkommen werden!

- Betrachten wir schließlich noch den Fall $B_0 = B_1 = 0$, $A_0 = A_1 = 2$. Für diese Werte wird die Differenzialgleichung der Fuchs'schen Klasse (5.66) mit drei Singularitäten zu einer Gauß'schen Differenzialgleichung (5.24). Deren charakteristische Gleichungen an ihren Singularitäten sind nach (5.68) und nach (5.34) gegeben durch

$$\alpha_0\,(\alpha_0 - 1) = 0,$$
$$\alpha_1\,(\alpha_1 - 1) = 0,$$
$$\alpha_\infty^2 + \left(1 - \tilde{A}_0\right)\alpha_\infty + \tilde{B}_0 = 0;$$

daraus ergeben sich die charakteristischen Exponenten zu

$$\alpha_{10} = 0,$$
$$\alpha_{20} = 1,$$
$$\alpha_{11} = 0,$$
$$\alpha_{21} = 1,$$
$$\alpha_{1\infty} = \frac{1}{2}\left[1 - \tilde{A}_0 + \sqrt{(1 - \tilde{A}_0)^2 - 4\,\tilde{B}_0}\right]$$
$$= \frac{3}{2} + \frac{1}{2}\sqrt{9 - 4\,C},$$
$$\alpha_{2\infty} = \frac{1}{2}\left[1 - \tilde{A}_0 - \sqrt{(1 - \tilde{A}_0)^2 - 4\,\tilde{B}_0}\right]$$
$$= \frac{3}{2} - \frac{1}{2}\sqrt{9 - 4\,C}.$$

Die Lösung, welche am Ursprung holomorph ist, hat also die Form

$$y(z) = \sum_{n=0}^{\infty} a_n\, x^n \tag{5.77}$$

mit

$$a_{n+1} = \frac{n\,(n+3) - C}{(n+1)\,(n+2)}\, a_n,\ n = 0, 1, 2, 3, \ldots \tag{5.78}$$

Man nennt sie die **hypergeometrische Funktion**.

Fazit

Obwohl die Funktionswerte bei mindestens einem der beiden Koeffizienten $P(x)$ und $Q(x)$ an der Singularität einer Differenzialgleichung (5.47) über alle Grenzen anwachsen, ist dies bei ihren Partikulärlösungen nicht unbedingt der Fall. In vielen Fällen ist mindestens eine Partikulärlösung der Differenzialgleichung an der Singularität der Differenzialgleichung holomorph und hat damit auch einen endlichen Funktionswert. Es gibt sogar Fälle, wo sämtliche Partikulärlösungen einer Differenzialgleichung an einer Singularität holomorph sind. Eine solche Singularität einer Differenzialgleichung nennt man dann eine **scheinbare Singularität**.

5.3.3   Anfangswertprobleme

Wir haben gesehen, dass lineare Differenzialgleichungen Bedingungen für Funktionen sind, die selbst im einfachsten Fall nicht ausreichen, diese Funktionen eindeutig festzulegen. Man benötigt neben der Bedingung, welche die Differenzialgleichung den Funktionen auferlegt, um Lösung zu sein, noch weitere Bedingungen, um eine Funktion eindeutig festzulegen. Bei einer linearen Differenzialgleichung erster Ordnung ist dies der Funktionswert an einer beliebigen Stelle des Definitionsbereiches. Bei einer linearen Differenzialgleichung zweiter Ordnung ist dies der Funktionswert und die erste Ableitung, sofern es sich um eine gewöhnliche Stelle der Differenzialgleichung handelt. An einer singulären Stelle der Differenzialgleichung, so haben wir oben gesehen, braucht man nur den Funktionswert und nicht mehr die erste Ableitung festzulegen, um die konkrete Partikulärlösung der Differenzialgleichung aus der Schar der möglichen Lösungen eindeutig zu bestimmen. Dies liegt daran, dass – grob gesprochen – an der Singularität einer Differenzialgleichung (5.2) der Koeffizient $P_0(x)$ zu null wird und die Gleichung zweiter Ordnung dort lokal zu einer Differenzialgleichung erster Ordnung degeneriert.

Die Festlegung von Wert und erster Ableitung einer Schar von Funktionen und damit die Festlegung einer konkreten Funktion aus einer Schar möglicher Lösungen an einer gewöhnlichen Stelle der Differenzialgleichung heißt **gewöhnliches Anfangswertproblem**. In analoger Weise heißt die Festlegung des Wertes einer

Schar von Funktionen an einer singulären Stelle der Differenzialgleichung dergestalt, dass dies eine Partikulärlösung eindeutig festlegt, **singuläres Anfangswertproblem.**

Beispiele

- Die Rekursion (5.42), (5.43) ermöglicht es, das gewöhnliche Anfangswertproblem für die Differenzialgleichung (5.3.1) zu lösen. Dazu braucht man nur die Werte a_0 und a_1 zu wählen und damit in die Differenzengleichung (5.3.1) einzugehen. Dadurch wird diese Differenzengleichung zu einer dreigliedrigen Rekursion, mit deren Hilfe man die Gesamtheit der Koeffizienten a_n, $n = 0, 1, 2, 3, \ldots$ der Lösung bis zu jedem gewünschten $n = N$ angeben kann, womit das gewöhnliche Anfangswertproblem der Differenzialgleichung (5.3.1) gelöst ist.
- Die Rekursion (5.42), (5.43) eröffnet nun auch die Möglichkeit, ein singuläres Anfangswertproblem zu lösen. Dazu wählt man den Wert a_0, berechnet mithilfe der Anlaufrechnung in (5.42) den Wert a_1 und geht damit in die Differenzengleichung in (5.43) ein. Dadurch wird diese ebenfalls zu einer dreigliedrigen Rekursion, mit deren Hilfe man die Gesamtheit der Koeffizienten a_n, $n = 0, 1, 2, 3, \ldots$ der Lösung bis zu jedem gewünschten Index $n = N$ angeben kann, womit das singuläre Anfangswertproblem der Differenzialgleichung (5.66) gelöst ist.

5.4 Transformationen von Differenzialgleichungen

Es gibt eine Transformation sowohl der abhängigen wie auch der unabhängigen Veränderlichen, welche den Typ der linearen Differenzialgleichung nicht verändern. Diese beiden Transformationen spielen in der Theorie linearer Differenzialgleichungen eine wichtige Rolle. In diesem Abschnitt werden diese beiden Transformationen eingeführt und näher betrachtet.

5.4.1 Moebius-Transformationen

Eine Funktion $y = y(x)$ weist jedem Wert einer Veränderlichen (oder auch Variablen) x einen Wert einer Veränderlichen (oder auch Variablen) y zu. Die Größe x nennt man aus diesem Grund **unabhängige Variable** oder auch einfach nur **Unabhängige**, die Größe y nennt man dagegen **abhängige Variable** oder auch einfach nur **Abhängige**.

Es gibt nun eine Transformation $x \to \tilde{x}$ der Unabhängigen x, welche den Typ der Differenzialgleichung (5.16)

$$\frac{\mathrm{d}^2 y}{\mathrm{d}x^2} + P(x)\,\frac{\mathrm{d}y}{\mathrm{d}x} + Q(x)\,y = 0; \quad y = y(x), \ x \in \mathbb{R} \tag{5.79}$$

unverändert lässt und nur die konkrete Form der Koeffizientenfunktionen $P(x)$ und $Q(x)$ in eine andere Form $\tilde{P}(\tilde{x})$ und $\tilde{Q}(\tilde{x})$ verändert. Wichtig ist diese Transformation deshalb, weil sie die Lage der Singularitäten einer Gl. (5.79) verändern kann.

Namentlich kann man mit ihr drei Punkte einer Differenzialgleichung (5.79) festlegen, also z. B. drei ihrer Singularitäten. Es handelt sich um die Transformation
$x \rightarrow \tilde{x}$

$$\tilde{x} = \frac{a\,x + b}{c\,x + d}, \tag{5.80}$$

wobei a, b, c und d irgendwelche reellen Zahlen sind, die nur einer Bedingung
genügen müssen:

$$a\,c - b\,d \neq 0.$$

Die Abb. (5.80) ist die einzige bijektive konforme (d. h. winkeltreue) Abbildung der
geschlossenen Kugeloberfläche auf sich selbst. Sie wird auch **isomorphe Transformation** oder **homografische Transformation** genannt (vgl. [2], S. 324 ff.); im
Zusammenhang mit Differenzialgleichungen nennen wir sie **Möbius-
Transformation**. Eine Möbius-Transformation ist nichts anderes als eine Drehung
und eine Streckung (bzw. Stauchung) einer Kugel, unabhängig davon, was man
mathematisch auf dieser Kugeloberfläche macht.

Die Möbius-Transformation als Abbildung interpretiert, kann drei Singularitäten
der Differenzialgleichung (5.79) auf drei andere Punkte abbilden, ohne den Charakter
der Gleichung oder der Singularitäten der Gleichung zu verändern. Dies erlaubt es
immer, die Orte dreier Singularitäten der Gl. (5.79) auf die Punkte $x = 0$, $x = 1$
und an den uneigentlichen Punkt $x = \infty$ zu legen. Dies sind nämlich die Orte für die
Singularitäten der Differenzialgleichungen, für welche Rechnungen die einfachsten
Formeln annehmen, was immer man berechnet.

Es sei noch erwähnt, dass

$$x = \frac{d\,\tilde{x} - b}{-c\,\tilde{x} + a}$$

die zu (5.80) inverse Abbildung ist.

Ich gebe im Folgenden noch die Differenzialgleichung an, die sich aus (5.79) als
Ergebnis der Transformation (5.80) ergibt. Die hierzu notwendige Rechnung haben
wir bereits im Abschn. 5.1 gemacht und dort gesehen, dass eine Differenzialgleichung
(5.8)

$$\frac{\mathrm{d}^2 y}{\mathrm{d}x^2} + P(x)\,\frac{\mathrm{d}y}{\mathrm{d}x} + Q(x)\,y = 0; \ y = y(x), \ x \in \mathbb{R}$$

nach einer Transformation (5.80)

$$\tilde{x} = \frac{a\,x + b}{c\,x + d} \tag{5.81}$$

die Form (5.11)–(5.13) annimmt:

$$\frac{\mathrm{d}^2 y}{\mathrm{d}\tilde{x}^2} + \tilde{P}(\tilde{x})\,\frac{\mathrm{d}y}{\mathrm{d}\tilde{x}} + Q(\tilde{x})\,y = 0; \ y = y(\tilde{x}), \ \tilde{x} \in \mathbb{R}$$

mit den Koeffizienten

$$\tilde{P}(\tilde{x}) = \frac{P(\tilde{x})}{\dfrac{d\tilde{x}}{dx}} + \frac{\dfrac{d^2\tilde{x}}{dx^2}}{\left(\dfrac{d\tilde{x}}{dx}\right)^2}$$

und

$$\tilde{Q}(\tilde{x}) = \frac{Q(\tilde{x})}{\left(\dfrac{d\tilde{x}}{dx}\right)^2}.$$

Man braucht also nur noch die entsprechenden Größen der konkreten Transformation (5.80) berechnen und erhält

$$\tilde{P}(\tilde{x}) = \frac{P(\tilde{x})}{\dfrac{d\tilde{x}}{dx}} + \frac{\dfrac{d^2\tilde{x}}{dx^2}}{\left(\dfrac{d\tilde{x}}{dx}\right)^2} = P(\tilde{x}) \frac{a\,d - b\,c}{(c\,\tilde{x} - a)^2} + \frac{2\,c}{c\,\tilde{x} - a} \qquad (5.82)$$

und

$$\tilde{Q}(\tilde{x}) = \frac{Q(\tilde{x})}{\left(\dfrac{d\tilde{x}}{dx}\right)^2} = Q(\tilde{x}) \frac{(a\,d - b\,c)^2}{(c\,\tilde{x} - a)^4}. \qquad (5.83)$$

Wenn man eine Differenzialgleichung (5.79) einer Möbius-Transformation (5.80) unterziehen will, so braucht man also nur deren Koeffizienten $P(x)$ und $Q(x)$ in Abhängigkeit der transformierten Variablen $\tilde{x}$ zu schreiben und die Koeffizienten a, b, c, d der Transformation (5.80) in die Formeln (5.82) und (5.83) einzusetzen, um die transformierte Gl. (5.81) zu erhalten.

Beispiel
Als Beispiel transformieren wir die drei Singularitäten einer allgemeinen Fuchs'schen Differenzialgleichung (5.23) mit drei Singularitäten auf die Punkte $x = 0$, $x = 1$ und $x = \infty$.

Wir betrachten also die Fuchs'sche Differenzialgleichung (5.23) mit drei Singularitäten, wobei zwei davon an den Stellen $x = x_1$ und $x = x_2$, also im Endlichen, liegen sollen und die dritte im Unendlichen:

$$\frac{d^2 y}{dx^2} + P(x) \frac{dy}{dx} + Q(x)\, y = 0, \quad y = y(x),\ x \in \mathbb{R} \qquad (5.84)$$

mit

$$P(x) = \frac{A_{x_1}}{x - x_1} + \frac{A_{x_2}}{x - x_2}$$

$$Q(x) = \frac{B_{x_1}}{(x - x_1)^2} + \frac{B_{x_2}}{(x - x_2)^2} + \frac{C_x}{x - x_1} - \frac{C_x}{x - x_2}. \tag{5.85}$$

Die Moebius-Transformation (5.80) mit der konkreten Form

$$\tilde{x} = \frac{a\,x + b}{c\,x + d} = \frac{x - x_1}{x_2 - x_1} \tag{5.86}$$

bildet die beiden bei $x = x_1$ und bei $x = x_2$ liegenden Singularitäten der Differenzialgleichung (5.84) und (5.85) auf die Punkte $\tilde{x}_1 = 0$ und $\tilde{x}_2 = 1$ ab und belässt die Singularität im Unendlichen:

$$\begin{array}{cccc} x : & \infty & x_1 & x_2 \\ \downarrow & \downarrow & \downarrow & \downarrow \\ \tilde{x} : & \infty & 0 & +1 \end{array}$$

d. h., es ist

$$a = 1,$$
$$b = -x_1,$$
$$c = 0,$$
$$d = x_2 - x_1.$$

Die Transformation (5.86) ergibt das Ergebnis

$$\frac{\mathrm{d}^2 y}{\mathrm{d}\tilde{x}^2} + \tilde{P}(\tilde{x})\,\frac{\mathrm{d}y}{\mathrm{d}\tilde{x}} + \tilde{Q}(\tilde{x})\,y = 0, \quad y = y(\tilde{x}), \ \tilde{x} \in \mathbb{R},$$

wobei

$$\tilde{P}(\tilde{x}) = \frac{A_0}{\tilde{x}} + \frac{A_1}{\tilde{x} - 1}$$

ist, mit

$$A_0 = A_{x_1}\,(x_2 - x_1),$$
$$A_1 = A_{x_2}\,(x_2 - x_1)$$

und

$$\tilde{Q}(\tilde{x}) = \frac{B_0}{\tilde{x}^2} + \frac{B_1}{(\tilde{x} - 1)^2} + \frac{C}{\tilde{x}} - \frac{C}{\tilde{x} - 1}$$

mit

$$B_0 = B_{x_1}\,(x_2 - x_1)^2,$$
$$B_1 = B_{x_3}\,(x_2 - x_1)^2,$$
$$C = C_x\,(x_2 - z_1)^2.$$

5.4.2 s-homotope Transformationen

Neben dieser Moebius-Transformation der Unabhängigen x gibt es auch eine Transformation der Abhängigen y, welche ebenfalls die Eigenschaft hat, den Typ der Differenzialgleichung (5.5)

$$\frac{d^2 y}{dx^2} + P(x)\,\frac{dy}{dx} + Q(x)\,y = 0 \tag{5.87}$$

unverändert zu lassen. Wichtig ist diese Transformation deshalb, weil man mit ihrer Hilfe jeweils einen der beiden charakteristischen Exponenten α_1, α_2 an jeder (regulären) endlichen Singularität einer Fuchs'schen Differenzialgleichung zu null machen kann. Im Ergebnis erhält man nämlich so eine Gleichung, die an jeder endlichen Singularität mindestens eine Partikulärlösung hat, die an dieser Singularität holomorph ist, d. h. dort in eine Potenzreihe entwickelt oder von einer Potenzreihe dargestellt werden kann. Es handelt sich um die Transformation $y(x) \rightarrow w(x)$

$$y(x) = f(x)\,w(x). \tag{5.88}$$

Dabei kann $f(x)$ prinzipiell eine beliebige Funktion sein, aber im Zusammenhang mit Differenzialgleichungen (5.87) handelt es sich gewöhnlich um Funktionen der Form

$$f(x) = (x - x_0)^{\gamma}, \tag{5.89}$$

wobei x_0 eine Singularität der Gl. (5.87) ist und als Wert von γ normalerweise einer der charakteristischen Exponenten α_1 oder α_2 an dieser Singularität genommen wird. Ist dies der Fall, dann heißt die Transformation (5.88), (5.89) eine **s-homotope Transformation**, was andeuten soll, dass die Orte der Singularitäten der zugrunde liegenden Gleichung durch die Transformation nicht angetastet wird.

Das Entscheidende an der Transformation (5.88), (5.89) ist nämlich, dass die Differenz

$$\alpha_1 - \alpha_2 \tag{5.90}$$

zwischen den beiden charakteristischen Exponenten an der Singularität bei x_0 der zugrunde liegenden Differenzialgleichung (5.87) nicht verändert wird. Diese Differenz (5.90) ist also eine Invariante der Transformation (5.88), (5.89).

Ich gebe im Folgenden noch die Differenzialgleichung an, die sich aus (5.87) als Ergebnis der Transformation (5.88) ergibt:

Die Variable y der Differenzialgleichung (5.87) wird auf die Variable w transformiert gemäß

$$y(x) = f(x)\,w(x), \tag{5.91}$$

wobei $f = f(x)$ eine zweimal stetig differenzierbare Funktion ist, sodass

$$\frac{d^2 w}{dx^2} + \tilde{P}(x)\,\frac{dw}{dx} + \tilde{Q}(x)\,w(x) = 0 \tag{5.92}$$

die Differenzialgleichung für $w(x)$ wird. Die erste und zweite Ableitung von (5.91) ist gegeben durch

$$\frac{dy}{dx} = \frac{df}{dx}\, w(x) + f(x)\,\frac{dw}{dx}$$

und

$$\frac{d^2 y}{dx^2} = \frac{d^2 f}{dx^2}\, w(x) + 2\,\frac{df}{dx}\,\frac{dw}{dx} + f(x)\,\frac{d^2 w}{dx^2}.$$

Setzt man diese Formeln in die Differenzialgleichung (5.87) ein, dann erhält man

$$\frac{d^2 f}{dx^2}\, w(x) + 2\,\frac{df}{dx}\,\frac{dw}{dx} + f(x)\,\frac{d^2 w}{dx^2} + P(x)\left(\frac{df}{dx}\, w(x) + f(x)\,\frac{dw}{dx}\right) + Q(x)\, f(x)\, w(x) = 0$$

oder

$$f(x)\,\frac{d^2 w}{dx^2} + \left(P(x)\, f(x) + 2\,\frac{df}{dx}\right)\frac{dw}{dx} + \left(Q(x)\, f(x) + P(x)\,\frac{df}{dx} + \frac{d^2 f}{dx^2}\right) w(x) = 0.$$

Das Ergebnis ist also eine Differenzialgleichung der Form

$$\frac{d^2 w}{dx^2} + \tilde{P}(x)\,\frac{dw}{dx} + \tilde{Q}(x)\, w(x) = 0,$$

deren Koeffizienten gegeben sind durch

$$\boxed{\tilde{P}(x) = P(x) + 2\,\frac{f'(x)}{f(x)}} \tag{5.93}$$

mit

$$f'(x) = \frac{df}{dx}$$

und

$$\boxed{\tilde{Q}(x) = Q(x) + P(x)\,\frac{f'(x)}{f(x)} + \frac{f''(x)}{f(x)}} \tag{5.94}$$

mit

$$f''(x) = \frac{d^2 f}{dx^2}.$$

Beispiel

Als Beispiel transformieren wir eine Fuchs'sche Differenzialgleichung (5.23) mit drei Singularitäten bei $x_1 = 0$, $x_2 = 1$ und am uneigentlichen Punkt auf eine Gauß'sche Differenzialgleichung (5.24).

Wir betrachten also die Fuchs'sche Differenzialgleichung (5.23) mit drei Singularitäten, die bei $x_1 = 0$, $x_2 = 1$ und im Unendlichen[4] $x = \infty$ jeweils eine Singularität besitzt:

$$\frac{d^2 y}{dx^2} + \left\{ \frac{A_0}{x} + \frac{A_1}{x-1} \right\} \frac{dy}{dx} + \left\{ \frac{B_0}{x^2} + \frac{B_1}{(x-1)^2} + \frac{C}{x} - \frac{C}{x-1} \right\} y = 0. \quad (5.95)$$

Die Beziehungen zwischen den Parametern in den Koeffizienten

$$P(x) = \frac{A_0}{x} + \frac{A_1}{x-1} \quad (5.96)$$

und

$$Q(x) = \frac{B_0}{x^2} + \frac{B_1}{(x-1)^2} + \frac{C}{x} - \frac{C}{x-1} \quad (5.97)$$

einerseits und den charakteristischen Exponenten an den Singularitäten der Gl. (5.95) andererseits sind gegeben durch die folgenden Formeln:

$$A_0 = 1 - \alpha_{10} - \alpha_{20},$$
$$A_1 = 1 - \alpha_{11} - \alpha_{21},$$
$$B_0 = \alpha_{10}\,\alpha_{20},$$
$$B_1 = \alpha_{11}\,\alpha_{21},$$
$$C = \frac{\alpha_{10}\,\alpha_{20} - \alpha_{11}\,\alpha_{21} + \alpha_{1\infty}\,\alpha_{2\infty}}{2}$$

oder

$$\alpha_{10} = \frac{1}{2}\left(1 - A_0 + \sqrt{(1-A_0)^2 - 4\,B_0}\right),$$
$$\alpha_{20} = \frac{1}{2}\left(1 - A_0 - \sqrt{(1-A_0)^2 - 4\,B_0}\right),$$
$$\alpha_{11} = \frac{1}{2}\left(1 - A_1 + \sqrt{(1-A_1)^2 - 4\,B_1}\right),$$
$$\alpha_{21} = \frac{1}{2}\left(1 - A_1 - \sqrt{(1-A_1)^2 - 4\,B_1}\right),$$
$$\alpha_{1\infty} = \frac{1}{2}\left(A_0 + A_1 - 1 - \sqrt{(A_0 + A_1 - 1)^2 + 4\,C}\right),$$
$$\alpha_{2\infty} = \frac{1}{2}\left(A_0 + A_1 - 1 + \sqrt{(A_0 + A_1 - 1)^2 + 4\,C}\right).$$

Zur Anwendung der s-homotopen Transformation (5.88) berechnen wir mit

$$f(x) = x^{\alpha_{10}}\,(x-1)^{\alpha_{11}}$$

---

[4]Dies wird dadurch deutlich, dass die Summe der Parameter C des ersten Termes des Koeffizienten Q und $-C$ des zweiten Termes null ergibt.

die folgenden Größen:

$$\frac{f'}{f} = \frac{\alpha_{10}}{x} + \frac{\alpha_{11}}{x-1},$$

$$\frac{f''}{f} = \frac{\alpha_{10}\,(\alpha_{10}-1)}{x^2} - \frac{2\,\alpha_{10}\,\alpha_{11}}{x} + \frac{\alpha_{11}\,(\alpha_{11}-1)}{(x-1)^2} + \frac{2\,\alpha_{10}\,\alpha_{11}}{x-1}$$

mit

$$f' = \frac{\mathrm{d}f}{\mathrm{d}x}, \quad f'' = \frac{\mathrm{d}^2 f}{\mathrm{d}x^2}.$$

Die Anwendung der Transformation

$$y(x) = x^{\alpha_{10}}\,(x-1)^{\alpha_{11}}\,w(x) \tag{5.98}$$

ergibt für $w(x)$ wiederum eine Differenzialgleichung (5.87), aber gemäß (5.93), (5.94) mit anderen Koeffizienten $\tilde{P}(x)$ und $\tilde{Q}(x)$:

$$\begin{aligned}
\tilde{P}(x) &= \frac{A_0}{x} + \frac{A_1}{x-1} + 2\left(\frac{\alpha_{10}}{x} + \frac{\alpha_{11}}{x-1}\right)\\
&= \frac{\tilde{A}_0}{x} + \frac{\tilde{A}_1}{x-1},\\
\tilde{Q}(x) &= \frac{B_0}{x^2} + \frac{B_1}{(x-1)^2} + \frac{C}{x} - \frac{C}{x-1} + \left(\frac{A_0}{x} + \frac{A_1}{x-1}\right)\left(\frac{\alpha_{10}}{x} + \frac{\alpha_{11}}{x-1}\right)\\
&\quad \frac{\alpha_{10}\,(\alpha_{10}-1)}{x^2} - \frac{2\,\alpha_{10}\,\alpha_{11}}{x} + \frac{\alpha_{11}\,(\alpha_{11}-1)}{(x-1)^2} + \frac{2\,\alpha_{10}\,\alpha_{11}}{x-1}\\
&= \frac{\tilde{B}_0}{x^2} + \frac{\tilde{B}_1}{(x-1)^2} + \frac{\tilde{C}_0}{x} + \frac{\tilde{C}_1}{x-1}
\end{aligned}$$

mit

$$\begin{aligned}
\tilde{A}_0 &= A_0 + 2\,\alpha_{10},\\
\tilde{A}_1 &= A_1 + 2\,\alpha_{11},\\
\tilde{B}_0 &= \alpha_{10}^2 - \alpha_{10}\,(1 - A_0) + B_0 = 0,\\
\tilde{B}_1 &= \alpha_{11}^2 - \alpha_{11}\,(1 - A_1) + B_1 = 0,\\
\tilde{C}_0 &= -\,(A_0\,\alpha_{11} + A_1\,\alpha_{10} + 2\,\alpha_{10}\,\alpha_{11} - C),\\
\tilde{C}_1 &= A_0\,\alpha_{11} + A_1\,\alpha_{10} + 2\,\alpha_{10}\,\alpha_{11} - C = -\tilde{C}_0 = -\tilde{C}.
\end{aligned}$$

Also ist die transformierte Differenzialgleichung gegeben durch

$$\frac{\mathrm{d}^2 w}{\mathrm{d}x^2} + \left\{\frac{\tilde{A}_0}{x} + \frac{\tilde{A}_1}{x-1}\right\}\frac{\mathrm{d}w}{\mathrm{d}x} + \left\{\frac{\tilde{C}}{x} - \frac{\tilde{C}}{x-1}\right\}\,w = 0. \tag{5.99}$$

Dies ist die **Gauß'sche Differenzialgleichung** (5.24).

5.5   Randwertprobleme

Die Lösung einer Differenzialgleichung zweiter Ordnung ist eine Funktion, welche durch die Gleichung nur dann eindeutig bestimmt wird, wenn an einem Punkt der unabhängigen Veränderlichen sowohl der Funktionswert als auch die erste Ableitung vorgegeben werden. Man spricht dann von einem Anfangswertproblem (s. o.).

Nun gibt es aber auch die Situation, dass nur entweder der Funktionswert oder aber die erste Ableitung an der betreffenden Stelle vorgegeben ist und anstatt dessen an einer anderen Stelle der Funktionswert. Man spricht dann von einem **Randwertproblem.** In gleicher Weise spricht man auch von einem Randwertproblem, wenn zwar an einer Stelle sowohl Funktionswert und Ableitung vorgegeben wird und an einer anderen Stelle zusätzlich noch der Funktionswert, wenn dazu aber noch ein zusätzlicher Parameter in der Differenzialgleichung frei gewählt werden kann, sodass auch dieses Problem eine Lösung besitzt. Diejenigen Werte, für welche die Differenzialgleichung eine oder mehrere Lösungen besitzt, nennt man **Eigenwerte.** Randwertprobleme dieser Art nennt man entsprechend **Rand-Eigenwertprobleme.**

Handelt es sich bei den beiden Stellen der unabhängigen Veränderlichen um einen gewöhnlichen Punkt der Differenzialgleichung, dann bezeichnet man das Randwertproblem als ein gewöhnliches Randwertproblem. Handelt es sich bei den beiden Stellen der unabhängigen Veränderlichen um singuläre Punkte der Differenzialgleichung, dann bezeichnet man das Randwertproblem als ein singuläres Randwertproblem.

Solche singulären Randwertprobleme sind von enormer Wichtigkeit für die Anwendungen; deren Lösungen sind so wichtige Funktionen, dass sie eigens einen Namen erhalten haben: Man bezeichnet sie als Spezielle Funktionen. Mit dem Studium der sog. **Legendre-Polynomen,** den wohl bekanntesten Speziellen Funktionen, schließen wir den Abschnitt ab.

5.5.1   Gewöhnliche Randwertprobleme

Wir haben gesehen, dass die Lösung eines Anfangswertproblems eine Funktion eindeutig festlegt; diese genügt dann neben den Anfangsbedingungen auch den Bedingungen der zugrunde liegenden Differenzialgleichung. Nun kennt man aber aus den Anwendungen heraus noch eine weitere Fragestellung: Man suche diejenigen Werte eines Parameters einer Differenzialgleichung, für welche die Lösung, welche ein Anfangswertproblem an einem bestimmten Punkt x_0 der Differenzialgleichung löst, an einem anderen Punkt $x_1 \neq x_0$ einen bestimmten Wert annimmt oder bei Annäherung ein bestimmtes Verhalten zeigt.

Weil die Lösung der Differenzialgleichung durch das Anfangswertproblem aber eine eindeutige Funktion ergibt, ist es einleuchtend, dass man für ein sinnvolles Randwertproblem einen weiteren Freiheitsgrad schaffen muss. Dies ist ein freier Parameter der Differenzialgleichung. Erst wenn man einen solchen zur Verfügung hat, dann kann man ein sinnvolles, d. h. lösbares Randwertproblem formulieren: Diejenigen Werte des infrage stehenden Parameters der zugrunde liegenden Differenzialgleichung, für den die Lösung der Differenzialgleichung diese zusätzliche Bedingung erfüllt, heißt **Randwert,** zuweilen auch **Eigenwert,** der Parameter selbst heißt **Randwertparameter** bzw. Eigenwertparameter.

Sind x_0 und x_1 gewöhnliche Punkte der Differenzialgleichung, dann handelt es sich um ein **gewöhnliches Randwertproblem.** Sind x_0 oder x_1 oder x_0 und x_1 singuläre Punkte der Differenzialgleichung, dann handelt es sich um ein **singuläres Randwertproblem.**

Ein gewöhnliches Randwertproblem liegt vor, wenn man von der Lösung (5.39) der Differenzialgleichung (5.3.1) verlangt, dass sie an einem gewöhnlichen Punkt $x = x_1$ der Differenzialgleichung, der nicht der Entwicklungspunkt x_0 der Potenzreihendarstellung ist, einen bestimmten Funktionswert annimmt und dazu einen Parameter festlegt, der zuvor noch unbestimmt gewesen war. Also z. B. soll die Lösung am Punkt x_1 den Wert $y(x_1) = 1$ annehmen, und dazu soll ein Parameter λ entsprechend festgelegt werden.

Mit der expliziten Berechnung des Funktionswertes an der Stelle x_1 durch die dort konvergente Potenzreihe ist das Randwertproblem gelöst, indem man dort den Funktionswert berechnet und den Randwertparameter λ so lange nachjustiert, bis man den Randwert gefunden hat. Zur systematischen Suche des Randwertparameters bedient man sich des sog. Newton-Verfahrens, das im Anhang D.2 näher erläutert wird.

Beispiel

Nehmen wir als Beispiel die Differenzialgleichung (5.3.1) und entwickeln die Partikulärlösung $y(x)$ um den Ursprung $x = 0$, so erhalten wir mit (5.39) die Rekursion (5.42), (5.43) für die Koeffizienten a_n der Potenzreihe. Wir fordern nun als Randwertproblem von der Lösung, dass diese bei $x = 0$ den Wert $y(0) = 1$ annimmt und gleichzeitig bei $x = 0,5$ den Wert $y(x = 0,5) = 1,5$. Weil beide Randpunkte $x = 0$ und $x = 0,5$ gewöhnliche Punkte der Differenzialgleichung sind, können wir am Ursprung neben dem Funktionswert $y(0) = 1$ auch noch über die Ableitung

$$\frac{\mathrm{d}y}{\mathrm{d}x}$$

der Lösung verfügen, um diese eindeutig zu bestimmen. Wir fragen also nach derjenigen Ableitung

$$\left. \frac{\mathrm{d}y}{\mathrm{d}x} \right|_{x=0} = a_1$$

der Lösung am Ursprung, für welche diese Lösung $y(x)$ am (gewöhnlichen) Punkt $x = 0,5$ den Funktionswert $y(x = 0,5) = 1,50$ auf zwei Nachkommastellen genau annimmt.

Zur Lösung dieses Randwertproblems hat man also mithilfe von (5.42), (5.43) die Reihe (5.39) für den Wert $x = 0,5$ mit $a_0 = 1$ zu berechnen und den Anfangswert a_1 der Rekursion (5.42), (5.43) so lange zu variieren, bis die Reihe für $x = 0,5$ den Wert $y(x = 0,5) = 1,50$ ergibt. Als Ergebnis erhält man den Wert $a_1 = 0,585$ (vgl. Abb. 5.1).

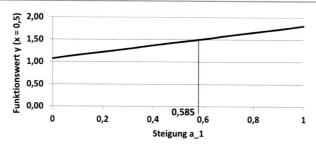

Abb. 5.1 Gewöhnliches Randwertproblem

Wie man der Abb. 5.1 entnimmt, hängt der Funktionswert $y(x = 0, 5)$ in linearer Weise von der Steigung

$$a_1 = \frac{\mathrm{d}y}{\mathrm{d}x}\bigg|_{x=0}$$

der Lösung $y(x = 0)$ am Ursprung $x = 0$ ab.

5.5.2 Singuläre Randwertprobleme

Die Gauß'sche Differenzialgleichung
Wir betrachten die Gauß'sche Differenzialgleichung (5.24), also die Fuchs'sche Differenzialgleichung, die bei $x = 0, x = 1$ und bei $x = \infty$ eine Singularität besitzt und bei der an jeder der beiden im Endlichen liegenden Singularitäten einer der beiden charakteristischen Exponenten null ist. Diese Gleichung ist gegeben durch

$$\frac{\mathrm{d}^2 y}{\mathrm{d}x^2} + \left[\frac{A_0}{x} + \frac{A_1}{x-1} \right] \frac{\mathrm{d}y}{\mathrm{d}x} + \left[\frac{C}{x} - \frac{C}{x-1} \right] y = 0, \ x \in \mathbb{R}. \tag{5.100}$$

Die charakteristischen Exponenten an der Singularität im Ursprung $x = 0$ sind

$$\begin{aligned} \alpha_{01} &= 1 - A_0, \\ \alpha_{02} &= 0, \end{aligned} \tag{5.101}$$

diejenigen an der Singularität bei $x = 1$ sind

$$\begin{aligned} \alpha_{11} &= 1 - A_1, \\ \alpha_{12} &= 0 \end{aligned} \tag{5.102}$$

und diejenigen an der Singularität im Unendlichen sind

$$\begin{aligned} \alpha_{\infty 1} &= \frac{1}{2} \left(A_0 + A_1 - 1 - \sqrt{(A_0 + A_1 - 1)^2 + 4C} \right), \\ \alpha_{\infty 2} &= \frac{1}{2} \left(A_0 + A_1 - 1 + \sqrt{(A_0 + A_1 - 1)^2 + 4C} \right). \end{aligned} \tag{5.103}$$

Diese beiden charakteristischen Exponenten im Unendlichen können berechnet werden, indem man die Gl. (5.100) durch die Transformation (5.27)

$$\tilde{x} = \frac{1}{x}$$

„stürzt"; gemäß (5.28) erhält man

$$\frac{d^2 y}{d\tilde{x}^2} + \left(\frac{2 - A_0 - A_1}{\tilde{x}} + \frac{A_1}{\tilde{x} - 1} \right) \frac{dy}{d\tilde{x}} + \left(-\frac{C}{\tilde{x}^2} - \frac{C}{\tilde{x}} + \frac{C}{\tilde{x} - 1} \right) y = 0.$$

Identifiziert man die Parameter A und B der Koeffizienten $P(x)$ und $Q(x)$ (s. (5.49) und (5.3.2)) der Gl. (5.52) mit A_0, A_1 und C, also denen der Gl. (5.100), setzt man also

$$A = 2 - A_0 - A_1,$$
$$B = -C,$$

so ergeben sich sofort die charakteristischen Koeffizienten $\alpha_{\infty 1}$, $\alpha_{\infty 2}$ an der Singularität im Unendlichen, wie sie in Gl. (5.103) angegeben sind.

Wir benötigen nun noch zwei Relationen der charakteristischen Exponenten der Differenzialgleichung (5.100):

- Wie man leicht nachrechnet, ist die Summe aller charakteristischen Exponenten der Differenzialgleichung (5.100) gleich eins:

$$\alpha_{01} + \alpha_{02} + \alpha_{11} + \alpha_{12} + \alpha_{\infty 1} + \alpha_{\infty 2} = 1. \tag{5.104}$$

- Weiterhin gilt die folgende Beziehung:

$$-\alpha_{\infty 1} \alpha_{\infty 2} = C. \tag{5.105}$$

Es sei an dieser Stelle noch einmal explizit darauf hingewiesen, dass die ganzen Lösungen von Differenzialgleichungen der Fuchs'schen Klasse, die in ihrer natürlichen Form gegeben sind, d. h., dass der Punkt im Unendlichen eine Singularität der Gleichung ist, stets polynomialen Charakter haben, d. h., sie haben stets die Form

$$x^\alpha \sum_{n=0}^{N} a_n x^n, \quad N \in \mathbb{N}$$

Oder anders ausgedrückt: Wenn die Lösungen solcher Differenzialgleichungen ganze Funktionen sind, dann bricht die Potenzreihe ihrer Frobenius-Lösungen (5.53) ab, entartet also zu einem Polynom.

Die beiden Frobenius-Lösungen der Differenzialgleichung (5.100) an der Singularität der Gleichung im Ursprung $x = 0$ (die im Allgemeinen wegen der Singularität der zugrunde liegenden Differenzialgleichung bei $x = 1$ keine ganzen Funktionen sind) haben die Form

$$y_{01}(x) = x^{\alpha_{01}} \sum_{n=0}^{\infty} a_{n1}\, x^n, \tag{5.106}$$

$$y_{02}(x) = \sum_{n=0}^{\infty} a_{n2}\, x^n. \tag{5.107}$$

Im Folgenden werden die Koeffizienten a_n dieser beiden Lösungen von (5.100) berechnet. Dazu multiplizieren wir die Gl. (5.100) mit $x\,(x-1)$ und erhalten

$$x\,(x-1)\,\frac{d^2 y}{dx^2} + [(A_0 + A_1)\,x - A_0]\,\frac{dy}{dx} - C\,y = 0, \; x \in \mathbb{R}.$$

Geht man mit dem Lösungsansatz

$$y(x) = x^{\alpha} \sum_{n=0}^{\infty} a_n\, x^n = \sum_{n=0}^{\infty} a_n\, x^{n+\alpha}, \tag{5.108}$$

der beide Lösungen (5.106) und (5.107) umfasst, sowie dessen erster und zweiter Ableitung

$$\frac{dy}{dx} = \sum_{n=0}^{\infty} (n + \alpha)\, a_n\, x^{n+\alpha-1},$$

$$\frac{d^2 y}{dx^2} = \sum_{n=0}^{\infty} (n + \alpha)\,(n + \alpha - 1)\, a_n\, x^{n+\alpha-2}$$

in die Differenzialgleichung (5.100) ein, so erhält man

$$\left(x^2 - x\right) \sum_{n=0}^{\infty} (n + \alpha)\,(n + \alpha - 1)\, a_n\, x^{n+\alpha-2}$$

$$+ [(A_0 + A_1)\,x - A_0] \sum_{n=0}^{\infty} (n + \alpha)\, a_n\, x^{n+\alpha-1}$$

$$- C \sum_{n=0}^{\infty} a_n\, x^{n+\alpha} = 0.$$

Dividiert man diese Gleichung mit x^{α} durch und multipliziert man aus, so erhält man

$$\sum_{n=0}^{\infty} a_n \left(n + \alpha\right) \left(n - 1 + \alpha\right) x^n$$

$$- \sum_{n=0}^{\infty} a_n \left(n + \alpha\right) \left(n - 1 + \alpha\right) x^{n-1}$$

$$+ \left(A_0 + A_1\right) \sum_{n=0}^{\infty} a_n \left(n + \alpha\right) x^n$$

$$- A_0 \sum_{n=0}^{\infty} a_n \left(n + \alpha\right) x^{n-1}$$

$$- C \sum_{n=0}^{\infty} a_n x^n = 0.$$

Ein Zusammenfassen gleicher Potenzen ergibt

$$\sum_{n=0}^{\infty} \left[\left(n + \alpha\right) \left(n + \alpha - 1\right) + \left(n + \alpha\right) \left(A_0 + A_1\right) - C \right] a_n x^n$$

$$- \sum_{n=0}^{\infty} \left[\left(n + \alpha\right) \left(n - 1 + \alpha\right) + A_0 \left(n + \alpha\right) \right] a_n x^{n-1} = 0.$$

Schreibt man die Summen aus, so erhält man

$$\left[\left(0 + \alpha\right) \cdot \left(0 + \alpha - 1\right) + \left(0 + \alpha\right) \left(A_0 + A_1\right) - C \right] a_0 x^0$$
$$+ \left[\left(1 + \alpha\right) \cdot \left(1 + \alpha - 1\right) + \left(1 + \alpha\right) \left(A_0 + A_1\right) - C \right] a_1 x^1$$
$$+ \left[\left(2 + \alpha\right) \cdot \left(2 + \alpha - 1\right) + \left(2 + \alpha\right) \left(A_0 + A_1\right) - C \right] a_2 x^2$$
$$+ \left[\left(3 + \alpha\right) \cdot \left(3 + \alpha - 1\right) + \left(3 + \alpha\right) \left(A_0 + A_1\right) - C \right] a_3 x^3$$
$$+ \ldots$$
$$- \left[\left(0 + \alpha\right) \left(0 - 1 + \alpha\right) + A_0 \left(0 + \alpha\right) \right] a_0 x^{-1}$$
$$- \left[\left(1 + \alpha\right) \left(1 - 1 + \alpha\right) + A_0 \left(1 + \alpha\right) \right] a_1 x^0$$
$$- \left[\left(2 + \alpha\right) \left(2 - 1 + \alpha\right) + A_0 \left(2 + \alpha\right) \right] a_2 x^1$$
$$- \left[\left(3 + \alpha\right) \left(3 - 1 + \alpha\right) + A_0 \left(3 + \alpha\right) \right] a_3 x^2$$
$$- \left[\left(4 + \alpha\right) \left(4 - 1 + \alpha\right) + A_0 \left(4 + \alpha\right) \right] a_4 x^3$$
$$- \ldots = 0.$$

Ein Nullsetzen der Koeffizienten jeder einzelnen Potenz x^n ergibt schließlich

$$x^{-1} : -\left[(0 + \alpha)(0 - 1 + \alpha) + A_0(0 + \alpha)\right] a_0 = 0,$$

$$x^0 : -\left[(1 + \alpha)(1 - 1 + \alpha) + A_0(1 + \alpha)\right] a_1$$
$$+ \left[(0 + \alpha) \cdot (0 + \alpha - 1) + (0 + \alpha)(A_0 + A_1) - C\right] a_0 = 0,$$

$$x^1 : -\left[(2 + \alpha)(2 - 1 + \alpha) + A_0(2 + \alpha)\right] a_2$$
$$+ \left[(1 + \alpha) \cdot (1 + \alpha - 1) + (1 + \alpha)(A_0 + A_1) - C\right] a_1 = 0,$$

$$x^2 : -\left[(3 + \alpha)(3 - 1 + \alpha) + A_0(3 + \alpha)\right] a_3$$
$$+ \left[(2 + \alpha) \cdot (2 + \alpha - 1) + (2 + \alpha)(A_0 + A_1) - C\right] a_2 = 0,$$

$$x^3 : -\left[(4 + \alpha)(4 - 1 + \alpha) + A_0(4 + \alpha)\right] a_4$$
$$+ \left[(3 + \alpha) \cdot (3 + \alpha - 1) + (3 + \alpha)(A_0 + A_1) - C\right] a_3 = 0,$$

$$x^4 : -\left[(5 + \alpha)(5 - 1 + \alpha) + A_0(5 + \alpha)\right] a_5$$
$$+ \left[(4 + \alpha) \cdot (4 + \alpha - 1) + (4 + \alpha)(A_0 + A_1) - C\right] a_4 = 0,$$

$$\ldots$$

Setzt man nun $a_0 \neq 0$ voraus (anderfalls bekäme man nur die triviale Lösung $a_n = 0$ für alle $n = 0, 1, 2, \ldots$), so erhält man aus der ersten Gleichung die quadratische Bedingung für die charakteristischen Exponenten α_{01} und α_{02}

$$\alpha^2 - (1 - A_0)\,\alpha = 0$$

und also die erwarteten Lösungen (vgl. (5.101))

$$\alpha = \alpha_{01} = 1 - A_0,$$
$$\alpha = \alpha_{02} = 0.$$

Aus den anderen Gleichungen erhält man die lineare, gewöhnliche, homogene Differenzengleichung erster Ordnung

$$\left[(n + \alpha)(n + \alpha - 1 + A_0 + A_1) - C\right] a_n$$
$$- \left[((n + 1) + \alpha)((n + 1) + \alpha - 1 + A_0)\right] a_{n+1} = 0,$$

$$n = 0, 1, 2, 3, \ldots$$

oder

$$\boxed{a_{n+1} - f(n)\,a_n = 0, \ n = 0, 1, 2, 3, \ldots} \tag{5.109}$$

mit

$$f(n) = \frac{(n + \alpha)(n + \alpha + A_0 + A_1 - 1) - C}{(n + \alpha + 1)(n + \alpha + A_0)}. \tag{5.110}$$

Für $\alpha = \alpha_{01} = 1 - A_0$ ergibt sich daraus

$$f(n) = \frac{(n + A_1)(n + 1 - A_0) - C}{(n + 1)(n + 2 - A_0)}, \tag{5.111}$$

und für $\alpha = \alpha_{02} = 0$ ergibt sich daraus

$$f(n) = \frac{n(n + A_0 + A_1 - 1) - C}{(n + 1)(n + A_0)}. \tag{5.112}$$

Die Differenzengleichung

Wir betrachten die Differenzengleichung (5.109)

$$a_{n+1} - f(n)\,a_n = 0, \ n = 0, 1, 2, 3, \ldots \tag{5.113}$$

Es handelt sich um eine lineare, gewöhnliche, homogene Differenzengleichung erster Ordnung. Wie man sieht, ergeben sich durch Wahl eines der Glieder a_N für jedes beliebige, fest gewählte $N \in \mathbb{N}$ auf rekursive Weise sämtliche anderen Werte a_n, $n \in \mathbb{N}$ Bestimmt man also z. B. den Wert a_0, so lassen sich mittels (5.113) sämtliche Werte a_n, $n \in \mathbb{N}$ rekursiv berechnen. Durch die Wahl von a_0 wird die Differenzengleichung (5.113) also zu einer linearen, homogenen, zweigliedrigen Rekursion.

Eine so ermittelte Lösung nennt man analog zu denjenigen der Differenzialgleichungen eine **Partikulärlösung** der Differenzengleichung (5.113). In gleicher Weise nennt man die Gesamtheit aller Partikulärlösungen

$$a_n^{(g)} = C\,a_n, \ n \in \mathbb{N}$$

wobei C eine beliebige reelle Zahl darstellt, die **allgemeine Lösung** der Differenzengleichung (5.113). Die allgemeine Lösung einer linearen Differenzengleichung erster Ordnung ist also ein linearer, eindimensionaler Vektorraum (vgl. Anhang C 1).

Übrigens kann man die Lösungen der Differenzengleichung (5.113) auch geschlossen darstellen:

$$a_n = \Pi_{i=1}^{n-1} a_i\,a_0.$$

Dies ist möglich, weil es sich um eine Gleichung erster Ordnung handelt. Bei Differenzengleichungen höherer als erster Ordnung ist dies nicht mehr möglich.

Es ist im Folgenden wichtig zu verstehen, dass eine Differenzengleichung, ebenso wie eine Differenzialgleichung, neben den besprochenen nichttrivialen Lösungen auch noch triviale besitzt. Bei Differenzialgleichungen sind dies die identisch verschwindenden Funktionen $y(x) \equiv 0$, bei den Differenzengleichungen sind dies die abbrechenden Lösungen

$$a_n, \quad n = 0, 1, 2, 3, \ldots N.$$

Wie man der Differenzengleichung (5.113) entnimmt, lässt sich eine solche triviale, d. h. abbrechende Lösung ermitteln, indem man die Nullstellen der Koeffizientenfunktion $f(n)$ aus (5.110) berechnet:

$$f(N) = 0, \quad N \in \mathbf{N}$$

Dann wird $a_{N+1} = 0$, und daraus wiederum folgt, dass alle nachfolgenden Werte der a_n, $n > N + 1$ ebenfalls zu null werden, womit die Folge a_n abbricht.

Das singuläre Randwertproblem

Auf Basis der oben durchgeführten, formalen Berechnungen und deren Ergebnissen sowie den Anmerkungen zu linearen Differenzengleichungen im zweiten wird nun das folgende Randwertproblem gelöst: Die Konvergenzradien der beiden Potenzreihen (5.106) und (5.107) sind im Allgemeinen eins, weil die Partikulärlösungen der Differenzialgleichung (5.100) bei

$$x = 1$$

im Allgemeinen eine Singularität aufweisen, wie man an deren charakteristischen Exponenten (5.102) sieht, denn Potenzreihen sind nicht in der Lage, eine eventuell auftretende Singularität in den Lösungen beschreiben zu können. Dies sieht man auch, wenn man bemerkt, dass für den Grenzwert

$$\lim_{n \to \infty} f(n) = 1$$

gilt; weil nun aber nach (5.109)

$$f(n) = \frac{a_{n+1}}{a_n}$$

ist und weil das Verhältnis zweier aufeinanderfolgender Glieder

$$\frac{a_{n+1}}{a_n}$$

dieser Differenzengleichung den reziproken Konvergenzradius r der Reihen in dem Lösungsansatz (5.108) angibt (s. (5.46)), muss dieser Konvergenzradius stets eins sein.

Nun gibt es aber, wie man an den charakteristischen Exponenten (5.102) an der Singularität bei $x = 1$ auch sieht, eine Partikulärlösung der Differenzialgleichung (5.100), welche bei $x = 1$ holomorph ist. Es erhebt sich die Frage, welche Bedingung die Parameter A_0, A_1, C der Differenzialgleichung erfüllen müssen, damit die Lösung genau diese Eigenschaft annimmt, also bei $x = 1$ holomorph zu sein.

Diese Bedingung soll im Folgenden ermittelt werden. Es handelt sich dabei um ein typisches singuläres Randwertproblem. Man möchte also mit dem Ansatz (5.108) eine Lösung ermitteln, welche an der Singularität der Differenzialgleichung (5.100) bei $x = 1$ holomorph ist; dies bedeutet, dass die gesuchte Lösung der Differenzialgleichung (5.100) eine ganze Funktion sein muss, d. h., dass ihr Konvergenzradius größer sein muss als eins, denn dann ist er mangels weiterer endlicher Singularitäten der zugrunde liegenden Differenzialgleichung unendlich groß, und die Potenzreihe in der Frobenius-Lösung stellt eine ganze Funktion dar. Dies wiederum ist dann der Fall, wenn die Lösung der Differenzengleichung (5.109) aus einer Zahlenfolge besteht, welche abbricht, die also nur endlich viele von null verschiedene Glieder hat. Dies wiederum hat zur Folge, dass die Lösung (5.106) bzw. (5.107) der Differenzialgleichung (5.100) zu einem Polynom degeneriert und somit zu einer Funktion, welche bei $x = 1$ holomorph ist.

Ein Abbruch der Differenzengleichung (5.109) ist wegen ihrer Zweigliedrigkeit dann gegeben, wenn für ein n die Funktion $f(n)$ in (5.110) bzw. (5.111) oder (5.112) eine Nullstelle aufweist. Somit ist

$$f(N) = 0, \quad N \in \mathbb{N}$$

die Bedingung dafür, dass das Randwertproblem erfüllt wird, dass also die Differenzialgleichung (5.100) eine Lösung besitzt, welche einerseits an der Singularität der Gleichung bei $x = 0$ ein bestimmtes, mit den charakteristischen Exponenten der Singularität konformes Verhalten besitzt und gleichzeitig an der Singularität der Gleichung bei $x = 1$ holomorph ist.

Die Bedingung dafür, dass die Potenzreihen (5.107) abbrechen, ist also gegeben durch

$$(n + \alpha)(n + \alpha + A_0 + A_1 - 1) - C = 0. \tag{5.114}$$

Für $\alpha = \alpha_{01} = 1 - A_0$ ergibt sich daraus

$$(n + 1 - A_0)(n + A_1) - C = 0 \tag{5.115}$$

und für $\alpha = \alpha_{02} = 0$ ergibt sich daraus

$$n(n + A_0 + A_1 - 1) - C = 0. \tag{5.116}$$

Die Gl. (5.114)–(5.116) nennt man die **Randbedingung** des oben definierten singulären Randwertproblems. Man beachte, dass beim vorliegenden Randwertproblem der Gauß'schen Differenzialgleichung (5.100) die Randbedingung (5.114) algebraischer Natur ist, die Randwerte also algebraische Zahlen sind. Dies ist bei Differenzialgleichungen mit mehr als drei Singularitäten im Allgemeinen nicht mehr der Fall.

Die aus diesem Verfahren konstruierten polynomialen Funktionen

$$y(x) = x^\alpha \sum_{n=0}^{N} a_n x^n$$

mit $\alpha = \alpha_{01} = 1 - A_0$ und $\alpha = \alpha_{02} = 0$ als Partikulärlösungen des singulären Randwertproblems der Gauß'schen Differenzialgleichung (5.100) heißen **hypergeometrische Polynome**.

Kann man also z. B. einen der drei Parameter A_0, A_1, C der Differenzialgleichung (5.100) frei wählen, so wird er damit zum Randwertparameter, und man hat mit (5.114) eine Bedingung dafür, welche Werte dieser Randwertparameter annehmen muss, damit es Partikulärlösungen der Differenzialgleichungen (5.100) gibt, welche die Randbedingung erfüllen, d. h., dass es sich bei den Partikulärlösungen (5.109) der Differenzialgleichung (5.100), welche durch die Potenzreihen (5.108) dargestellt werden, um Funktionen handelt, die zunächst einmal Lösungen der Gauß'schen Differenzialgleichung (5.100) sind und die außerdem an der Singularität der Gleichung bei $x = 0$ ein bestimmtes, mit den charakteristischen Exponenten der Singularität konformes Verhalten besitzt und gleichzeitig an der Singularität der Gleichung bei $x = 1$ holomorph ist.

Ich möchte mit einer Betrachtung schließen, die zeigt, wie man durch einen bestimmten Aspekt die Richtigkeit der Randbedingungen (5.114) bzw. (5.115) und (5.116) bestätigen kann.

Dazu betrachten wir die Partikulärlösungen (5.106) und (5.107)

$$y_{01}(x) = x^{\alpha_{01}} \sum_{n=0}^{\infty} a_{n1} x^n,$$

$$y_{02}(x) = \sum_{n=0}^{\infty} a_{n2} x^n. \tag{5.117}$$

Es ist eine fundamentale Folge der Linearität der Gauß'schen Differenzialgleichung (5.100), dass sich jede Partikulärlösung der Differenzialgleichung (5.100) durch Lösungen (5.117) in Form von Reihenentwicklungen um den Ursprung $x = 0$ genau dann durch eine Linearkombination der beiden Frobenius-Lösungen $y_{\infty 1}(x)$ und $y_{\infty 2}(x)$ an der Singularität der Differenzialgleichung (5.100) im Unendlichen darstellen lässt, wenn die Lösung bei $x = 1$ holomorph und damit eine ganze Funktion ist:

$$y_{0i}(x) = c_1 \, y_{\infty 1}(x) + c_2 \, y_{\infty 2}(x), \quad i = 1, 2.$$

Dabei ergibt sich für jeden Wert von a_0 in den Potenzreihen von (5.117) genau ein Paar von Werten c_1, c_2. Betrachtet man in den Potenzreihen von (5.117) den Grenzübergang $x \to 0$, so ergibt sich

$$a_0 = c_1 \, y_{\infty 1}(0) + c_2 \, y_{\infty 2}(0).$$

Betrachtet man in (5.117) den Grenzübergang $x \to \infty$, dann wissen wir aus den oben angestellten Betrachtungen, dass die Potenzreihen auf der linken Seite der Gleichungen abbrechen müssen, wenn deren Konvergenzradius größer als eins und damit unendlich groß sein soll. Damit ergibt sich

$$x^{\alpha} \sum_{n=0}^{N} a_n x^n = \sum_{n=0}^{N} a_n x^{n+\alpha}$$

$$= x^{-\alpha_{\infty 1}} \sum_{n=0}^{\infty} b_{n1} x^{-n} + x^{-\alpha_{\infty 2}} \sum_{n=0}^{\infty} b_{n2} x^{-n}. \qquad (5.118)$$

Dabei kann α die beiden Werte $\alpha = \alpha_{01}$ und $\alpha = \alpha_{02}$ annehmen (vgl. (5.101)). Man beachte bei der Betrachtung der zweiten Zeile der Gl. (5.118), also der Darstellung der allgemeinen Lösung der Differenzialgleichung als Frobenius-Lösungen um den Punkt im Unendlichen, dass sich die Potenz eines im Endlichen liegenden Punktes in ihrem negativen Wert verändert, wenn man den endlichen Punkt durch den Punkt im Unendlichen ersetzt. Nehmen wir nun noch an, dass $\alpha_{\infty 1}$ größer oder gleich sei als $\alpha_{\infty 2}$, was keinerlei Einschränkung darstellt, da wir die Bezeichnung, also die Zuordnung der Indizes $\infty 1$ bzw. $\infty 2$ zu den beiden charakteristischen Exponenten, wählen können. Dann ist die Potenz

$$-\alpha_{\infty 1}$$

die bestimmende Potenz und somit

$$x^{-\alpha_{\infty 1}}$$

der dominierende Term in der zweiten Zeile von (5.118) im Grenzübergang $x \to \infty$. In der ersten Zeile ist es der Term

$$x^{N+\alpha} \quad \text{für } x \to \infty.$$

Man erhält im Ergebnis die asymptotische Beziehung

$$x^{N+\alpha} \sim x^{-\alpha_{\infty 1}} \text{ für } x \to \infty \qquad (5.119)$$

und damit

$$N + \alpha = -\alpha_{\infty 1}, \qquad (5.120)$$

wobei, wie oben bereits betont, $\alpha_{\infty 1}$ der größere der beiden Werte $\alpha_{\infty 1}$ und $\alpha_{\infty 2}$ ist.

Dies soll nun noch für die beiden möglichen Werte von α explizit gezeigt werden, also für $\alpha = \alpha_{01} = 1 - A_0$ und für $\alpha = \alpha_{02} = 0$ (s. (5.101)).

- Es sei zuerst der Fall $\alpha = 0$ betrachtet. Gemäß (5.119) bzw. (5.120) gilt hier

$$x^N \sim x^{-\alpha_{\infty 1}} \text{ für } x \to \infty$$

und damit

$$N = -\alpha_{\infty 1}. \tag{5.121}$$

Die Eigenwertbedingung (5.116) für einen bestimmten Wert von N ist gegeben durch

$$N(N + A_0 + A_1 - 1) - C = 0. \tag{5.122}$$

Setzt man die charakteristischen Exponenten α_{01} und α_{11} aus (5.101) bzw. (5.102) ein und beachtet man außerdem die Beziehung (5.105)

$$C = -\alpha_{\infty 1}\alpha_{\infty 2},$$

dann erhält man aus (5.122)

$$N(N + 1) = N(\alpha_{01} + \alpha_{11}) - \alpha_{\infty 1}\alpha_{\infty 2}.$$

Wegen (5.104) gilt

$$\alpha_{01} + \alpha_{11} = 1 - \alpha_{\infty 1} - \alpha_{\infty 2},$$

und es folgt daraus

$$\begin{aligned} N^2 + N &= N(1 - \alpha_{\infty 1} - \alpha_{\infty 2}) - \alpha_{\infty 1}\alpha_{\infty 2} \\ &= N - N(\alpha_{\infty 1} + \alpha_{\infty 2}) - \alpha_{\infty 1}\alpha_{\infty 2} \end{aligned}$$

oder

$$N^2 = -\alpha_{\infty 1}(N + \alpha_{\infty 2}) - N\alpha_{\infty 2}.$$

Löst man diese Gleichung nach $\alpha_{\infty 1}$ auf, so ergibt sich das gesuchte Ergebnis (5.121):

$$-\alpha_{\infty 1} = \frac{N^2 + N\alpha_{\infty 2}}{N + \alpha_{\infty 2}} = N\underbrace{\frac{N + \alpha_{\infty 2}}{N + \alpha_{\infty 2}}}_{=1} = N.$$

Der größere der beiden charakteristischen Exponenten der Singularität der Gauß'schen Differenzialgleichung im Unendlichen ist also eine negative ganze Zahl, wenn für $\alpha = \alpha_{02}$ die Randbedingung erfüllt ist.

- Es sei nun der Fall $\alpha = \alpha_{01} = 1 - A_0$ (s. (5.101)) betrachtet: Gemäß (5.119) bzw. (5.120) gilt hier

$$x^{N + \alpha_{01}} \sim x^{-\alpha_{\infty 1}} \quad \text{für } x \to \infty$$

und damit

$$N + \alpha_{01} = -\alpha_{\infty 1}. \tag{5.123}$$

Die Randbedingung für einen bestimmten Wert von $n = N$ ist nach (5.120) und nach (5.105) gegeben durch

$$(N + 1 - A_0)\,(N + A_1) = C = -\alpha_{\infty 1}\,\alpha_{\infty 2}. \qquad (5.124)$$

Ersetzt man $1 - A_0$ gemäß (5.101) durch den charakteristischen Exponenten α_{01},

$$1 - A_0 = \alpha_{01},$$

dann wird (5.124) zu

$$(N + \alpha_{01})\,(N + A_1) = -\alpha_{\infty 1}\,\alpha_{\infty 2}.$$

Sowohl auf der linken wie auf der rechten Seite dieser Gleichung stehen zwei Faktoren. Da die Bezeichnungen der beiden charakteristischen Exponenten an der Singularität im Unendlichen nicht festgelegt ist, kann man

$$N + \alpha_{01} = -\alpha_{\infty 1}$$

setzen, woraus dann

$$N + A_1 = \alpha_{\infty 2}$$

folgt, womit die Behauptung bewiesen ist.

5.5.3 Spezielle Funktionen

Unter dem Begriff „Spezielle Funktionen" versteht man eine nicht näher spezifizierte Sammlung von Funktionen, welche solch prägende Eigenschaften haben, dass man sie herausheben möchte aus der unüberschaubaren Menge von Funktionen. Zu ihnen gehören zweifelsohne jene Lösungen linearer, homogener, gewöhnlicher Differenzialgleichungen zweiter Ordnung, die Randbedingungen an zwei unterschiedlichen Stellen der Differenzialgleichung erfüllen, und zwar insbesondere dann, wenn diese beiden Stellen Singularitäten der Differenzialgleichung sind. So ist das Thema der Speziellen Funktionen in gewissem Sinne der Endpunkt der Theorie linearer gewöhnlicher Differenzialgleichungen, und auch unsere Rundreise durch dieses Gebiet der Mathematik endet mit der Diskussion der Legendre'schen Polynome, die zu den bekanntesten Speziellen Funktionen gehören.

Die Legendre'sche Differenzialgleichung
Wir gehen aus von der Gauß'schen Gl. (5.100), aber deren Singularität im Ursprung $x = 0$ liege nun bei $x = -1$, sodass eine bezüglich des Ursprungs $x = 0$ symmetrische Form entsteht und $x = 0$ zu einem gewöhnlichen Punkt der Gleichung wird:

$$\frac{d^2 y}{dx^2} + \left[\frac{A_{-1}}{x + 1} + \frac{A_1}{x - 1} \right] \frac{dy}{dx} + \left[\frac{C}{x + 1} - \frac{C}{x - 1} \right] y = 0,\ x \in \mathbb{R}. \qquad (5.125)$$

Es handelt sich also auch bei dieser Differenzialgleichung um eine solche der Fuchs'schen Klasse mit drei Singularitäten in ihrer natürlichen Form: Von den drei regulären Singularitäten liegt eine am uneigentlichen Punkt $x = \infty$, die beiden anderen liegen bei $x = -1$ und bei $x = +1$.

Allerdings handelt es sich bei der Gl. (5.125) nicht um die allgemeinste Differenzialgleichung der Fuchs'schen Klasse mit drei Singularitäten. Diese würde so aussehen:

$$\frac{d^2 y}{dx^2} + \left[\frac{A_{-1}}{x+1} + \frac{A_1}{x-1} \right] \frac{dy}{dx} + \left[\frac{B_{-1}}{(x+1)^2} + \frac{B_{+1}}{(x-1)^2} + \frac{C}{x+1} - \frac{C}{x-1} \right] y = 0, \ x \in \mathbb{R}.$$
(5.126)

Die beiden Paare der charakteristischen Exponenten der beiden endlichen Singularitäten bei $x = -1$ und bei $x = +1$ der Differenzialgleichung (5.126) sind gegeben durch (vgl. (5.52))

$$\alpha_{-11} = \frac{1}{2} \left(1 - A_{-1} + \sqrt{(1 - A_{-1})^2 - 4 B_{-1}} \right),$$

$$\alpha_{-12} = \frac{1}{2} \left(1 - A_{-1} - \sqrt{(1 - A_{-1})^2 - 4 B_{-1}} \right),$$

$$\alpha_{+11} = \frac{1}{2} \left(1 - A_{+1} + \sqrt{(1 - A_{+1})^2 - 4 B_{+1}} \right),$$

$$\alpha_{+12} = \frac{1}{2} \left(1 - A_{+1} - \sqrt{(1 - A_{+1})^2 - 4 B_{+1}} \right).$$
(5.127)

Diesen Formeln kann man entnehmen, dass mindestens einer der beiden charakteristischen Exponenten der Differenzialgleichung (5.125) null sein muss, weil dort

$$B_{-1} = B_{+1} = 0$$

gilt, die Pole zweiter Ordnung im Koeffizienten vor der nullten Ableitung in der Differenzialgleichung also fehlen.

Die beiden charakteristischen Exponenten der Singularität im Unendlichen sind gegeben durch (vgl. (5.103))

$$\alpha_{1\infty} = \frac{1}{2} \left(A_0 + A_1 - 1 - \sqrt{(A_0 + A_1 - 1)^2 + 4 C} \right),$$

$$\alpha_{2\infty} = \frac{1}{2} \left(A_0 + A_1 - 1 + \sqrt{(A_0 + A_1 - 1)^2 + 4 C} \right).$$

Entwickelt man eine Lösung der Gl. (5.125) um den Ursprung $x = 0$, der ein gewöhnlicher Punkt der Differenzialgleichung ist, so kann man diese also in Form einer Potenzreihe schreiben, wie dies im Abschn. 5.2 gezeigt wurde:

$$y(x) = \sum_{0}^{\infty} a_n x^n.$$
(5.128)

Im Folgenden werden die Koeffizienten a_n, $n = 0, 1, 2, 3, \ldots$ dieser Potenzreihe berechnet.

Die erste und zweite Ableitung der Potenzreihe (5.128) sind

$$\frac{\mathrm{d}y}{\mathrm{d}x} = \sum_0^\infty a_n \, n \, x^{n-1} \tag{5.129}$$

und

$$\frac{\mathrm{d}^2 y}{\mathrm{d}x^2} = \sum_0^\infty a_n \, n \, (n-1) \, x^{n-2}. \tag{5.130}$$

Zuerst multiplizieren wir Gl. (5.125) mit $(x+1)(x-1)$ durch und erhalten

$$(x+1)(x-1)\frac{\mathrm{d}^2 y}{\mathrm{d}x^2} + \left[A_{-1}(x-1) + A_1(x+1)\right]\frac{\mathrm{d}y}{\mathrm{d}x}$$
$$+ \left[C(x-1) - C(x+1)\right]y = 0, \quad x \in \mathbb{R}. \tag{5.131}$$

Multipliziert man die Koeffizienten der Gl. (5.131) aus und geht man nun mit den drei Potenzreihen (5.128), (5.129) und (5.130) in die Gl. (5.131) ein, so erhält man

$$(x^2 - 1)\sum_0^\infty a_n \, n \, (n-1) \, x^{n-2}$$

$$+ \left[(A_{-1} + A_1)x + (A_1 - A_{-1})\right]\sum_0^\infty a_n \, n \, x^{n-1}$$

$$- 2C\sum_0^\infty a_n \, x^n = 0.$$

Ausmultiplizieren der Koeffizienten bringt

$$\sum_0^\infty a_n \, n \, (n-1) \, x^n$$

$$- \sum_0^\infty a_n \, n \, (n-1) \, x^{n-2}$$

$$+ (A_{-1} + A_1)\sum_0^\infty a_n \, n \, x^n$$

$$+ (A_1 - A_{-1})\sum_0^\infty a_n \, n \, x^{n-1}$$

$$- 2C\sum_0^\infty a_n \, x^n = 0.$$

Fasst man gleiche Potenzen zusammen, dann erhält man

$$-\sum_{0}^{\infty} a_n \, n \, (n-1) \, x^{n-2}$$

$$+(A_1 - A_{-1}) \sum_{0}^{\infty} a_n \, n \, x^{n-1}$$

$$\sum_{0}^{\infty} a_n \left\{ n \left[n - 1 + A_{-1} + A_1 \right] - 2\,C \right\} x^n = 0;$$

schreibt man die Summen aus, so erhält man schließlich

$$-a_0 \cdot 0 \cdot (-1) \, x^{-2} - a_1 \cdot 1 \cdot 0 \, x^{-1} - a_2 \cdot 2 \cdot 1 \, x^0 - a_3 \cdot 3 \cdot 2 \, x^1 - \ldots$$
$$+(A_1 - A_{-1}) \, a_0 \, 0 \, x^{-1} + (A_1 - A_{-1}) \, a_1 \, 1 \, x^0 + (A_1 - A_{-1}) \, a_2 \, 2 \, x^1 + \ldots$$
$$+a_0 \left\{ 0 \left[0 - 1 + A_{-1} + A_1 \right] - 2\,C \right\} x^0$$
$$+a_1 \left\{ 1 \left[1 - 1 + A_{-1} + A_1 \right] - 2\,C \right\} x^1$$
$$+a_2 \left\{ 2 \left[2 - 1 + A_{-1} + A_1 \right] - 2\,C \right\} x^2 + \ldots = 0.$$

Setzt man die Koeffizienten einer jeden einzelnen Potenz x^n, $n = 0, 1, 2, 3 \ldots$ zu null, so ergibt dies die folgenden Gleichungen:

$$x^0 : -2 \cdot 1 \, a_2 + 1 \, (A_1 - A_{-1}) \, a_1 + \left\{ 0 \left[0 - 1 + A_{-1} + A_1 \right] - 2\,C \right\} a_0 = 0,$$
$$x^1 : -3 \cdot 2 \, a_3 + 2 \, (A_1 - A_{-1}) \, a_2 + \left\{ 1 \left[1 - 1 + A_{-1} + A_1 \right] - 2\,C \right\} a_1 = 0,$$
$$x^2 : -4 \cdot 3 \, a_4 + 3 \, (A_1 - A_{-1}) \, a_3 + \left\{ 2 \left[2 - 1 + A_{-1} + A_1 \right] - 2\,C \right\} a_2 = 0,$$
$$\ldots$$

$$(5.132)$$

oder

$$\boxed{\begin{aligned} &(n+2)\,(n+1)\,a_{n+2} \\ &\quad -(n+1)\,(A_1 - A_{-1})\,a_1 \\ &\qquad - \left\{ n \left[n - 1 + A_{-1} + A_1 \right] - 2\,C \right\} a_n = 0, \\ &\qquad\qquad n = 0, 1, 2, 3, \ldots \end{aligned}}$$

$$(5.133)$$

Anmerkung

Dies ist eine lineare, homogene Differenzengleichung zweiter Ordnung für die Koeffizienten a_n, $n = 0, 1, 2, 3, \ldots$ des Potenzreihenansatzes (5.128) als lokale Lösung der Differenzialgleichung (5.125) in der Umgebung des Ursprungs $x = 0$. Gibt man hier zwei aufeinanderfolgenden Gliedern a_n und a_{n+1} konkrete Werte, so kann man daraus mithilfe der Differenzengleichung (5.125) beliebig viele weitere Glieder der Lösung a_n berechnen. Gibt man also z. B. den Koeffizienten a_0 und a_1 konkrete Werte, so kann man daraus beliebig viele weitere Werte a_n berechnen. Die Wahl zweier aufeinanderfolgender Werte a_n, a_{n+1} macht die Differenzengleichung (5.133) also zu einer linearen, dreigliedrigen Rekursion. Dass man hier zwei aufeinanderfolgende Werte a_n und a_{n+1}

benötigt und nicht nur einer wie bei der Differenzengleichung (5.109), um aus der Differenzengleichung eine Rekursion zu machen, ist eine Folge der Tatsache, dass der Entwicklungspunkt der Potenzreihe (5.128) ein gewöhnlicher Punkte der zugrunde liegenden Differenzialgleichung (5.125) ist.

Das singuläre Randwertproblem

Nun machen wir die Annahme, dass in der Differenzialgleichung (5.125) $A_1 = A_{-1} = 1$ gelte.

$$\frac{d^2 y}{dx^2} + \left[\frac{1}{x+1} + \frac{1}{x-1} \right] \frac{dy}{dx} + \left[\frac{C}{x+1} - \frac{C}{x-1} \right] y = 0, \; x \in \mathbb{R}. \qquad (5.134)$$

Diese Differenzialgleichung (5.134) heißt **Legendre'sche Differenzialgleichung**. Wie man den Formeln (5.127) entnimmt, sind die beiden Paare charakteristischer Exponenten α_{-11}, α_{-12} und α_{+11}, α_{+12} der beiden endlichen Singularitäten jeweils null:

$$\alpha_{-11} = \alpha_{-12} = \alpha_{+11} = \alpha_{+12} = 0.$$

Den Betrachtungen im Abschn. 5.3 entnehmen wir, dass es an beiden Singularitäten eine Partikulärlösung gibt, die dort stetig differenzierbar ist und die zweite logarithmenbehaftet sein kann (und dies auch ist).

Betrachtet man nun das Intervall $[-1, +1]$, so folgt aus (5.7), dass die allgemeine Lösung an der endlichen Singularität der Differenzialgleichungen bei $x = -1$ das folgende Aussehen hat:

$$y^{(g)}(x) = c_{11}(C) \sum_{n=0}^{\infty} a_{n1} (x+1)^n$$

$$+ c_{12}(C) \left[\sum_{n=0}^{\infty} a_{n2} (x+1)^n + \ln(x+1) \sum_{n=0}^{\infty} a_{n1} (x+1)^n \right]. \qquad (5.135)$$

Ebenso lässt sich die allgemeine Lösung an der anderen endlichen Singularität bei $x = +1$ anschreiben:

$$y^{(g)}(x) = c_{21}(C) \sum_{n=0}^{\infty} b_{n1} (x-1)^n$$

$$+ c_{22}(C) \left[\sum_{n=0}^{\infty} b_{n2} (x-1)^n + \ln(x-1) \sum_{n=0}^{\infty} b_{n1} (x-1)^n \right]. \qquad (5.136)$$

Dies bedeutet, dass es an beiden Singularitäten eine Partikulärlösung gibt, die dort stetig differenzierbar ist und die zweite logarithmenbehaftet. In dieser Situation stellt sich die Frage, ob es Parameter $C = C_i$ der Differenzialgleichung (5.125) gibt, für die deren Lösungen bei $x = -1$ und bei $x = +1$ holomorph, also beliebig oft stetig differenzierbar sind (dass dies für allgemeine Werte von C nicht der Fall sein kann, ist mit Blick auf (5.135) und (5.5.3) offensichtlich). Dies ist gleichbedeutend mit der Bedingung

$$c_{12}(C_i) = c_{22}(C_i) = 0.$$

Dass es solche Lösungen geben kann, ist eine Folge davon, dass für die Differenzialgleichung (5.125) $B_{-1} = B_{+1} = 0$ gilt (vgl. (5.127)). Im Folgenden geben wir eine Antwort auf dieses **singuläre Randwertproblem**.

Aus (5.133) folgt mit $A_1 = A_{-1} = 1$ die lineare, gewöhnliche homogene Differenzengleichung erster Ordnung

$$(n+2)(n+1)a_{n+2} - [n(n+1) - 2C]a_n = 0, \ n = 0, 1, 2, 3, \ldots, \ a_0, a_1 \text{ beliebig.}$$
$$(5.137)$$

Die dreigliedrige Differenzengleichung (5.133) zerfällt also für $A_1 = A_{-1} = 1$ in zwei disjunkte zweigliedrige Differenzengleichungen, sodass man die Koeffizienten a_n für gerade und für ungerade Indizes $2n$, $n = 0, 1, 2, 3, \ldots$ bzw. $2n + 1$, $n = 0, 1, 2, 3, \ldots$ unabhängig voneinander berechnen kann. Dies ist eine Folge der Symmetrie der Legendre'schen Differenzialgleichung (5.134) bzgl. des Ursprungs $x = 0$.

Für die Koeffizienten a_n ergibt sich nach Festlegung von a_0 und von a_1 (die nicht beide zu null gewählt werden sollten, weil sich sonst die triviale Lösung $y(x) \equiv 0$ ergibt), also die zweigliedrige Rekursion

$$a_{n+2} = f(n; C)a_n, \ n = 0, 1, 2, 3, \ldots \tag{5.138}$$

mit

$$f(n; C) = \frac{n(n+1) - 2C}{(n+2)(n+1)}. \tag{5.139}$$

Dies heißt, dass man beliebig viele Werte der Koeffizienten a_n der Potenzreihe (5.128) mithilfe von (5.138), (5.139) auf rekursive Weise berechnen kann, wenn man zuvor a_0 und a_1 festgelegt hat. Die so berechneten Lösungen haben im Allgemeinen sowohl bei $x = +1$ als auch bei $x = -1$ eine Singularität. Dies erkennt man daran, dass der Konvergenzradius r der Potenzreihe (5.128), welche ja Lösungen der Differenzialgleichung (5.125) darstellt, eins ist, weil diese Potenzreihe nicht in der Lage ist, eine Singularität in den Lösungen abzubilden. Darüber hinaus folgt auch aus (5.138) und (5.139):

$$\lim_{n \to \infty} \frac{a_{n+2}}{a_n} = \lim_{n \to \infty} f(n; C) = 1 = \frac{1}{r}.$$

Legendre'sche Polynome

Wir suchen nun diejenigen Lösungen, welche die Randbedingungen erfüllen, die also sowohl bei $x = -1$ als auch bei $x = +1$ holomorph sind. Weil die Differenzialgleichung (5.125) außer bei $x = -1$ und bei $x = +1$ keine weiteren im Endlichen liegenden Singularitäten mehr hat, sind diese Lösungen ganze Funktionen. Weil nun aber die Singularität der Differenzialgleichung (5.125) am uneigentlichen Punkt

$x = \infty$ regulär ist, müssen diese Lösungen darüber hinaus, wie wir oben gesehen haben, notwendigerweise Polynome sein. Dies bedeutet, dass die Reihen (5.128) abbrechen müssen.

Es stellt sich also nun die Frage, ob es Werte des Parameters C gibt, für welche die Differenzengleichung (5.138), (5.139) triviale Lösungen besitzt; das sind solche, die nur endlich viele Werte haben, die von null verschieden sind. Dies heißt im Umkehrschluss, dass es für einen solchen Wert C einen Index $n = N$, $N \in \mathbb{N}^0$ der Differenzengleichung (5.138), (5.139) gibt, ab dem sämtliche Werte a_n, $n \geq N$ null sind.

Die Antwort auf diese Frage ist bei Betrachtung der Differenzengleichung (5.138), (5.139) offensichtlich: Die durch Festlegung der Anfangswerte a_0 und a_1 zur zweigliedrigen Rekursion gewordene Differenzengleichung (5.138), (5.139) besitzt triviale Lösungen im obigen Sinne genau dann, wenn gilt

$$f(n = N) = 0,$$

was eintritt, wenn der Zähler in (5.139) zu null wird:

$$n(n+1) - 2C = 0.$$

Daraus ergeben sich die Werte $C = C_N$, für die solche Lösungen auftreten können: Für

$$C = C_N = \frac{N(N+1)}{2}, \ N \in \mathbb{N} \tag{5.140}$$

hat $f(n)$ bei $n = N$ eine Nullstelle:

$$f(n = N) = \frac{N(N+1) - 2\frac{N(N+1)}{2}}{(N+2)(N+1)} = 0, \ N = 0, 1, 2, 3, \ldots$$

Da der Entwicklungspunkt $x = 0$ des Ansatzes (5.128) ein gewöhnlicher Punkt der Differenzialgleichung (5.125) ist, müssen zur Festlegung einer konkreten Lösung sowohl Funktionswert $y(0)$, also a_0, wie auch die Ableitung

$$\left.\frac{\mathrm{d}y}{\mathrm{d}x}\right|_{x=0},$$

also a_1, festgelegt werden.

Wählt man also z. B. $a_0 = 1$ und $a_1 = 0$, so verschwinden alle Koeffizienten mit ungeraden Indizes $a_{2n+1} = 0$, $n = 0, 1, 2, 3, \ldots$ Im Folgenden werden für einige gerade Werte $2n$, $n = 0, 1, 2, 3, \ldots$ der Indizes die Koeffizienten a_{2n} berechnet.

Sei $N = 0$. Dann ist nach (5.140) der Parameter $C = C_0 = 0$, und es gilt $f(0) = 0$; damit ist $a_0 = 1$ und $a_{2n} = 0$ für alle $n = 1, 2, 4, 6, \ldots$ Diese Lösung der Legendre'schen Differenzialgleichung ist also ein Polynom nullter Ordnung:

$$\tilde{P}_0 = 1.$$

Sei $N = 2$. Dann ist nach (5.140) der Parameter $C = C_2 = 3$, und es gilt

$$f(n; C) = \frac{n(n+1) - 6}{(n+2)(n+1)}.$$

Also ist

$$f(0; 3) = -3,$$
$$f(2; 3) = 0$$

und dementsprechend ist

$$a_2 = f(0; 3)\, a_0 = -3.$$

Diese Lösung der Legendre'schen Differenzialgleichung ist also ein Polynom zweiter Ordnung:

$$\tilde{P}_2(x) = 1 - 3\, x^2.$$

Sei $N = 4$. Dann ist nach (5.140) der Parameter $C = C_4 = 10$, und es gilt

$$f(n; C) = \frac{n(n+1) - 20}{(n+2)(n+1)}.$$

Also ist

$$f(0; 10) = -10,$$
$$f(2; 10) = -\frac{7}{6},$$
$$f(4; 10) = 0$$

und dementsprechend ist

$$a_2 = f(0; 10)\, a_0 = -10,$$
$$a_4 = f(2; 10)\, a_2 = \frac{70}{6} = \frac{35}{3}.$$

Diese Lösung der Legendre'schen Differenzialgleichung ist also Polynom vierter Ordnung:

$$\tilde{P}_4(x) = 1 - 10\, x^2 + \frac{35}{3}\, x^4.$$

Sei $N = 6$. Dann ist nach (5.140) der Parameter $C = C_6 = 21$, und es gilt

$$f(n; C) = \frac{n(n+1) - 42}{(n+2)(n+1)}.$$

Also ist

$$f(0; 21) = -21,$$
$$f(2; 21) = -3,$$
$$f(4; 21) = -\frac{22}{30} = -\frac{11}{15},$$
$$f(6; 21) = 0$$

und dementsprechend ist

$$a_2 = f(0; 21) \, a_0 = -21,$$
$$a_4 = f(2; 21) \, a_2 = 63,$$
$$a_6 = f(4; 21) \, a_4 = -\frac{11}{15} \, 63 = -\frac{231}{5}.$$

Diese Lösung der Legendre'schen Differenzialgleichung ist also Polynom sechster Ordnung:

$$\tilde{P}_6(x) = 1 - 21 \, x^2 + 63 \, x^4 - \frac{231}{5} \, x^6.$$

Wählt man als Anfangsbedingung $a_0 = 0$ und $a_1 = 1$, so verschwinden alle Koeffizienten mit geraden Indizes $a_{2n} = 0$, $n = 0, 1, 2, 3, \ldots$. Wir berechnen im Folgenden für einige ungerade Werte $2n + 1$, $n = 0, 1, 2, 3 \ldots$ der Indizes die Koeffizienten a_{2n+1}.

Sei $N = 1$. Dann ist nach (5.140) der Parameter $C = C_1 = 1$, und es gilt

$$f(n; C) = \frac{n \, (n + 1) - 2}{(n + 2) \, (n + 1)}$$

und damit

$$f(1; 2) = \frac{1 \, (1 + 1) - 2}{(n + 2) \, (n + 1)} = 0;$$

also ist $a_1 = 1$ und $a_n = 0$ für alle $n = 3, 5, 7, \ldots$ Diese Lösung der Legendre'schen Differenzialgleichung ist also Polynom erster Ordnung:

$$\tilde{P}_1(x) = x.$$

Sei $N = 3$. Dann ist nach (5.140) der Parameter $C = C_3 = 6$, und es gilt

$$f(n; C) = \frac{n \, (n + 1) - 12}{(n + 2) \, (n + 1)}$$

und damit

$$f(3; 6) = \frac{3 \, (3 + 1) - 12}{(3 + 2) \, (3 + 1)} = 0;$$

also ist

$$f(1; 6) = -\frac{5}{3},$$
$$f(3; 6) = 0$$

und dementsprechend ist mit $a_1 = 1$

$$a_3 = f(1; 6)\, a_1 = -\frac{5}{3}$$

und $a_n = 0$ für alle $n = 5, 7, 9, \ldots$. Diese Lösung der Legendre'schen Differenzialgleichung ist also Polynom dritter Ordnung:

$$\tilde{P}_3(x) = x - \frac{5}{3}x^3.$$

Sei $N = 5$. Dann ist nach (5.140) der Parameter $C = C_5 = 15$, und es gilt

$$f(n; C) = \frac{n\,(n+1) - 30}{(n+2)\,(n+1)}$$

und damit

$$f(5; 15) = \frac{5\,(5+1) - 30}{(5+2)\,(5+1)} = 0;$$

also ist

$$f(1; 15) = -\frac{28}{6} = -\frac{14}{3},$$
$$f(3; 15) = -\frac{18}{20} = -\frac{9}{10},$$
$$f(5; 15) = 0$$

und dementsprechend ist mit $a_1 = 1$

$$a_3 = f(1; 15)\, a_1 = -\frac{14}{3},$$
$$a_5 = f(3; 15)\, a_3 = \frac{9}{10}\frac{14}{3} = \frac{126}{30} = \frac{21}{5}$$

und $a_n = 0$ für alle $n = 7, 9, 11, \ldots$. Diese Lösung der Legendre'schen Differenzialgleichung ist also Polynom fünfter Ordnung:

$$\tilde{P}_5(x) = x - \frac{14}{3}x^3 + \frac{21}{5}x^5.$$

Nun normiert man üblicherweise all diese polynomialen Lösungen dergestalt, dass

$$\tilde{P}_N(1) = 1$$

gilt. Dies erreicht man in all diesen Fällen, indem man die Funktionen mit einem spezifischen Faktor multipliziert. Als Endergebnis erhält man die folgenden Polynome:

$$
\begin{aligned}
1 \cdot \tilde{P}_0(x) = P_0(x) &= 1, \\
1 \cdot \tilde{P}_1(x) = P_1(x) &= x, \\
-\frac{1}{2} \cdot \tilde{P}_2(x) = P_2(x) &= \frac{1}{2}\left(3\,x^2 - 1\right), \\
-\frac{3}{2} \cdot \tilde{P}_3(x) = P_3(x) &= \frac{1}{2}\left(5\,x^3 - 3\,x\right), \\
\frac{3}{8} \cdot \tilde{P}_4(x) = P_4(x) &= \frac{1}{8}\left(35\,x^4 - 30\,x^2 + 3\right), \\
\frac{15}{8} \cdot \tilde{P}_5(x) = P_5(x) &= \frac{1}{8}\left(63\,x^5 - 70\,x^3 + 15\,x\right), \\
-\frac{5}{16} \cdot \tilde{P}_6(x) = P_6(x) &= \frac{1}{16}\left(231\,x^6 - 315\,x^4 + 105\,x^2 - 5\right), \\
&\quad \ldots
\end{aligned}
$$

Anmerkungen
- Diese Polynome $P_N(x)$, $N = 0, 1, 2, 3, \ldots$ sind nach dem französischen Mathematiker **Andrien-Marie Legendre** (1752–1833) benannt, sie heißen **Legendre-Polynome**; in Abb. 5.2 sind einige dieser Funktionen auf dem Intervall $[-1; +1]$ gezeichnet.

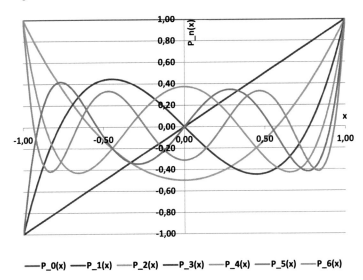

Abb. 5.2 Legendre-Polynome

- Die Legendre'schen Polynome zählen zu den bekanntesten **Speziellen Funktionen.** Dies ist eine mathematisch nicht streng abgegrenzte Gruppe von Funktionen, die besondere Eigenschaften haben, in den Anwendungen wichtig sind oder ein bestimmtes mathematisches Problem lösen. Es gibt also kein strenges mathematisches Kriterium, das darüber entscheidet, ob eine Funktion zu den Speziellen Funktionen gehört. Trotzdem kann man einige Bemerkungen darüber machen, was diese Funktionen auszeichnet. So sind es tatsächlich oft die Lösungen singulärer Randwertprobleme linearer, gewöhnlicher, homogener Differenzialgleichungen zweiter Ordnung, die zu den Speziellen Funktionen gezählt werden. Dabei unterscheidet man zwischen Klassischen und Höheren Speziellen Funktionen: Die Ersteren sind Lösungen singulärer Randwertprobleme der Laplace'schen, der Euler'schen und der Gauß'schen Differenzialgleichungen, die Letzteren sind Lösungen singulärer Randwertprobleme von Fuchs'schen Differenzialgleichungen, die mehr als drei Singularitäten haben. So gehören auch die **hypergeometrischen Polynome,** die oben berechnet wurden, zu den **Speziellen Funktionen** (vgl. [1], S. 561 ff.).
- Spezielle Funktionen sind ein sehr traditionsreiches Forschungsgebiet der Mathematik: So weiß man zum Beispiel, dass der englische Mathematiker **John Wallis** (1616–1703) bereits im Jahre 1656 die **hypergeometrische Funktion** in der Form (5.77), (5.78) angeschrieben hat, welche die Gauß'sche Differenzialgleichung (5.24) löst, und es ist gut möglich, dass dies nicht der Erste gewesen ist, der sich mit Funktionen beschäftigt hat, die wir heute zu den Speziellen zählen.

Bemerkungen zu nichtlinearen und zu partiellen Differenzialgleichungen

6

Die Steigerung des technischen Aufwandes beim Schritt von der Lösung der linearen Differenzialgleichung erster auf die lineare Differenzialgleichung zweiter Ordnung war beachtlich. Diese Aufwandssteigerung wird nochmals größer beim Schritt von den gewöhnlichen zu den partiellen Differenzialgleichungen und dann nochmals größer beim Schritt von den linearen zu den nichtlinearen Differenzialgleichungen. Es kann bei beiden dieser Typen von Gleichungen, den partiellen und den nichtlinearen, nicht geleugnet werden, dass die analytischen Methoden, wie wir sie hier in diesem Buch verfolgt haben, an ihre Grenzen kommen. Handelt es sich um lineare partielle Differenzialgleichungen von bestimmten Typen, wie sie insbesondere in der mathematischen Physik vorkommen, so wurden dafür noch analytische Methoden entwickelt. Geht man aber zu nichtlinearen Differenzialgleichungen über, so werden die Schwierigkeiten für den analytischen Ansatz so groß, dass es nur noch einzelne Methoden zur Lösung gibt und nicht mehr eine allgemeine Theorie, die zur Entwicklung von Lösungsmethoden geeignet erscheint. Mit Bemerkungen zur Darstellung der typischen Eigenschaften partieller und nichtlinearer Differenzialgleichungen wollen wir dieses Buch beschließen.

6.1 Folgen der Nichtlinearität

Nichtlineare Differenzialgleichungen besitzen Potenzen der Abhängigen oder deren Ableitungen, die nicht mehr nur eins sind.

Beispiele:

- Die Differenzialgleichung

$$\frac{dy}{dx} = y^2$$

ist nichtlinear, weil die abhängige Veränderliche y auf der rechten Seite im Quadrat erscheint.

© Der/die Autor(en), exklusiv lizenziert durch Springer-Verlag GmbH, DE, ein Teil von Springer Nature 2021
W. Lay, *Differenzialgleichungen in elementarer Darstellung*,
https://doi.org/10.1007/978-3-662-62558-3_6

- Die Differenzialgleichung

$$\left(\frac{dy}{dx}\right)^2 = y$$

ist nichtlinear, weil die Ableitung y auf der linken Seite im Quadrat erscheint.
- Die Differenzialgleichung

$$\frac{dy}{dx} = \sin y$$

ist nichtlinear, genauer gesagt quasilinear (vgl. Abschn. 3.2), weil die abhängige Veränderliche y auf der rechten Seite unter einer nichtlinearen Funktion erscheint.
- Die Differenzialgleichung

$$\frac{dy}{dx} \, y = 1$$

ist nichtlinear, weil die abhängige Veränderliche y auf der linken Seite als Produkt mit ihrer Ableitung erscheint.

Nichtlineare Differenzialgleichungen unterscheiden sich von linearen durch vier wesentliche Kriterien:

1. Fehlende Summierbarkeit zweier Lösungen,
2. bewegliche, d. h. in ihrer Lage von den Anfangsbedingungen abhängige Singularitäten in ihren Lösungen,
3. Möglichkeit zur Bifurkation ihrer Lösungen,
4. Lösungen können deterministisches Chaos zeigen.

Ad 1. Für nichtlineare Differenzialgleichungen gilt nicht mehr, dass die Summe zweier Lösungen wiederum eine Lösung der Differenzialgleichung darstellt. Damit ist der Begriff der allgemeinen Lösung Makulatur. Dies ist eine wesentliche Erschwernis bei der Lösung nichtlinearer Differenzialgleichungen.

Ad 2. Die Lösungen nichtlinearer Differenzialgleichungen können Singularitäten aufweisen an Stellen, an denen die Differenzialgleichung selbst keine Singularitäten hat. Eine solche Singularität nennt man eine **bewegliche Singularität** (der Lösung). Man kann auch die Lösungen einer nichtlinearen Differenzialgleichung in konvergente Potenzreihen entwickeln, wenn man als Entwicklungspunkt einen gewöhnlichen Punkt der Gleichung heranzieht (vgl. [3, S. 1–5]); eine Folge beweglicher Singularitäten dieser Lösungen ist es aber auch, dass man den Konvergenzradius dieser Reihe nicht mehr an der Differenzialgleichung ablesen kann, wie dies bei linearen Differenzialgleichungen der Fall ist.

Ad 3. Unter einer Bifurkation versteht man die Aufsplittung einer Lösung einer Differenzialgleichung, ohne dass dies durch die Differenzialgleichung bestimmt wird. Wir betrachten dazu die nichtlineare Differenzialgleichung

$$\frac{dy}{dx} = \frac{1}{2\,y}.$$

Lösungen dieser Gleichung sind die Funktionen

$$y(x) = \pm\sqrt{x}.$$

Diese Lösungen zeigen das Phänomen der Bifurkation: Sie kann den positiven oder den negativen Ast annehmen, ohne dass dies durch die Differenzialgleichung gesteuert oder bestimmt wird.

Ad 4. Für lineare Differenzialgleichungen gilt, dass sich zwei Lösungen, die zu einem Wert der unabhängigen Variablen nahe beieinanderliegen, nicht exponentiell schnell voneinander entfernen können. Dies ist für nichtlineare Differenzialgleichungen nicht mehr unbedingt so: Dort können sich Lösungen, die bei einem Wert der unabhängigen Veränderlichen nahe beieinanderliegen, extrem schnell voneinander entfernen. Dies erzeugt ein Bild von Lösungen, in dem ihr raum-zeitlicher Verlauf wild durcheinandergeht. Für ein solches Durcheinander kennt man den Begriff des Chaos. Da es sich aber um ein Chaos handelt, das durch eine Differenzialgleichung und damit zu jedem Zeitpunkt durch Regeln bestimmt wird, nennt man es **deterministisches Chaos**.

Zeigen Lösungen von Differenzialgleichungen deterministisches Chaos, dann sind analytische Lösungsmethoden nicht mehr zu gebrauchen. Ein Beispiel für deterministisches Chaos ist eine sog. **turbulente Strömung** im Gegensatz zu einer **laminaren Strömung**. Laminar ist eine Strömung dann, wenn die Flüssigkeitsteilchen alle mehr oder weniger parallel nebeneinanderher fließen. Turbulent ist eine Strömung dann, wenn die Flüssigkeitsteilchen wild durcheinanderfließen. Eine Strömung ist im Allgemeinen für hinreichend kleine Fließgeschwindigkeit laminar und wird für große Strömungsgeschwindigkeiten turbulent. Der Übergang von einer laminaren in eine turbulente Strömung ist stets ein Indiz für strömungsmechanische Instabilitäten.

Strömungen von Luftteilchen in der Erdatmosphäre sind oft turbulent. Dies ist der Grund dafür, dass man Wettervorhersagen nur für einen kleinen Zeithorizont machen kann und dass diese Vorhersagen außerdem sehr störungsanfällig sind.

All diese Eigenschaften von nichtlinearen Differenzialgleichungen tragen dazu bei, dass solche Gleichungen den analytischen Lösungsmethoden oft nicht mehr zugänglich sind. Entweder man bedient sich funktionalanalytischer Methoden[1] oder numerischer Methoden[2]. Insofern gibt es keine geschlossene analytische Theorie dieser Differenzialgleichungen mehr und man ist auf die Betrachtung und Behandlung von Einzelfällen angewiesen. Demgemäß betrachten wir nun zwei konkrete Beispiele nichtlinearer gewöhnlicher Differenzialgleichungen.

---

[1] Die Funktionalanalysis beschäftigt sich nicht mehr mit einzelnen Funktionen, sondern mit ganzen Funktionenklassen, die in strukturierten Funktionenräumen definiert werden.
[2] Numerische Methoden beschäftigen sich als Teilgebiet der Mathematik mit der Konstruktion und Analyse von Algorithmen für konkrete mathematische Probleme. Hauptanwendung ist dabei die näherungsweise (oder approximative) Berechnung von Lösungen von Differenzialgleichungen mithilfe von Computern.

Beispiele:

- Wir betrachten die Differenzialgleichung (1.5) für $\varepsilon = 1$, welche eine Explosion beschreibt, wie wir sie in Kap. 1 diskutiert haben:

$$\frac{\mathrm{d}y}{\mathrm{d}t} = y^2, \ y = y(t). \tag{6.1}$$

Es sei das Anfangswertproblem $y(0) = y_0$ zu lösen. Die Lösung dieses Anfangswertproblems ist

$$y(t) = -\frac{C}{t - t_0}, 0 \leq t < t_0 \tag{6.2}$$

mit C als Konstante. Die Anfangsbedingung sei

$$y(0) = \frac{C}{t_0} = y_0,$$

und daraus folgt t_0 zu

$$t_0 = \frac{C}{y_0}. \tag{6.3}$$

Der Punkt $t = t_0$ ist eine Singularität der Lösung (6.2); dort geht die Lösung über alle Grenzen hinaus. Die Differenzialgleichung (6.1) selbst hat hingegen keine Singularitäten. Die Lage der Singularität $t = t_0$ der Lösung (6.2) ist abhängig vom Anfangswert y_0 bei $t = 0$. Dies ist ein typisches Beispiel einer beweglichen Singularität.

Um die Konstante C zu bestimmen, verwenden wir zum einen die Kenntnis, dass zur Zeitenwende 300 Mio. Menschen ($= 3 \cdot 10^8$) auf der Erde lebten und zum anderen, dass im Jahr $t = 2020$ die Erdbevölkerung auf 7,8 Mrd. Menschen angewachsen ist, d. h. $y(t_0) = 7,8 \cdot 10^9$. Mithilfe von (6.2) ergeben sich zwei Bestimmungsgleichungen für die beiden Unbekannten C und t_0

$$3 \cdot 10^8 = \frac{C}{t_0},$$

$$7,8 \cdot 10^9 = -\frac{C}{2020 - t_0},$$

aus denen man t_0 eliminieren kann und dann die Konstante C erhält:

$$C = \frac{7,8 \cdot 10^9 \cdot 2020 \cdot 3 \cdot 10^8}{7,8 \cdot 10^9 - 3 \cdot 10^8} = 6,3024 \cdot 10^{11}.$$

Berechnet man mit diesem Wert von C den Zeitpunkt t_0, an dem die Bevölkerungsexplosion, also die Katastrophe, stattfindet, so ergibt sich nach der Formel (6.3) dieser Zeitpunkt als das Jahr

$$t_0 = \frac{C}{y_0} = \frac{6,3024 \cdot 10^{11}}{3 \cdot 10^8} = 2101 \ \text{n. Chr.} \tag{6.4}$$

Das Problem bei dieser ganzen Betrachtung ist, dass t_0 hochsensibel auf y_0 reagiert. Sollte der Wert von y_0 nur um einen kleinen Betrag falsch geschätzt sein, dann ändert sich der Wert von t_0 dramatisch. Nehmen wir also anstatt $y_0 = 3,0 \cdot 10^8$ nun den leicht veränderten Wert von $y_0 = 3,1 \cdot 10^8$ an, so rückt der Zeitpunkt der Katastrophe auf das Jahr

$$t_0 = \frac{6,3024 \cdot 10^{11}}{3,1 \cdot 10^8} = 2033 \, \text{n. Chr.}$$

an die Gegenwart heran und damit auf einen aus heutiger Sicht ziemlich naheliegenden Zeitpunkt.

Überschätzen wir aber die Anzahl von Menschen auf der Erde zur Zeitenwende $t = 0$, dann ergibt sich der gegenteilige Effekt: Nehmen wir also anstatt $y_0 = 3,0 \cdot 10^8$ nun den leicht nach unten veränderten Wert von $y_0 = 2,9 \cdot 10^8$ an, so rückt der Zeitpunkt der Katastrophe auf das Jahr

$$t_0 = \frac{6,3024 \cdot 10^{11}}{2,9 \cdot 10^8} = 2173 \, \text{n. Chr.,}$$

womit die Menschheit gegenüber (6.4) noch fast ein drei viertel Jahrhundert mehr Zeit hätte, die Katastrophe abzuwenden.

Diese hohe Sensibilität macht es schwierig, den Zeitpunkt vorherzusagen, an dem die Erde ihre Kapazitätsgrenze erreichen wird und ein Übergang zu einem anderen Wachstumsgesetz stattfinden muss (mit möglicherweise dramatischen Folgen für die Erdbevölkerung).

- Abschließend sollen noch **quasilineare Differenzialgleichungen** Erwähnung finden. Dies sind definitionsgemäß (vgl. Abschn. 3.2) nichtlineare Differenzialgleichungen, bei denen der ordnungsbestimmende Term, also die höchste Ableitung, von linearer Natur ist. Ein konkretes Beispiel hierfür ist die Gleichung

$$\frac{\mathrm{d}^2 y}{\mathrm{d}x^2} = p(y), \tag{6.5}$$

wobei

$$p(y) = \frac{\mathrm{d}P(y)}{\mathrm{d}y}$$

eine Funktion in $p(y)$ ist, die als Ableitung ihrer Stammfunktion $P(y)$ darstellbar ist. Wie man durch Ableiten feststellt, führt eine erste Integration zu

$$\left(\frac{\mathrm{d}y}{\mathrm{d}x}\right)^2 = 2\left[P(y) + C\right]$$

oder

$$\pm \frac{\mathrm{d}y}{\sqrt{2\left[P(y) + C\right]}} = \mathrm{d}x,$$

wobei C eine Integrationskonstante ist. Eine weitere Integration ergibt

$$x - x_0 = \pm \int \frac{dy}{\sqrt{2\,[P(y) + C]}} = \pm F(y, C), \qquad (6.6)$$

woraus die Lösung der nichtlinearen Differenzialgleichung (6.5) folgt:

$$\boxed{y(x) = F^{-1}[\pm(x - x_0), C];}$$

hierbei ist F^{-1} die Umkehrfunktion von F.

Anmerkungen

- Ist $P(y)$ in (6.6) unter der Wurzel im Nenner ein Polynom erster Ordnung, so handelt es sich um ein algebraisches Integral, dessen Ergebnis eine algebraische Funktion ist.
- Ist $P(y)$ in (6.6) unter der Wurzel im Nenner ein Polynom zweiter Ordnung, so handelt es sich um ein Integral, dessen Ergebnis entweder ein Logarithmus, eine inverse hyperbolische Funktion oder eine inverse trigonometrische Funktion darstellt (s. [4]).
- Ist $P(y)$ in (6.6) unter der Wurzel im Nenner ein Polynom dritten oder vierten Grades, so handelt es sich bei dem Integral in (6.6) um ein elliptisches Integral, für Polynome höheren als vierten Grades um ein hyperelliptisches Integral (hierfür ist Spezialliteratur notwendig, z.B. das Buch [5] von Paul F. Byrd und Morris D. Friedman).
- Wir müssen also für die Lösbarkeit der Differenzialgleichung (6.5) fordern, dass $F(y)$ in (6.6) eine Umkehrfunktion besitzt, was nicht selbstverständlich ist.

Sei also zum Beispiel

$$P(y) = a\,y^2 + b\,y$$

und damit

$$P(y) + C = a\,y^2 + b\,y + C,$$

dann ist das Integral in (6.6) gegeben durch

$$F(y) = \int \frac{dy}{\sqrt{2\,[P(y) + C]}} = \begin{cases} \dfrac{1}{\sqrt{2\,a}} \ln\left(2\,\sqrt{a\,Y} + 2\,a\,y + b\right) + K \;\; \text{für} \quad a > 0, \\[2ex] \dfrac{1}{\sqrt{2\,a}} \operatorname{arsinh} \dfrac{2\,a\,y + b}{\sqrt{\Delta}} + K \qquad \text{für } a > 0,\ \Delta > 0, \\[2ex] \dfrac{1}{\sqrt{2\,a}} \ln\left(2\,a\,y + b\right) \qquad\quad \text{für } a > 0,\ \Delta = 0, \\[2ex] -\dfrac{1}{\sqrt{-2\,a}} \arcsin \dfrac{2\,a\,y + b}{\sqrt{-\Delta}} \qquad \text{für } a < 0,\ \Delta < 0. \end{cases}$$

Dabei gelten die Abkürzungen

$$Y = a\,y^2 + b\,y + C,$$
$$\Delta = 4\,a\,c - b^2$$

und es ist K eine beliebige Konstante (s. [4] auf Seite 1064.). In all diesen Fällen kann man die Umkehrfunktion bilden:

- Im ersten Fall folgt aus (6.6)

$$\pm\frac{1}{\sqrt{2a}}\ln\left(2\sqrt{a\,Y}+2\,a\,y+b\right)+K=x-x_0$$

die Lösung

$$y(x)=\frac{A^2-a\,C}{A+a\,b}$$

mit

$$A=\exp\left[\pm\sqrt{2\,a\,(x-x_0-K)}\right]-b.$$

- Im zweiten Fall folgt aus (6.6)

$$\pm\frac{1}{\sqrt{2a}}\,\mathrm{arsinh}\frac{2\,a\,y+b}{\sqrt{\Delta}}+K=x-x_0$$

die Lösung

$$y(x)=\pm\frac{\sqrt{\Delta}\,\sinh(x-x_0-K)}{2\,a}.$$

- Im dritten Fall folgt aus (6.6)

$$\pm\frac{1}{\sqrt{2a}}\ln(2\,a\,y+b)=x-x_0$$

die Lösung

$$y(x)=\frac{\exp\left[\pm\sqrt{2\,a}\,(x-x_0)\right]-b}{2\,a}.$$

- Im vierten Fall folgt aus (6.6)

$$\pm\frac{1}{\sqrt{-2a}}\,\mathrm{arcsin}\frac{2\,a\,y+b}{\sqrt{-\Delta}}=x-x_0$$

die Lösung

$$y(x)=\pm\frac{\sqrt{-\Delta}\,\sin\left[\sqrt{-2\,a}\,(x-x_0)\right]-b}{2\,a}.$$

6.2 Partielle Gleichungen

6.2.1 Typisierung

Partielle Differenzialgleichungen sind solche, die mehr als eine unabhängige Veränderliche x haben. Dabei gibt es auch hier lineare und nichtlineare Gleichungen, homogene und inhomogene. Außerdem unterscheiden sie sich in ihrer Ordnung, das ist die höchste Ableitung, die sie besitzen. Meist haben solche Gleichungen eine Zeitvariable und zwei oder drei Raumvariablen. So ist z. B.

$$\frac{\partial^2 u}{\partial v^2} + \frac{\partial^2 u}{\partial w^2} = \frac{\partial^2 u}{\partial t^2} \tag{6.7}$$

eine lineare, partielle, gewöhnliche Differenzialgleichung zweiter Ordnung für eine gesuchte Funktion

$$u = u(v, w, t).$$

Um bereits in der Schreibweise deutlich zu machen, dass es sich um partielle Ableitungen handelt, schreibt man für die Differenziale partieller Differenzialgleichungen anstatt

$$d$$

nun

$$\partial.$$

Die Unabhängigen v und w in (6.7) sind gewöhnlich räumliche Koordinaten, und es ist t die Zeitvariable. Ist eine Zeitvariable vorhanden, so heißt die Differenzialgleichung **instationär,** andernfalls heißt sie **stationär.**

Für die Eigenheiten nichtlinearer partieller Differenzialgleichungen gelten natürlich dieselben Anmerkungen wie für die nichtlinearen gewöhnlichen in Abschn. 6.1. Wir beschränken uns deshalb im Folgenden auf die linearen partiellen Differenzialgleichungen. Für solche Gleichungen kann man einige Aspekte zusammenstellen. Wir konkretisieren unsere Betrachtungen auf lineare partielle homogene Differenzialgleichungen zweiter Ordnung mit zwei Raum- und der Zeitkoordinaten, wie z. B. (6.7)

$$\frac{\partial^2 u}{\partial v^2} + \frac{\partial^2 u}{\partial w^2} - \frac{\partial^2 u}{\partial t^2} = 0.$$

Ist die zeitliche Ableitung in der Differenzialgleichung von zweiter Ordnung

$$\frac{\partial^2 u}{\partial t^2},$$

so ergibt ein Produktansatz

$$u = V W(v, w) \, T(t)$$

die Gleichung

$$T(t) \frac{\partial^2 VW}{\partial v^2} + T(t) \frac{\partial^2 VW}{\partial w^2} - VW(v, w) \frac{\partial^2 T}{\partial t^2} = 0.$$

Teilt man diese Gleichung mit

$$VW(v, w) \, T(t),$$

so erhält man

$$\frac{\frac{\partial^2 VW}{\partial v^2}}{VW(v, w)} + \frac{\frac{\partial^2 VW}{\partial w^2}}{VW(v, w)} = \frac{\frac{\partial^2 T}{\partial t^2}}{T(t)}.$$

Nun ist die linke Seite dieser Gleichung nur von v und von w abhängig und die rechte nur von t. Gleichheit für jeden Wert von v, w und von t kann also nur bestehen, wenn beide Seiten konstant sind:

$$\frac{\frac{\partial^2 VW}{\partial v^2}}{VW(v, w)} + \frac{\frac{\partial^2 VW}{\partial w^2}}{VW(v, w)} = \frac{\frac{\partial^2 T}{\partial t^2}}{T(t)} = -\lambda^2.$$

Daraus ergeben sich eine partielle Differenzialgleichung und eine gewöhnliche Differenzialgleichung:

$$\frac{\frac{\partial^2 VW}{\partial v^2}}{VW(v, w)} + \frac{\frac{\partial^2 VW}{\partial w^2}}{VW(v, w)} = -\lambda^2, \tag{6.8}$$

$$\frac{\mathrm{d}^2 T}{\mathrm{d}t^2} + \lambda^2 \, T = 0. \tag{6.9}$$

Die zweite dieser Gleichungen hat die allgemeine Lösung

$$\boxed{T(t) = c_1 \sin \lambda t + c_2 \cos \lambda t,}$$

die also Schwingungen darstellt.

Ist die zeitliche Ableitung in der Differenzialgleichung aber nur von erster Ordnung

$$\frac{\mathrm{d}u}{\mathrm{d}t},$$

hat man also die Differenzialgleichung

$$\frac{\partial^2 u}{\partial v^2} + \frac{\partial^2 u}{\partial w^2} - \frac{\partial u}{\partial t} = 0$$

zu lösen, so erhält man mit derselben Methode, wie sie oben dargestellt wurde, ebenfalls wiederum zwei Differenzialgleichungen wie in (6.8) und (6.9), wobei die Gleichung für $VW(v, w)$ dieselbe ist wie (6.8), aber die gewöhnliche Differenzialgleichung (6.9) für die Zeitfunktion $T(t)$ ist nun von erster Ordnung:

$$\frac{\mathrm{d}T}{\mathrm{d}t} + \lambda^2 T = 0$$

mit der allgemeinen Lösung

$$\boxed{T(t) = c \, \exp(-\lambda t).}$$

Dieses zeitliche Verhalten zeigt an, dass es sich um Ausgleichs- oder Einschwingvorgänge handelt, wie es z. B. die Wärmeleitung darstellt.

Man teilt lineare partielle Differenzialgleichungen in drei Kategorien ein: elliptische, parabolische und hyperbolische. Diese Bezeichnungen kommen aus der Theorie der Kegelschnitte und besagen hier Folgendes, konkretisiert auf die allgemeinste partielle, stationäre, lineare, homogene Differenzialgleichung zweiter Ordnung mit zwei Variablen der Form

$$a(v, w)\frac{\partial^2 u}{\partial v^2} + b(v, w)\frac{\partial^2 u}{\partial u \, \partial v} + c(v, w)\frac{\partial^2 u}{\partial v^2} + d(v, w)\frac{\partial u}{\partial v} + e(v, w)\frac{\partial u}{\partial v} + f(v, w)\,u = 0 \quad (6.10)$$

mit

$$u = u(v, w).$$

Wir definieren die Größe $D(v, w)$ zu

$$D(v, w) = a(v, w)\,c(v, w) - \left[\frac{b(v, w)}{2}\right]^2.$$

Gilt nun

- $D(v, w) > 0$ im Punkt v, w, so heißt die Differenzialgleichung (6.10) **elliptisch** im Punkt v, w,
- $D(v, w) = 0$ im Punkt v, w, so heißt die Differenzialgleichung (6.10) **parabolisch** im Punkt v, w,
- $D(v, w) > 0$ im Punkt v, w, so heißt die Differenzialgleichung (6.10) **hyperbolisch** im Punkt v, w.

6.2.2 Die Methode der räumlichen Variablenseparation

In den Anwendungen partieller Differenzialgleichungen mit zwei Variablen sind v, w entweder zwei Raumkoordianaten oder aber eine Raum- und eine Zeitkoordinate. Im ersten Fall bezeichnen wir sie mit x, y, im zweiten mit x für die Raum- und t für die Zeitkoordinate.

Beispiele für partielle Differenzialgleichungen mit zwei Variablen:

- Die Differenzialgleichung

$$\frac{\partial^2 u}{\partial x^2} + \frac{\partial^2 u}{\partial y^2} = 0 \qquad (6.11)$$

ist eine elliptische Gleichung. Es handelt sich um eine stationäre Gleichung, die Schwingungsvorgänge beschreibt. Man nennt sie zweidimensionale **Laplace'sche Differenzialgleichung.**
- Die Differenzialgleichung

$$\frac{\partial^2 u}{\partial x^2} = \frac{\partial u}{\partial t} \qquad (6.12)$$

ist eine instationäre, parabolische Gleichung. Sie beschreibt Wärmeleitungsvorgänge in eindimensionalen, homogenen Medien.
- Die Differenzialgleichung

$$\frac{\partial^2 u}{\partial x^2} = \frac{\partial^2 u}{\partial t^2} \qquad (6.13)$$

ist eine instationäre, hyperbolische Gleichung. Sie beschreibt Wellenausbreitungsvorgänge in eindimensionalen, homogenen Medien.

Eine bekannte Methode zur Lösung linearer partieller Differenzialgleichungen ist die bereits oben dargestellte **Methode der Separation,** die auf die beiden Variablen, seien es nun zwei Raumvariablen oder eine Raum- und die Zeitvariable, angewendet wird. Man macht also für die Lösung der Differenzialgleichung (6.11) einen Produktansatz der Form

$$u(v, w) = V(v)\, W(w) \qquad (6.14)$$

und führt so die partielle Differenzialgleichung in ein Produkt zweier gewöhnlicher Differenzialgleichungen über. Im Falle der Laplace-Gleichung (6.11) kommt man dann zu Ergebnissen, wenn sich das Koordinatensystem an den Rand anpasst, den die Differenzialgleichung beschreibt.

Im Falle der Wärmeleitungsgleichung (6.12) hat man

$$u(x, t) = X(x)\, T(t). \qquad (6.15)$$

Man sieht sofort dass

$$T(t) = \exp(-\lambda\, t)$$

gilt. Das sind mit der Zeit abklingende Verhaltensweisen der Lösungen. Deswegen spricht man, wie oben bereits angedeutet, auch von Ausgleichsvorgängen. Wärme als Energie verteilt sich im Laufe der Zeit gleichmäßig über dem Raum des wärmeleitenden Mediums. Eine Wärmequelle müsste man mithilfe einer inhomogenen Gleichung beschreiben. Für die Raumkoordinate erhält man

$$X(x) = a\,\sin(c\, x) + b\,\cos(c\, x). \qquad (6.16)$$

Für die hyperbolische Differenzialgleichung (6.13) ergibt ein Separationsansatz (6.15) für die Zeitkoordinate die Differenzialgleichung

$$\frac{d^2 T}{dt^2} = 0$$

und damit

$$T(t) = a \, \sin(c \, t) + b \, \cos(c \, t).$$

Für die Raumkoordinate erhält man als Lösung wiederum (6.16).

Um den Einfluss der Koordinaten auf die Lösung partieller Differenzialgleichungen studieren zu können, wollen wir nun zum Abschluss die Laplace-Gleichung (6.11) auf einem Kreis lösen.

6.2.3   Ein Beispiel: Die schwingende kreisförmige Membran

Wir betrachten **Kreiskoordinaten** ϕ, r, die auch **Polarkoordinaten** genannt werden (s. Abb. 6.1).

Die stationäre **Laplace'sche Gleichung** in diesen Kreis- oder Polarkoordinaten hat die Form (s. z. B. [6] S. 271)

$$\frac{\partial^2 V W}{\partial r^2} + \frac{1}{r} \frac{\partial V W}{\partial r} + \frac{1}{r^2} \frac{\partial^2 V W}{\partial \phi^2} + \lambda \, V W = 0. \tag{6.17}$$

Geht man mit einem Produktansatz

$$V W(v, w) = V(v) \, W(w) \tag{6.18}$$

in diese Gleichung ein, so ergibt sich

$$\frac{r^2 \left[V''(r) + \frac{1}{r} V'(r) + \lambda \, V(r) \right]}{V(r)} = -\frac{W''(\phi)}{W(\phi)} = c \tag{6.19}$$

Abb. 6.1 Kreis- oder Polarkoordinaten

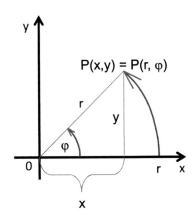

mit

$$V'(r) = \frac{dV}{dr}, \quad V''(r) = \frac{d^2V}{dr^2},$$

$$W'(r) = \frac{dW}{d\phi}, \quad W''(r) = \frac{d^2W}{d\phi^2}.$$

Die linke Seite von (6.19) ist nur von r abhängig, die rechte nur von ϕ. Dies ist nur möglich, wenn beide Seiten konstant sind. Also ergeben sich so zwei Differenzialgleichungen. Zum einen

$$W'' + c\,W = 0$$

mit der allgemeinen Lösung

$$W(\phi) = a \sin\left(\sqrt{c}\,\phi\right) + b \cos\left(\sqrt{c}\,\phi\right). \tag{6.20}$$

Wegen der 2π-Periodizität von $W(\phi)$ muss

$$c = m^2, \ m = 1, 2, 3, \ldots$$

sein. Damit ergibt sich für $V = V(r)$ die lineare, homogene Differenzialgleichung zweiter Ordnung

$$r^2\,V'' + r\,V' + (r^2\lambda - m^2)\,V = 0.$$

Wir machen noch die Transformation

$$\rho = r\,\sqrt{\lambda}$$

und erhalten schließlich die lineare, gewöhnliche, homogene Differenzialgleichung zweiter Ordnung

$$\frac{d^2V}{d\rho^2} + \frac{1}{\rho}\frac{dV}{d\rho} + \left(1 - \frac{m^2}{\rho^2}\right)V = 0, \ \rho \in \mathbb{R}, \tag{6.21}$$

die am Ursprung $\rho = 0$ eine reguläre Singularität besitzt, deren charakteristische Exponenten α_i, $i = 1, 2$ die Werte

$$\alpha_1 = 0,$$

$$\alpha_2 = m$$

haben.

Diese Gleichung kann man mithilfe eines Potenzreihenansatzes

$$V(\rho) = \sum_{n=0}^{\infty} a_n\,\rho^n \tag{6.22}$$

um den Ursprung $\rho = 0$ lösen, mit dem man

$$V(\rho) = \frac{\rho^m}{2^n\,n!}\left\{1 - \frac{\rho^2}{2\,(2\,n+2)} + \frac{\rho^4}{2\cdot 4\,(2\,n+2)\,(2\,n+4)} - + \ldots\right\} \qquad (6.23)$$

erhält.

Diese Potenzreihe konvergiert für alle Werte $\rho \in \mathbb{R}$. Es handelt sich also bei der Funktion, die sie darstellt, um eine ganze Funktion, was man bereits daran sehen kann, dass die Differenzialgleichung (6.21) außer am Ursprung $\rho = 0$ keine weiteren Singularitäten für endliche Werte ρ mehr hat. (Im Unendlichen aber hat sie sehr wohl noch eine weitere Singularität!)

Die Differenzialgleichung (6.21) heißt **Bessel'sche Differenzialgleichung** und trägt damit den Namen des berühmten deutschen Wissenschaftlers **Friedrich Wilhelm Bessel** (1784–1846). Die Lösungen (6.22), (6.23) dieser Gleichung heißen dementsprechend **Bessel'sche Funktionen**; es sind sehr wichtige und weithin bekannte **Spezielle Funktionen**.

Fasst man alles zusammen, so können wir feststellen, dass das Randwertproblem für die lineare, homogene, partielle Differenzialgleichung zweiter Ordnung (6.17) durch einen Separationsansatz (6.12) gelöst werden kann und die Lösung gegeben ist durch

$$u(v, w) = V(v)\,W(w)$$

mit $W(w)$ aus (6.20) und mit $V(v)$ aus (6.23).

Damit ist gezeigt, wie im Fall der Laplace-Gleichung (6.17) als partielle Differenzialgleichung durch einen Produktansatz aus einer partiellen Differenzialgleichung zwei gewöhnliche Differenzialgleichungen gemacht werden können, wenn man die Form der Randbedingungen berücksichtigt.

7. Anhang A: Partialbruchzerlegungen

Wir betrachten die beiden Funktionen

$$\frac{1}{P_N(x)}, \quad N = 2, 3, 4, \ldots \tag{7.1}$$

und

$$\frac{x}{P_N(x)}, \quad N = 1, 2, 3, 4, \ldots, \tag{7.2}$$

wobei $P_N(x)$ ein Polynom N-ten Grades mit ausschließlich reellen, einfachen Nullstellen

$$x_1, \, x_2, \, \ldots, x_N$$

sein soll. Dann lassen sich die beiden Funktionen (7.1) und (7.2) stets in Partialbrüche zerlegen, d. h., (7.1) und (7.2) haben die Form

$$\frac{a_1}{x - x_1} + \frac{a_1}{x - x_1} + \ldots \frac{a_1}{x - x_N}.$$

Hat das Polynom $P_N(x)$ ausschließlich reelle, zweifache Nullstellen

$$x_1, \, x_2, \, \ldots, x_N,$$

dann lassen sich die beiden Funktionen (7.1) und (7.2) ebenfalls stets in Partialbrüche zerlegen, d. h., (7.1) und (7.2) haben die Form

$$\frac{a_1}{(x - x_1)^2} + \frac{a_1}{(x - x_2)^2} + \ldots \frac{a_1}{(x - x_N)^2} + \frac{b_1}{x - x_1} + \frac{b_1}{x - x_1} + \ldots \frac{b_1}{x - x_N}.$$

Analoges gilt, wenn das Polynom $P_N(x)$ reelle Nullstellen $x_1, \, x_2, \, \ldots, x_N$ mit beliebiger Vielfachheit besitzt.

© Der/die Autor(en), exklusiv lizenziert durch Springer-Verlag
GmbH, DE, ein Teil von Springer Nature 2021
W. Lay, *Differenzialgleichungen in elementarer Darstellung,*
https://doi.org/10.1007/978-3-662-62558-3_7

Wir geben im Folgenden für $N = 2$, $N = 3$ und für $N = 4$ die Koeffizienten a_i und b_i an. Zunächst sei aber noch bemerkt, dass für $N = 1$ gilt:

$$\frac{x}{x - a} = 1 + \frac{a}{x - a}.$$

- N=2: $P_2(x)$ habe zwei einfache Nullstellen:

$$\frac{1}{(x - x_1)(x - x_2)} = \frac{\frac{1}{x_1 - x_2}}{x - x_1} + \frac{\frac{1}{x_2 - x_1}}{x - x_2},$$

$$\frac{x}{(x - x_1)(x - x_2)} = \frac{\frac{x_1}{x_1 - x_2}}{x - x_1} + \frac{\frac{x_2}{x_2 - x_1}}{x - x_2}.$$

- N=3: $P_3(x)$ habe drei einfache Nullstellen:

$$\frac{1}{(x - x_1)(x - x_2)(x - x_3)} = \frac{\frac{1}{x_1^2 - x_1(x_2 + x_3) + x_2 x_3}}{x - x_1} + \frac{\frac{1}{(x_1 - x_2)(x_3 - x_2)}}{x - x_2} + \frac{\frac{1}{(x_1 - x_3)(x_2 - x_3)}}{x - x_3},$$

$$\frac{x}{(x - x_1)(x - x_2)(x - x_3)} = \frac{\frac{x_1}{x_1^2 - x_1(x_2 + x_3) + x_2 x_3}}{x - x_1} + \frac{\frac{x_2}{(x_1 - x_2)(x_3 - x_2)}}{x - x_2} + \frac{\frac{x_3}{(x_1 - x_3)(x_2 - x_3)}}{x - x_3}.$$

- N=3: $P_3(x)$ habe eine einfache und eine zweifache Nullstelle:

$$\frac{1}{(x - x_1)^2 (x - x_2)} = \frac{\frac{1}{x_1 - x_2}}{(x - x_1)^2} - \frac{\frac{1}{(x_1 - x_2)^2}}{x - x_1} + \frac{\frac{1}{(x_1 - x_2)^2}}{x - x_2},$$

$$\frac{x}{(x - x_1)^2 (x - x_2)} = \frac{\frac{x_1}{x_1 - x_2}}{(x - x_1)^2} - \frac{\frac{x_2}{(x_1 - x_2)^2}}{x - x_1} + \frac{\frac{x_2}{(x_1 - x_2)^2}}{x - x_2}.$$

- N=4: $P_4(x)$ habe vier einfache Nullstellen:

$$\frac{1}{(x - x_1)(x - x_2)(x - x_3)(x - x_4)} = \frac{\frac{1}{x_1^3 - x_1^2(x_2 + x_3 + x_4) + x_1[x_2(x_3 + x_4) + x_3 x_4] - x_2 x_3 x_4}}{x - x_1}$$

$$+ \frac{\frac{1}{(x_2 - x_1)[x_2^2 - x_2(x_3 + x_4) + x_3 x_4]}}{x - x_2},$$

$$+ \frac{\frac{x_1(x_2 - x_4) - x_2 x_4 + x_4^2}{(x_1 - x_3)(x_1 - x_4)(x_2 - x_3)(x_2 - x_4)(x_3 - x_4)}}{x - x_3}$$

$$+ \frac{\frac{1}{(x_1 - x_4)(x_2 - x_4)(x_4 - x_3)}}{x - x_4},$$

$$\frac{x}{(x-x_1)(x-x_2)(x-x_3)(x-x_4)} = \frac{\dfrac{x_1}{x_1^3 - x_1^2(x_2+x_3+x_4) + x_1[x_2(x_3+x_4)+x_3x_4] - x_2x_3x_4}}{x-x_1}$$

$$+ \frac{\dfrac{x_2}{(x_2-x_1)[x_2^2 - x_2(x_3+x_4)+x_3x_4]}}{x-x_2}$$

$$+ \frac{\dfrac{x_3}{(x_1-x_3)(x_2-x_3)(x_3-x_4)}}{x-x_3}$$

$$+ \frac{\dfrac{x_4}{(x_1-x_4)(x_2-x_4)(x_4-x_3)}}{x-x_4}.$$

- N=4: $P_4(x)$ habe eine dreifache und eine einfache Nullstelle:

$$\frac{1}{(x-x_1)^3(x-x_2)} = \frac{\dfrac{1}{x_1-x_2}}{(x-x_1)^3} - \frac{\dfrac{1}{(x_1-x_2)^2}}{(x-x_1)^2}$$

$$+ \frac{\dfrac{1}{(x_1-x_2)^3}}{x-x_1} - \frac{\dfrac{1}{(x_1-x_2)^3}}{x-x_2}$$

$$\frac{x}{(x-x_1)^3(x-x_2)} = \frac{\dfrac{x_1}{x_1-x_2}}{(x-x_1)^3} - \frac{\dfrac{x_2}{(x_1-x_2)^2}}{(x-x_1)^2}$$

$$+ \frac{\dfrac{x_2}{(x_1-x_2)^3}}{x-x_1} - \frac{\dfrac{x_2}{(x_1-x_2)^3}}{x-x_2}$$

- N=4: $P_4(x)$ habe zwei zweifache Nullstellen:

$$\frac{1}{(x-x_1)^2(x-x_2)^2} = \frac{\dfrac{1}{(x_1-x_2)^2}}{(x-x_1)^2} + \frac{\dfrac{1}{(x_1-x_2)^2}}{(x-x_2)^2} - \frac{\dfrac{2}{(x_1-x_2)^3}}{x-x_1} + \frac{\dfrac{2}{(x_1-x_2)^3}}{x-x_2},$$

$$\frac{x}{(x-x_1)^2(x-x_2)^2} = \frac{\dfrac{x_1}{(x_1-x_2)^2}}{(x-x_1)^2} + \frac{\dfrac{x_2}{(x_1-x_2)^2}}{(x-x_2)^2} - \frac{\dfrac{x_1+x_2}{(x_1-x_2)^3}}{x-x_1} + \frac{\dfrac{x_1+x_2}{(x_1-x_2)^3}}{x-x_2}.$$

8. Anhang B: Der Vollständigkeitssatz von Karl Weierstraß

Das wichtigste Hilfsmittel zur konstruktiven Lösung von Differenzialgleichungen in diesem Buch ist die Näherung an die Lösungsfunktion durch Potenzreihen, also die Approximation mit Polynomen und damit letztlich mit Potenzfunktionen. Dies ist nicht zuletzt deswegen von großem praktischen Nutzen, weil sich Potenzreihen auf ihrem Konvergenzintervall relativ leicht ableiten, integrieren und berechnen lassen. Da es sich aber bei Potenzreihen um mathematische Konstrukte handelt, die man nicht explizit berechnen kann, weil sie unendlich viele arithmetische Operationen erfordern würden, muss man etwas darüber sagen, von welcher Art diejenigen Funktionen sind, welche sie darstellen. Um diese Frage hat sich der deutsche Mathematiker **Karl Theodor Wilhelm Weierstraß** (1815–1895) gekümmert und den berühmten Approximationssatz bewiesen, der heute seinen Namen trägt. Der Weierstraß'sche Approximationssatz besagt, dass jede stetige Funktion (die also keine „Stufen" hat) beliebig genau durch Potenzfunktionen und jede periodische Funktion beliebig genau durch trigonometrische Funktionen (also Sinus- und Kosinusfunktionen) angenähert werden können.

Wir betrachten die Menge aller Potenzfunktionen

$$x^n, \ n = 0, 1, 2, 3, \ldots; x \in \mathbb{R}$$

und die aus ihnen gebildeten Polynome

$$p_n(x) = \sum_{i=0}^{n} x^i, \ n = 0, 1, 2, 3, \ldots; x \in \mathbb{R} \tag{8.1}$$

auf einem abgeschlossenen Intervall $D_f: a \leq x \leq b$. Dann besagt der Vollständigkeitssatz von Weierstraß (zuweilen auch **Approximationssatz von Weierstraß** genannt), dass jede stetige Funktion $f(x)$ auf diesem Intervall D_f durch diese Funktionen $p_n(x)$ beliebig gut angenähert (approximiert) werden kann, wenn man nur den oberen Summenindex n in (8.1) hinreichend groß wählt (vgl. Abb. 8.1).

© Der/die Autor(en), exklusiv lizenziert durch Springer-Verlag GmbH, DE, ein Teil von Springer Nature 2021
W. Lay, *Differenzialgleichungen in elementarer Darstellung,*
https://doi.org/10.1007/978-3-662-62558-3_8

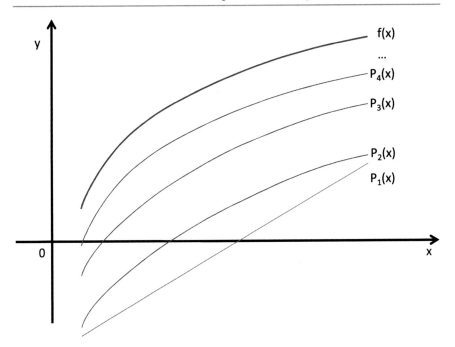

Abb. 8.1 Der Vollständigkeitssatz von Karl Weierstraß

Wir wollen dies noch etwas konkretisieren. Dazu betrachten wir den Betrag des Abstandes zwischen den Potenzfunktionen $p_n(x)$ und der Funktion $f(x)$ punktweise (also für alle Werte von x) auf dem Intervall D_f:

$$d_n(x) = |p_n(x) - f(x)|.$$

Dieser Abstand $d_n(x)$ ist eine Funktion von x, die – wegen der Stetigkeit von $f(x)$ und von $p_n(x)$ auf D_f – nur endliche Werte auf diesem Intervall hat, also nicht unendlich groß werden kann. Also gibt es zu jedem festen Wert von n mindestens einen Wert $d_{n,max}(x = x_0)$, welcher der größte unter allen anderen Abständen $d_n(x)$ ist. Diesen Wert $d_{n,max}(x_0)$ nennt man **Supremum** bezüglich x und bezeichnet es mit sup:

$$d_{n,max}(x_0) = \sup_{x \in D_f} |p_n(x) - f(x)|, \; n \text{ konstant}.$$

Mit dieser Definition des Supremums besagt der Vollständigkeitssatz von Weierstraß:

$$\lim_{n \to \infty} d_{n,max}(x_0) = 0.$$

Den Beweis dieses fundamentalen Satzes kann man zum Beispiel in dem Buch von Courant-Hilbert [6] auf den Seiten 55–57[1] nachlesen.

---

[1]Die Originalliteratur findet man unter Weierstraß, Karl: „Über die analytische Darstellbarkeit sogenannter willkürlicher Funktionen reeller Argumente." Sitzungsber. Akad. Berlin 1885, S. 633–639, 789–805 sowie auch: Werke Bd. 3, S. 1–37, Berlin 1903.

Man kann den Vollständigkeitssatz von Weierstraß auch in mathematischer Sprache ausdrücken (vgl. Abb. 8.1): Jede stetige Funktion $f(x)$, $x \in \mathbb{R}$ auf einem abgeschlossenen Intervall $D_f: a \leq x \leq b$ liegt dort dicht in der Menge der Polynome $p_n(x)$.

Der mathematische Begriff „dicht" stammt aus der Mengenlehre; er besagt, dass man Grenzprozesse ausführen kann, ohne aus der Menge herauszufallen. Beispiel hierfür ist die Menge der irrationalen Zahlen, die dicht in der Menge der rationalen Zahlen liegen. Dies ist der Grund dafür, dass man die irrationalen Zahlen mittels Grenzprozessen auf rationalen Zahlen darstellen bzw. approximieren kann.

9. Anhang C: Lineare Gleichungen

9.1 Vektorraumstruktur der Lösungen

Die lineare, gewöhnliche, homogene Differenzialgleichung zweiter Ordnung ist gegeben durch

$$\frac{d^2 y}{dx^2} + P(x)\,\frac{dy}{dx} + Q(x)\,y = 0. \tag{9.1}$$

Ihr Lösungsraum ist ein zweidimensionaler Vektorraum. Was es damit auf sich hat soll im Folgenden näher betrachtet werden.

Ein Vektor ist eine mathematische Größe, die sich durch zwei Eigenschaften kennzeichnen lässt: durch eine Länge und durch eine Richtung. Dementsprechend lassen sich Vektoren in einem Koordinatensystem durch einen Pfeil darstellen (vgl. auchs Abb. 9.1).

In einem zweidimensionalen Koordinatensystem werden Vektoren durch zwei Zahlen eindeutig festgelegt, also zum Beispiel durch

$$\underline{c} = \begin{pmatrix} c_1 \\ c_2 \end{pmatrix} = \begin{pmatrix} 1 \\ 1 \end{pmatrix},$$

womit sowohl seine Länge wie auch seine Richtung festgelegt sind.

So werden beispielsweise die Koordinatenachsen $\underline{n}_1$ und $\underline{n}_2$ eines zweidimensionalen kartesischen Koordinatensystems durch

$$\underline{n}_1 = \begin{pmatrix} 1 \\ 0 \end{pmatrix}$$

und

$$\underline{n}_2 = \begin{pmatrix} 0 \\ 1 \end{pmatrix}$$

© Der/die Autor(en), exklusiv lizenziert durch Springer-Verlag GmbH, DE, ein Teil von Springer Nature 2021
W. Lay, *Differenzialgleichungen in elementarer Darstellung*,
https://doi.org/10.1007/978-3-662-62558-3_9

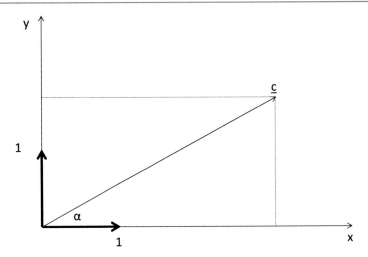

Abb. 9.1 Ein Vektor in einem Koordinatensystem

festgelegt.

Die Länge $|\underline{c}|$ eines Vektors $\underline{c}$ kann aus seinen Koordinaten c_1, c_2 ermittelt werden:

$$|\underline{c}| = \sqrt{c_1^2 + c_2^2},$$

ebenso seine Richtung:

$$\tan\alpha = \frac{c_2}{c_1}.$$

Man definiert die Multiplikation eines Vektors $\underline{c}$ mit einer Zahl a gemäß

$$a\,\underline{c} = a\begin{pmatrix} c_1 \\ c_2 \end{pmatrix} = \begin{pmatrix} a\,c_1 \\ a\,c_2 \end{pmatrix}.$$

Wie man leicht nachrechnen kann, ist der Vektor $a\,\underline{c}$ länger als der Vektor $\underline{c}$, und zwar a-mal länger.

Eine der wichtigsten Eigenschaften zweier Vektoren ist die Frage nach ihrer linearen Abhängigkeit: Sind zwei Vektoren parallel zueinander, dann heißen sie **linear abhängig** zueinander. Andernfalls sind sie **linear unabhängig** zueinander. Allgemein kann man sagen, dass zwei Vektoren $\underline{c}_1$ und $\underline{c}_2$ linear abhängig sind, wenn es zwei Zahlen a_1 und a_2 gibt, sodass

$$a_1\,\underline{c}_1 + a_2\,\underline{c}_2 = 0 \tag{9.2}$$

ist.

Es gehört zu den großen Abstraktionsleistungen der Mathematik, herausgefunden zu haben, dass die Gesamtheit aller Lösungen einer linearen Gleichung – wie zum Beispiel einer Differenzialgleichung – die mathematische Struktur eines linearen

Vektorraumes hat, dessen Dimension so groß ist wie die Ordnung der Differenzialgleichung. Das bedeutet nämlich, dass man die Vektoren eines solchen Vektorraumes mit den Lösungsfunktionen der Differenzialgleichung identifizieren kann und damit ein anschauliches Bild von der Gesamtheit der Lösungen einer linearen Gleichung gewinnt. Die Koordinatenachsen eines solchen Funktionenraumes können dabei zwei beliebige Lösungen sein, die nur eine Eigenschaft aufweisen müssen: Sie müssen linear unabhängig sein. Am besten ist es, wenn diese beiden Lösungen, aufgefasst als Vektoren eines zweidimensionalen Vektorraumes, senkrecht aufeinanderstehen. Um dies beurteilen zu können, muss zuerst definiert werden, was ein Winkel zwischen zwei Vektoren ist. Dies geschieht über das Skalarprodukt zweier Vektoren $\underline{c}_1$ und $\underline{c}_2$:

$$\underline{c}_1 \cdot \underline{c}_2 = |\underline{c}_1|\,|\underline{c}_2|\,\cos(\alpha).$$

Dabei ist α der Winkel zwischen den beiden Vektoren $\underline{c}_1$ und $\underline{c}_2$. Damit ist der Winkel zwischen zwei Vektoren definiert als

$$\alpha = \arccos\left[\frac{\underline{c}_1 \cdot \underline{c}_2}{|\underline{c}_1|\,|\underline{c}_2|}\right]$$

Dabei ist das Skalarprodukt zweier Vektoren gegeben durch

$$\underline{c}_1 \cdot \underline{c}_2 = \begin{pmatrix} c_{11} \\ c_{12} \end{pmatrix} \begin{pmatrix} c_{21} \\ c_{22} \end{pmatrix} = c_{11}\,c_{21} + c_{12}\,c_{22}.$$

Es handelt sich beim Skalarprodukt zweier Vektoren also um eine Zuordnung dieser Vektoren zu einer Zahl (einem Skalar).

Als Beispiel eines Skalarproduktes sei der Winkel zwischen den beiden Vektoren

$$\underline{c}_1 = \begin{pmatrix} c_{11} \\ c_{12} \end{pmatrix} = \begin{pmatrix} 1 \\ 1 \end{pmatrix}$$

und

$$\underline{c}_2 = \begin{pmatrix} c_{21} \\ c_{22} \end{pmatrix} = \begin{pmatrix} 1 \\ 2 \end{pmatrix}$$

berechnet: Das Skalarprodukt ist gegeben durch

$$\underline{c}_1 \cdot \underline{c}_2 = \begin{pmatrix} c_{11} \\ c_{12} \end{pmatrix} \begin{pmatrix} c_{21} \\ c_{22} \end{pmatrix} = c_{11}\,c_{21} + c_{12}\,c_{22} = 3.$$

Also ist der Winkel gegeben durch

$$\alpha = \arccos\left[\frac{\underline{c}_1 \cdot \underline{c}_2}{|\underline{c}_1|\,|\underline{c}_2|}\right] = \arccos\left[\frac{3}{\sqrt{2}\,\sqrt{5}}\right] \approx 0,3217 \approx 18,4°.$$

Der Lösungsraum einer linearen Differenzialgleichung zweiter Ordnung (9.1) ist ein zweidimensionaler Vektorraum. D.h., dass man sich diesen Lösungsraum als

eine ebene Fläche denken kann, in der ein Koordinatensystem eingezeichnet ist. Die
Einheitsvektoren

$$\underline{n}_1 = \begin{pmatrix} 1 \\ 0 \end{pmatrix}$$

und

$$\underline{n}_2 = \begin{pmatrix} 0 \\ 1 \end{pmatrix}$$

stellen also zwei linear unabhängige Partikulärlösungen der Differenzialgleichung
(9.1) dar. Dann ist unmittelbar einleuchtend, dass die allgemeine Lösung der Differenzialgleichung (9.1) gegeben ist durch

$$y^{(g)}(x) = c_1 \, y_1(x) + c_2 \, y_2(x)$$

wobei $y_1(x)$ und $y_2(x)$ zwei linear unabhängige Partikulärlösungen sind (man nennt
diese beiden Lösungen auch **Fundamentalsystem** der Differenzialgleichung, $y_1(x)$
und $y_2(x)$ als Lösungen nennt man auch **Fundamentallösungen** der Differenzialgleichung (9.1)) und c_1 und c_2 zwei beliebige Konstanten in x.

9.2   Die Wronski-Determinante

Lineare Unabhängigkeit zweier partikulärer Lösungen $y_1(x)$ und $y_2(x)$ ist für die
lineare homogene Differenzialgleichungen (5.2)

$$\frac{d^2 y}{dx^2} + P(x) \, \frac{dy}{dx} + Q(x) \, y = 0 \tag{9.3}$$

von zentraler Bedeutung. Zur Entscheidung der Frage, ob zwei Partikulärlösungen
der Differenzialgleichung (9.3) linear unabhängig sind oder nicht, gibt es ein äußerst
einfaches Kriterium, sodass man nicht in jedem Einzelfall die Bedingung (9.2) dafür
prüfen muss.

Analog zu Vektoren (vgl. Abschn. 9.1) heißen zwei Lösungen $y_1(x)$ und $y_2(x)$ der
linearen, homogenen Differenzialgleichung (9.3) genau dann **linear unabhängig**,
falls für alle x-Werte in dem betreffenden Intervall die Linearkombination

$$C_1 \, y_1(x) + C_2 \, y_2(x)$$

für kein Wertepaar der Konstanten C_1, C_2, ausgenommen für $C_1 = C_2 = 0$, identisch verschwindet. In diesem Fall heißen die beiden Lösungen der Differenzialgleichung (9.3) ein **Fundamentalsystem**.

Und nun gilt: Zwei partikuläre Lösungen $y_1(x)$ und $y_2(x)$ einer linearen, homogenen Differenzialgleichung (9.3) bilden genau dann ein Fundamentalsystem, wenn ihre **Wronski-Determinante**[1]

$$W(x) = \begin{vmatrix} y_1(x) & y_2(x) \\ \dfrac{dy_1}{dx} & \dfrac{dy_2}{dx} \end{vmatrix} = y_1(x)\,\frac{dy_2}{dx} - y_2(x)\,\frac{dy_1}{dx} \tag{9.4}$$

von null verschieden ist. Die Wronski-Determinante $W = W(x)$ ist eine Funktion von x, die sich explizit angeben lässt: Für jedes Lösungssystem einer linearen, homogenen Differenzialgleichung (9.3) gilt die **Formel von Liouville**[2]

$$W(x) = C_0 \exp\left(-\int_{x_0}^{x} P(x)\,dx \right). \tag{9.5}$$

Diese Formel bedeutet, dass die Wronski-Determinante $W(x)$ identisch verschwindet, wenn sie an einem einzigen Punkt verschwindet und umgekehrt.

Man beachte, dass die Bedingung für lineare Unabhängigkeit zweier Partikulärlösungen der Gl. (9.4) eine lineare, inhomogene Differenzialgleichung erster Ordnung für eine der beiden Lösungen ist, wenn man die andere als gegeben voraussetzt. Dies ist die Basis für die Formel von Liouville:

$$y_1(x)\,\frac{dy_2}{dx} - y_2(x)\,\frac{dy_1}{dx} = C.$$

Wenn die zwei Lösungen $y_1(x)$, $y_2(x)$ der Gl. (9.3) ein Fundamentalsystem von Lösungen bilden, dann ist die **allgemeine Lösung** der Differenzialgleichung (9.3) gegeben durch

$$y^{(g)}(x) = c_1\,y_1(x) + c_2\,y_2(x).$$

Beispiel:
Die Differenzialgleichung (9.3) mit

$$P(x) \equiv 0 \quad Q(x) \equiv 1$$

hat die beiden Lösungen

$$y_1(x) = \sin x, \quad y_2(x) = \cos x. \tag{9.6}$$

Daraus ergibt sich die Wronski-Determinante $W(x)$ zu

$$W(x) = \begin{vmatrix} \sin x & \cos x \\ \cos x & -\sin x \end{vmatrix} = -\sin x\,\sin x - \cos x\,\cos x = -\left(\sin^2 x + \cos^2 x\right) = -1,$$

---

[1]Die Determinante ist benannt nach dem polnischen Mathematiker Jósef Maria Hoëné-Wroński (1776–1853).
[2]Joseph Liouville, französischer Mathematiker (1809–1882).

womit die lineare Unabhängigkeit der beiden Kreisfunktionen auf $x \in \mathbb{R}$ in (9.6) gezeigt ist.

Ebenso ergibt sich aus der Liouville'schen Formel (9.5) mit $C_0 = -1$

$$W(x) = C_0 \exp\left(-\int_{x_0}^{x} P(x)\, \mathrm{d}x\right) = -1.$$

10. Anhang D: Numerische Näherungsverfahren

10.1 Das Verfahren von Heron

10.1.1 Der allgemeine Fall

Mit dem **Heron-Verfahren** kann man Wurzeln berechnen. Es ist ein rekursives Verfahren, welches sehr schnell konvergiert. Es handelt sich bei dem Verfahren um ein antikes Rechenmodell, das wohl bereits im 2. Jahrtausend v. Chr. in Mesopotamien (Babylon) bekannt war[1]. Deswegen heißt dieses Verfahren zuweilen auch **Babylonisches Wurzelziehen**.

Die Vorgehensweise ist folgendermaßen: Angenommen, man möchte die m-te Wurzel aus einer Zahl $a > 0$ ziehen. Dann wähle man eine beliebige Zahl $x_1 \neq 0$ und berechne aus dieser die Zahl x_2 gemäß der Rekursionsformel

$$x_2 = \frac{1}{m} \left[(m-1)\,x_1 + \frac{a}{x_1^{m-1}} \right].$$

Mithilfe von x_2 berechne man x_3, indem man die zuvor berechnete Zahl x_2 wiederum in die Formel einsetzt:

$$x_3 = \frac{1}{m} \left[(m-1)\,x_2 + \frac{a}{x_2^{m-1}} \right].$$

---

[1]Heron von Alexandria (genannt Mechanicus; gestorben nach 62 n. Chr.) war ein griechischer Mathematiker und Ingenieur. Er lehrte am Museion von Alexandria, dessen Bibliothek berühmt war. Das Heron-Verfahren ist allerdings keine Erfindung des altgriechischen Mathematikers. Es war in Mesopotamien bereits zur Zeit von Hammurapi I. (ca. 1750 v. Chr.), eines Königs von Babylon, bekannt. Allerdings verdanken wir Heron seine Überlieferung: Um 100 n. Chr. wurde das Verfahren von Heron von Alexandria im ersten Buch seines Werkes *Metrica* beschrieben.

© Der/die Autor(en), exklusiv lizenziert durch Springer-Verlag
GmbH, DE, ein Teil von Springer Nature 2021
W. Lay, *Differenzialgleichungen in elementarer Darstellung*,
https://doi.org/10.1007/978-3-662-62558-3_10

So fahre man fort, bis man die gewünschte Genauigkeit der zu berechnenden Wurzel erreicht hat. Dass man die gewünschte Genauigkeit erreicht hat, sieht man darin, dass sich das Ergebnis bis zur gewünschten Stelle nach dem Komma nicht mehr ändert.

Allgemein lautet die Rekursionsformel

$$x_{n+1} = \frac{1}{m} \left[(m-1) \, x_n + \frac{a}{x_n^{m-1}} \right]; \quad n = 1, 2, 3, \ldots$$

Dabei ist x_1 beliebig. Das Verfahren konvergiert immer – d. h. für beliebige Anfangswerte x_1 – und schnell gegen den gesuchten Wert.

Für den Spezialfall der quadratischen Wurzel (d. h. $m = 2$) vereinfacht sich die Formel zu

$$x_{n+1} = \frac{1}{2} \left(x_n + \frac{a}{x_n} \right); \quad n = 1, 2, 3, \ldots$$

Dabei ist x_1 wiederum beliebig.

Beispiele:

- Man berechne die Quadratwurzel aus $a = 29$ auf sechs Stellen hinter dem Komma.

  Wir wählen hierzu $x_1 = 2,5$ und erhalten mit der Formel von Heron die folgende Tabelle:

n	x_{n+1}
1	7,050000
2	5,581738
3	5,388626
4	5,385166
5	5,385165
6	5,385165

  Also ist die Quadratwurzel aus $a = 29$ auf sechs Stellen genau durch den Wert 5,385165 gegeben:

  $$\sqrt{29} \approx 5,385165.$$

  Probe: $5,385165 \cdot 5,385165 = 29,000002$.

- Man berechne die vierte Wurzel (d. h. $m = 4$) aus $a = 5$ wiederum auf sechs Stellen hinter dem Komma.

  Wir wählen hierzu wiederum $x_1 = 2,5$ und erhalten mit der Formel von Heron die folgende Tabelle:

n	x_{n+1}
1	1,955000
2	1,633540
3	1,511916
4	1,495619
5	1,495349
6	1,495349

Also ist die vierte Wurzel aus $a = 5$ auf sechs Stellen genau durch den Wert 1,495349 gegeben:

$$\sqrt[4]{5} \approx 1,495349.$$

Probe: $1,495349 \cdot 1,495349 \cdot 1,495349 \cdot 1,495349 = 5,0000027$.

10.1.2 Ein spezieller Fall

Für

$$m = -1$$

kann man mit dem Heron-Verfahren den Kehrwert $\frac{1}{a}$ einer Zahl a berechnen, ohne die arithmetische Operation der Division anzuwenden. D. h., es kann

$$\sqrt[-1]{a} = \frac{1}{a}$$

näherungsweise errechnet werden:

$$x_{n+1} = \frac{(-1-1)\, x_n^{-1} + a}{(-1)\, x_n^{-1-1}} = 2\, x_n - a\, x_n^2 = (2 - a\, x_n)\, x_n.$$

Das Verfahren konvergiert für alle

$$x_1 \in \left(0; \frac{2}{a}\right)$$

gegen den Wert

$$\frac{1}{a}.$$

Diese spezielle Anwendung des Heron-Verfahrens führt die Division auf die Multiplikation und die Subtraktion zurück und ersetzt sie damit.

Dieses Verfahren ist heute in der elektronischen Datenverarbeitung von Interesse, weil die Division in elektronischen Rechnern deutlich speicherplatzaufwendiger, zeitaufwendiger und damit teurer ist als die anderen drei arithmetischen Grundrechenarten der Summation, der Subtraktion und der Multiplikation.

Beispiel:

Es soll

$$\frac{1}{3}$$

auf zwei Stellen hinter dem Komma berechnet werden.

Konvergenz erhält man für Startwerte

$$x_1 < \frac{2}{3}.$$

Wir nehmen den Startwert

$$x_1 = \frac{1}{2}$$

und erwarten deswegen Konvergenz.

Man erhält

$$x_2 = \left(2 - 3\,\frac{1}{2}\right)\frac{1}{2} = \frac{1}{4} = 0,25,$$

$$x_3 = \left(2 - 3\,\frac{1}{4}\right)\frac{1}{4} = \frac{5}{16} = 0,3125,$$

$$x_4 = \left(2 - 3\,\frac{5}{16}\right)\frac{5}{16} = \frac{85}{256} = 0,33203125.$$

Damit steht das Ergebnis bereits fest: der Wert von

$$\frac{1}{3}$$

auf zwei Stellen hinter dem Komma

$$\frac{1}{3} \approx 0,33.$$

Bemerkung: Für den Startwert

$$x_1 = \frac{2}{3}$$

erhält man keine Konvergenz:

$$x_2 = \left(2 - 3\,\frac{2}{3}\right)\frac{2}{3} = 0,$$

$$x_3 = (2 - 3 \cdot 0)\,0 = 0$$

und somit keine Konvergenz gegen den gesuchten Wert von $\frac{1}{3}$.

10.2   Das Newton-Verfahren

Das **Newton-Verfahren** (benannt nach **Sir Isaac Newton** (1643 – 1727)) ist in der Mathematik ein Standardverfahren zur rekursiv-iterativen Berechnung von Nullstellen stetig differenzierbarer Funktionen

$$y = f(x).$$

Die grundlegende Idee dieses Verfahrens ist, die Funktion in einem Ausgangspunkt zu linearisieren, d. h. ihre Tangente zu bestimmen und die Nullstelle der Tangente als verbesserte Näherung der Nullstelle der Funktion zu verwenden. Die erhaltene Näherung dient als Ausgangspunkt für einen weiteren Verbesserungsschritt. Diese Iteration erfolgt, bis die Änderung in der Näherungslösung eine festgesetzte Schranke unterschritten hat (vgl. Abb. 10.1 und 10.2).

Das Iterationsverfahren konvergiert im günstigsten Fall mit quadratischer Konvergenzordnung; d. h., die Zahl der korrekten Dezimalstellen verdoppelt sich in jedem Schritt. Formal ausgedrückt wird, ausgehend von einem Startwert x_0, die Iteration

$$x_{n+1} = x_n - \frac{f(x_n)}{f'(x_n)}, \ n = 0, 1, 2, 3, \ldots$$

mit

$$f'(x_n) = \frac{\mathrm{d}f}{\mathrm{d}x_n}$$

wiederholt, bis eine hinreichende Genauigkeit erreicht ist.

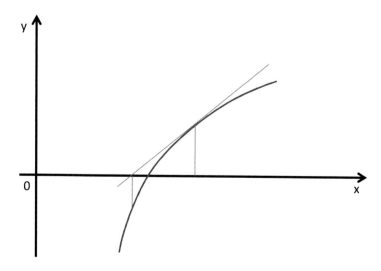

Abb. 10.1 Das Newton-Verfahren I

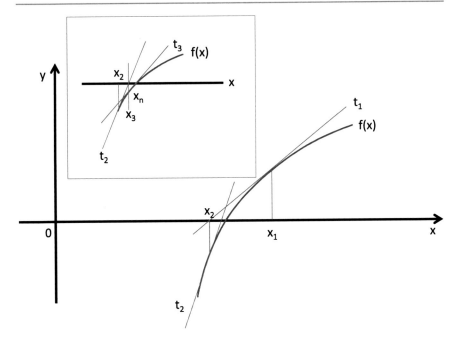

Abb. 10.2 Das Newton-Verfahren II

Isaac Newton verfasste im Zeitraum von 1664 bis 1671 die Arbeit „Methodus fluxionum et serierum infinitarum" (lateinisch für: Von der Methode der Fluxionen und unendlichen Folgen), in der er u. a. auch dieses Verfahren vorstellte.

Man kann mit dem vorgestellten Verfahren auch die Quadratwurzel einer Zahl $a > 0$ ziehen, diese ist die positive Nullstelle der Funktion

$$f(x) = 1 - \frac{a}{x^2}.$$

Diese Funktion hat die Ableitung

$$\frac{\mathrm{d}f}{\mathrm{d}x} = f'(x) = \frac{2a}{x^3},$$

die Newton-Iteration erfolgt also nach der Vorschrift

$$x_{n+1} = x_n - \frac{f(x_n)}{f'(x_n)} = x_n - \frac{1 - \frac{a}{x}}{\frac{2a}{x^3}} = x_n - \frac{x_n^3}{2a} + \frac{x_n}{2}, \ n = 0, 1, 2, 3, \ldots$$

Der Vorteil dieser Vorschrift gegenüber dem Wurzelziehen nach Heron (siehe Abschn. 10.1) ist, dass sie divisionsfrei ist, sobald einmal der Kehrwert von a bestimmt wurde.

Nun ist allerdings zu beachten, dass das Heron-Verfahren (benannt nach Heron von Alexandria, auch „Babylonisches Wurzelziehen" genannt; vgl. Abschn. 10.1) ein Spezialfall des Newton'schen Näherungsverfahrens ist. Denn die Quadratwurzel einer Zahl $a > 0$ ist auch die positive Nullstelle der Funktion

$$f(x) = \frac{g(x)}{x_n^2} = \frac{x_n^2 - a}{x_n^2}.$$

Also kann man die Iterationsformel zur Nullstellenbestimmung auch auf die Funktion

$$f(x) = x^2 - a$$

anwenden; diese Funktion erlaubt auch die Anwendung der Heron-Formel; man erhält wegen der Ableitungsfunktion

$$\frac{\mathrm{d}f}{\mathrm{d}x} = f'(x) = 2x$$

für die Lösung $\sqrt{a}$ nach beiden Verfahren

$$x_{n+1} = x_n - \frac{f(x_n)}{f'(x_n)} = x_n - \frac{x_n^2 - a}{2x_n} = \frac{1}{2}\left(x_n + \frac{a}{x_n}\right), \; n = 0, 1, 2, 3, \ldots$$

Der Vorteil dieses Verfahrens gegenüber dem oben vorgestellten Newton-Verfahren ist, dass es für jedes $a > 0$ und für jeden beliebigen Anfangswert $x_0 \neq 0$ konvergiert. Allerdings muss man den Nachteil akzeptieren, dass hier bei jedem Iterationsschritt eine Division notwendig ist, was bei aufwendigen numerischen Prozeduren ein Nachteil sein kann, weil es die Rechengeschwindigkeit herabsetzt und Divisionen mehr Speicherkapazität erfordern als die anderen drei arithmetischen Grundrechenarten.

Anmerkungen zur Literatur

Ich habe absichtlich eine Literaturauswahl getroffen, die nicht mit allen Zitaten innerhalb der Grenzen eines gewöhnlichen Studienbuches verbleibt. Es handelt sich aber ausschließlich um Bücher, die man als klassisch bezeichnen kann. Die angegebenen Fachbücher lassen sich auf sieben unterschiedliche Aspekte hin charakterisieren:

- An erster Stelle steht das Nachschlagewerk von Ilja Nikolajewitsch Bronstein und Konstantin Adolfowitsch Semendjajew [4]. Bei allen Fragen mathematischer Natur ist dieses über Generationen hinweg gewachsene Werk die erste Adresse. Das Spektrum an behandelten Fragen ist unerreicht und dürfte für die allermeisten Fragestellungen eine erste – und in vielen Fällen womöglich schon hinreichende – Antwort liefern.
- Eine Weiterführung ist das Nachschlagewerk von Milton Abramowitsch und Irene Stegun [1], das am meisten zitierte Mathematikbuch schlechthin. Es ist den mathematischen Funktionen gewidmet und gibt konkrete Antworten.
- Ein Nachfolgewerk des Klassikers von Abramowitsch und Stegun aus dem Jahre 1964 ist das 2010 erschienene Werk von Frank William John Olver [10], das vom National Institute of Standards and Technology herausgebracht wurde und ein Gemeinschaftswerk vieler Spezialisten ist. Es trägt der Tatsache Rechnung, dass im Verlauf der letzten fünfzig Jahre doch einige Funktionen hinzugekommen sind, die heute vielfache Verwendung finden.
- Ein klassisches Werk über die analytische Einführung von Funktionen ist das Buch von Hans Behnke und Friedrich Sommer [2]. Es bringt auf dem Niveau der ersten Studienjahre eine solide Einführung in das Gebiet der Funktionen von einem konsequent analytischen und gleichzeitig zeitgemäßen Standpunkt aus.
- Die Grundlagen der Differenzialgleichungen werden in den ebenfalls klassisch zu bezeichnenden Werken von Ludwig Bieberbach [3] und von Edward Lindsay Ince [8] gezeichnet. Dabei ist das Buch von Ince im Stil englischer Mathematikbücher zu Beginn des 20. Jahrhunderts geschrieben, während das Buch von Bieberbach unübersehbar die Handschrift eines deutschen Mathematikers trägt, der zur Feder gegriffen hat, als die Grundlagen der Theorie weitgehend erforscht

© Der/die Herausgeber bzw. der/die Autor(en), exklusiv lizenziert durch Springer-Verlag GmbH, DE, ein Teil von Springer Nature 2021
W. Lay, *Differenzialgleichungen in elementarer Darstellung*,
https://doi.org/10.1007/978-3-662-62558-3_7

waren. Die Lektüre dieses verdienstvollen Werkes kann dem oder der Interessierten nur nahegelegt werden.

- Weiterführungen hierzu, aber immer noch als klassische Werke zu bezeichnen, sind die berühmten Bücher von Richard Courant und David Hilbert [6], von Edmund Taylor Whittaker und George Nevilla Watson [12] ebenso wie auch das Buch von Frank William John Olver [11]. Das erstgenannte Buch zeigt auf, wie die Theorie der Differenzialgleichungen zuerst auf die Fragestellungen der mathematischen Physik gewirkt hat und diese dann an die Mathematik zurückgespiegelt wurden, um neue Fragestellungen zu formulieren und neue Sichtweisen einzunehmen. Wem die englische Art des mathematischen Denkens zusagt, dem sei das klassische Werk von Whittaker und Watson ans Herz gelegt. Das letztgenannte Buch schließlich führt in die wichtige Thematik der Asymptotik ein und ist somit unabdingbar beim weiteren Vordringen auf dem Gebiet der funktionentheoretischen Behandlung von Differenzialgleichungen.

- Schließlich habe ich mit dem Buch von Hans-Heinrich Körle [9] noch ein Werk zitiert, das eine Ahnung davon vermittelt, auf welch traditionsreichem Terrain man sich bewegt, wenn man Differenzialgleichungen vom Standpunkt der klassischen Analysis studiert. Dass die altgriechische Mathematik nahe an die Integralrechnung herangekommen ist, diese aber nicht etablieren konnte und dies zu einer fast zweitausendjährigen Verzögerung ihrer Entdeckung geführt hat, gehört genauso zur Geschichte der Analysis wie ihr Durchbruch als „Calculus" durch Isaac Newton und Gottfried Wilhelm Leibniz. Seither ist die Mathematik eine andere als sie es zuvor war, und zwar sowohl in der Bedeutung ihrer Anwendungen als auch als eigenständiges Fachgebiet.

Literatur

1. Abramowitz, M., Stegun, I.A.: Handbook of Mathematical Functions, 9. Aufl. Dover, New York (1970)
2. Behnke, H., Sommer, F.: Theorie der analytischen Funktionen einer komplexen Veränderlichen, Studienausgabe der dritten Aufl. Springer, Berlin (1976)
3. Bieberbach, L.: Theorie der gewöhnlichen Differentialgleichungen, zweite umgearbeitete und erweiterte Aufl. Springer, Berlin (1965)
4. Bronstein, I.N., Semendjajew, K.D., Musiol, G., Mühlig, H.: Taschenbuch der Mathematik, Nachdruck der fünften überarbeiteten und erweiterten Aufl. Harri Deutsch Thurn, Frankfurt a. M. (2001)
5. Byrd, P.D., Friedman, M.D.: Handbook of Elliptic Integrals for Engineers and Physicists. Springer, Berlin (1971)
6. Courant, R., Hilbert, D.: Methoden der Mathematischen Physik I, 3. Aufl. Springer, Berlin (1968)
7. Duden: Deutsches Universalwörterbuch, 8. Überarbeitete und erweiterte Aufl., S. 423. Duden, Berlin (2015) (Herausgegeben von der Dudenredation)
8. Ince, E.L.: Ordinary Differential Equations. Dover, New York (1956)
9. Körle, H.-H.: Die phantastische Geschichte der Analysis, 2. Aufl. Oldenbourg, München (2012)
10. Olver, F.W.J., et al. (Hrsg.): NIST Handbook of Mathematical Functions. Cambridge University Press, Cambridge (2010)
11. Olver, F.W.J.: Asymptotics and Special Functions, 2. Aufl. AKP Classics, Wellesley (1997)
12. Whittaker, E.T., Watson, G.N.: A Course of Modern Analysis. Cambridge University Press, Cambridge (1927)
13. Deutsche Wikipedia: Mathematik. https://de.wikipedia.org/wiki/Mathematik. Zugegriffen: 22. Sept. 2020

© Der/die Herausgeber bzw. der/die Autor(en), exklusiv lizenziert durch
Springer-Verlag GmbH, DE, ein Teil von Springer Nature 2021
W. Lay, *Differenzialgleichungen in elementarer Darstellung*,
https://doi.org/10.1007/978-3-662-62558-3_7

Stichwortverzeichnis

© Der/die Herausgeber bzw. der/die Autor(en), exklusiv lizenziert durch
Springer-Verlag GmbH, DE, ein Teil von Springer Nature 2021
W. Lay, *Differenzialgleichungen in elementarer Darstellung*,
https://doi.org/10.1007/978-3-662-62558-3_7